高 等 学 校 规 划 教 材

环境工程技术经济

贾锐鱼 编

U0205614

化学工业出版社

·北京·

内容简介

这是一本风格鲜明、配有经典工程案例的环境工程技术经济学教材。本书介绍了环境工程技术经济分析的基本原理和方法，通过选用大量突出环境工程实践经验的工程实例，实现理论与实践相结合。其主要内容包括：现金流量的构成与资金等值计算、工程项目技术方案的经济评价指标与方案比选、技术经济预测、价值工程；环境工程项目技术经济要素、融资与税收优惠、不确定分析与风险分析、财务评价、国民经济评价等内容。

《环境工程技术经济》可作为高等院校环境工程、市政工程、给水排水工程、环境科学、环境生态工程、工程管理类专业教材，也可作为工程技术人员和经济管理工作者的参考书。

图书在版编目（CIP）数据

环境工程技术经济/贾锐鱼编. —北京：化学工业出版社，
2022.5（2025.2重印）
高等学校规划教材
ISBN 978-7-122-40808-2

Ⅰ.①环… Ⅱ.①贾… Ⅲ.①环境经济学-高等学校-教材
Ⅳ.①X196

中国版本图书馆CIP数据核字（2022）第027739号

责任编辑：满悦芝　　　　　　　　　　　文字编辑：王　琪
责任校对：杜杏然　　　　　　　　　　　装帧设计：张　辉

出版发行：化学工业出版社（北京市东城区青年湖南街13号　邮政编码100011）
印　　装：涿州市殷润文化传播有限公司
787mm×1092mm　1/16　印张16　字数392千字　　2025年2月北京第1版第3次印刷

购书咨询：010-64518888　　　　　　　　售后服务：010-64518899
网　　　址：http://www.cip.com.cn
凡购买本书，如有缺损质量问题，本社销售中心负责调换。

定　　价：55.00元

▶ 前言

工程技术经济是一门基于工程技术学和经济学的新型学科，是工程技术人员和管理人员的必备知识。本书全面系统地介绍了环境工程技术经济基本要素、现金流与等值换算、项目经济评价指标与方案比选、技术经济预测、环境工程项目融资与税收优惠、不确定分析、财务分析、国民经济分析和社会评价等基本方法和评价原则。

本书在借鉴、吸取国内外工程技术经济类专著及教材的基础上，吸收了技术经济学的一些全新研究成果，结合编者多年的教学实践经验，内容撰写力求清晰、准确、简练，以适应作为教材的需要。本书的主要特点如下。

（1）系统性。紧密结合专业教学大纲，对环境工程技术经济的理论基础和方法做了完整的介绍，对工程技术经济原理与我国现行政策法规、财税制度的结合，以及在项目决策实践中的应用进行了详细阐述。

（2）实践性。鉴于环境工程专业学生的课程安排很少涉及财经类知识，学生对相关知识比较陌生，本书突出环境工程实例，学生可以在案例中亲身体验，并对基础理论加以深化认识，以快速达成理论与实践相结合。

（3）新颖性。本书结合国内市场经济现状，紧跟现实发展，不拘泥于对理论的赘述，而是注重学生对新知识的了解，对新思想和应用方法的掌握。根据实际需要，增加了环境工程融资、预测等内容。

（4）专业性。本书充分考虑环境工程、市政工程专业所学相关课程的内容，在内容编排上既体现有机衔接，又避免不必要的重复，使其内容更加紧凑，主线鲜明，具有专业特点。

本书由西安科技大学贾锐鱼编写，同时得到聂文杰、刘永娟、邓月华、孙彩琴、母敏霞、张民仙等同事、同行以及研究生李楠、朱万勇、仝婕、刘瑞凡、郭丹丹、吴桐同学的帮助和辛勤付出，在此一并表示感谢。

本书在撰写过程中参考了大量的文献资料，在此谨向它们的作者表示衷心的感谢。

全书涉及内容广泛，虽经反复斟酌，难免存在不足之处。敬请读者提出宝贵意见，以便在以后的修订中予以完善。

编　者
2022 年 7 月

▶ 目 录

第1章

绪　论

工程技术经济学是研究工程建设技术领域的经济问题和经济规律、工程技术进步与经济增长之间相互关系的科学。本章介绍工程技术经济学的基本概念、基本任务、研究内容、工程技术经济分析与评价的原则、程序以及工程技术经济学的发展概况。

1.1　工程技术经济学的概念及相互关系

工程建设是一项系统工程，涉及众多复杂的要素，工程管理和技术人员在了解和掌握技术原理、原则、方法，设计和构建实现建设目标的技术方案的基础上，必须通过经济研究和分析，对技术方案在经济上是否合理进行判断。这种在工程建设的全过程中，应用经济分析和评价指标，对各种设计方案、工艺流程方案、设备方案的科学决策就是工程技术经济学的任务。

工程技术经济学是一门研究工程技术领域经济问题和经济规律的科学。即为实现一定投资目标和功能而提出的在技术上可行的方案、生产过程、产品或服务，从经济性的角度出发，研究如何进行计算、分析、比较和论证的方法的科学。

1.1.1　工程技术

（1）工程的解释　国际上对工程（engineering）一词有着普遍而且基本一致的解释。《不列颠百科全书》（*Encyclopedia Britannica*）对工程的解释为："将科学应用于最有效地转化自然资源，造福人类。"美国工程师职业发展理事会对工程的定义为："将科学原理创造性地应用于设计或开发结构、机器、装置、制造工艺和单独或组合地使用它们的工厂；在充分了解上述要素的设计后，建造或运行它们；预测它们在特定运行条件下的行为；确保实现预定的功能、经济地运行以及生命和财产的安全。"

工程一词在汉语中的解释，《辞海》中有三个："①将自然科学的原理应用到实际中去而形成的各学科的总称。如土木建筑工程、水利工程、冶金工程、机电工程、化学工程、海洋工程、生物工程等。这些学科是应用数学、物理学、化学、生物学等基础科学的原理，结合在科学实验及生产实践中所积累的技术经验而发展出来的。主要内容有：对于工程基地的勘测、设计、施工，原材料的选择研究，设备和产品的设计制造，工艺和施工方法的研究等。②指具体的基本建设项目。如南京长江大桥工程、三峡工程、青藏铁路工程、京沪京广高铁工程、"嫦娥"探月工程、"神舟"飞船发射工程等。③指涉及面广、需各方合作、投入人力物力的工作。如：希望工程；菜篮子工程。"

在现实生活中，工程一词往往还冠之于重要和复杂的计划、事业、方案等，如"希望工程"和"菜篮子工程"等这类经济和社会发展工程。

（2）技术的解释 关于技术（technology），虽然大家都明白其含义，但至今没有一个被普遍接受的定义。《不列颠百科全书》中对技术的解释为："将科学知识应用于实现人类生活的实际目的，即改造人类环境。"

《辞海》中对技术的解释有："泛指根据生产实践经验和自然科学原理而发展成的各种工艺操作方法与技能。如电工技术、焊接技术、木工技术、激光技术、互联网技术、作物栽培技术、育种技术、基因技术等。还包括相应的生产工具和其他设备，以及生产的工艺过程或作业程序等。"应当说，《辞海》中的解释在包括了《不列颠百科全书》中解释的基本内容的同时，还增加了根据技术从生产实践发展出来的内容，因此更全面。

综上所述，工程技术是为实现投资目标的系统的物质形态的技术、社会形态的技术和组织形态的技术等，不仅包括相应的生产工具和物资设备，还包括生产的工艺过程或作业程序及方法，以及在劳动生产方面的经验、知识、能力和技巧。

1.1.2 经济

经济包括三方面的含义。

（1）生产关系 政治经济学认为经济是指生产力和生产关系的相互作用，是社会生产关系的总和，它研究的是生产关系运动的规律。

（2）社会生产和再生产 是指物质资料的生产、交换、分配、消费的现象和过程。如国民经济学和部门经济学（建筑经济学），是研究社会和部门（建筑业）经济发展规律的科学。

（3）节约 是指对投入资源（人、财、物、时间等）的节约和有效利用。如在工程建设中，完成同样效用的工程耗费更少的费用，或以同样的费用，建成更多更好的工程，即降低单位效用的耗费。

工程技术经济学中的"经济"主要是指在工程建设的寿命周期内为实现投资目标或获得单位效用而对投入资源的节约。

1.1.3 工程技术与经济的关系

工程建设是在技术和经济两个基本条件构成的环境中进行的，两个条件缺一不可，相互促进，相互制约，经济是技术进步的目的和动力，技术是经济发展的手段和方法。工程技术经济学的研究目的就是如何实现工程技术的先进性与经济的合理性两方面统一，以保证项目的成功建设。

（1）技术进步促进经济发展，而经济发展则是技术进步的基础 技术进步是经济发展的重要条件和物质基础，技术进步是提高劳动生产率、推动经济发展的最为重要的手段和物质基础。经济发展的需要是推动技术进步的动力，任何一项新技术的产生都是经济上的需要引起的；同时技术发展是要受经济条件制约的。一项新技术的发展、应用和完善，主要取决于是否具备必要的经济条件，是否具备广泛使用的可能性，这种可能性包括与采用该项技术相适应的物质和经济条件。如某城市筹建和论证了近20年的地铁项目，最终被沿市内主要交通干线的空中轻轨建设方案代替，其主要原因就是受到城市综合经济实力的制约。

（2）在技术和经济的关系中，经济占据支配地位 在工程技术与经济的关系中，经济始终居于支配地位。经济发展为工程技术的进步提出了新的要求和发展方向。技术进步是为经济发展服务的，技术是人类进行生产斗争和改善生活的手段，它的产生就具有明显的经济目的。因此，任何一种技术在推广应用时首先要考虑其经济效果问题。一般情况下，技术的发展会带来经济效果的提高，技术的不断发展过程也正是其经济效果不断提高的过程。随着技术的进步，人类能够用越来越少的人力和物力消耗获得越来越多的产品和劳务。从这方面看，技术和经济是统一的，技术的先进性和它的经济合理性是相一致的。

（3）工程技术与经济的协调发展 技术与经济之间的关系可能会出现两种情况：一种情况是技术进步通常能够推动经济的发展，技术与经济是协调一致的；另一种情况是先进的技术方案有时会受到自然、社会条件以及人等因素的制约，不能充分发挥作用，实现最佳经济效果，技术与经济之间存在矛盾。工程技术经济学就是研究工程技术方案的经济性问题，建立起工程技术方案的先进性与经济的合理性之间的联系桥梁，使两者能够得到协调发展。

1.2 工程技术经济学研究的内容及分析的一般过程

工程技术经济是技术经济学在工程技术领域应用的一个分支，其研究重点在于技术经济学理论与方法的应用，而不是理论与方法本身。但由于工程的特殊性，其经济效益评价的理论与方法必须具有一定的针对性，因而，需要给予一定的重视。

1.2.1 工程技术经济学研究内容

工程技术经济学研究的主要内容可概括为从建设项目管理的角度、从问题性质的角度以及从工程所涉及的范围或内容的角度三个方面。

（1）从建设项目管理的角度

① 进行工程建设项目的科学决策。在项目建设前期阶段，主要是可行性研究阶段，对预建项目进行投资估算、财务评价、国民经济评价和综合评价，为项目决策提供科学可靠依据。

② 进行工程项目的后评估。项目建成后或项目运营一定时间后，对项目的建设情况和运营情况进行评估。对项目的规模、投资、技术方案、施工组织管理，项目的财务评价，国民经济评价过程中的预测方法与结果，项目的运营成本等进行分析，总结经验教训，为工程项目的科学决策积累信息资料。同时，也可为所评估项目的运营管理和成本控制提供依据。

（2）从问题性质的角度

① 技术经济一般理论、方法在工程技术领域的应用。

② 计算、分析与评价工程项目一些特殊的经济效果、环境效果和社会效果的理论与方法研究。

③ 工程技术中一些技术经济条件或规律的探讨。

④ 有关评价指标、经济参数、计算评价方法以及费用函数方面的基础研究（经济指标）。

⑤ 方针、技术政策、技术措施及具体项目的技术经济分析论证。

（3）从工程所涉及的范围或内容的角度

① 资源需求的技术经济问题。

② 资源供需关系的技术经济问题。

③ 资源综合治理、开发利用的技术经济评价。

④ 工程系统调度与控制的技术经济评价。

⑤ 工程项目经济评价指标的研究。

⑥ 工程项目外部效益和费用的分摊方法问题。

⑦ 工程技术政策的技术经济问题。

1.2.2 工程技术经济学分析的一般过程

在了解工程技术经济研究内容后，我们可以知道工程技术经济的核心是对工程项目及其相应环境进行经济效益分析，对各种备选方案进行分析、论证和评价，选择技术可行、经济合理的最佳方案，其一般过程如图 1-1 所示。

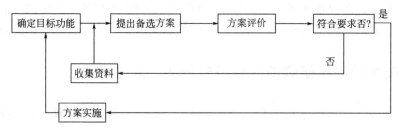

图 1-1　工程技术经济评价的基本程序

（1）确定目标功能　确定目标功能是建立方案的基础。事实证明，工程技术实践活动的成败，并不完全取决于系统本身效率的高低，而取决于系统能否满足人们的需要，这种满足需要的程度正是衡量目标功能是否实现的标准。所以，只有通过调查，明确目标，才能谈得上技术可行和经济合理。

（2）提出备选方案　显然，一个问题可采用多种方法来解决，因此，为了达到一定的目标功能，就必须提出许多不同的方案。例如，为了解决能源问题可以修建火电厂、核电站或水电站，而建核电站就有许多方案，如采用重水堆的、轻水堆的……寻找备选方案，实际上是一项创新活动。人们要求决策者能针对某一特定的问题提出"最优"的解决方法，因而决策者必须创新。其原因很简单，因为现有的一些方案可能比他所创造出来的方案要差得多。决策者的任务是要尽量考虑到各种可能方案。实际工作中不可能列出所有可能方案，但是绝对不能丢掉有可能是最好的方案。方案尽可能要考虑得多，但经过粗选后正式列出的方案要少而精。

（3）方案评价　列出的方案要经过系统的评价。评价的依据是政策法令与反映决策者意愿的指标体系。比如，产品要符合国家的产业政策、质量标准，出口的产品要符合进口国的标准与习惯，厂址选择要符合地区布局与城建规划，生产要符合国家的技术政策、劳保条例、环保条例、劳动法等。在符合基本条件后，最重要的是要有较好的经济效益和社会效益。通过系统评价，淘汰不可行方案，保留可行方案。

（4）选择最优方案　决策的核心问题就是通过对不同方案经济效果的衡量和比较，从中选择最优方案。

1.3　工程技术经济分析的基本原则

（1）经济效益原则　工程经济活动，不论主体是个人还是机构，都具有明确的目标。工程经济活动的目标是通过活动产生的效果来实现的。由于各种工程经济活动的性质不同，因而会取得不同性质的效果，如环境效果、艺术效果、军事效果、政治效果、医疗效果等。但无论哪种技术实践效果，都要涉及资源的消耗，都有浪费或节约问题。由于在特定的时期和一定的地域范围内，人们能够支配的经济资源总是稀缺的，因此工程经济分析的目的是在有限的资源约束条件下对所采用的技术进行选择，对活动本身进行有效的计划、组织、协调和控制，以最大限度地提高工程经济活动的效益，降低损失或消除负面影响，最终提高工程经济活动的经济效果。

（2）对立统一原则　经济是技术进步的目的，技术是达到经济目标的手段和方法，是推动经济发展的强大动力。技术的先进性与经济的合理性是社会发展中一对相互促进、相互制约的既有统一又有矛盾的统一体。

（3）科学预见原则　工程经济分析的着眼点是"未来"，也就是对技术政策、技术措施制定以后，或技术方案被采纳后，将要带来的经济效果进行计算、分析与比较。工程经济学关心的不是某方案已经花费了多少代价，它是不考虑"沉没成本"（过去发生的，而在今后的决策过程中，我们已无法控制的、已经用去的那一部分费用）的多少，而只考虑从现在起为获得同样使用效果的各种机会（方案）的经济效果。

既然工程经济学讨论的是各方案"未来"的经济效果问题，那么就意味着它们含有"不确定性因素"与"随机因素"的预测与估计，这将关系到工程经济效果评价计算的结果。因此，工程经济学是建立在预测基础上的科学。人类对客观世界运动变化规律的认识，使得人可以对自身活动的结果做出一定的科学预见，根据对活动结果的预见，人们可以判断一项活动目的的实现程度，并相应选择、修正所采取的方法。如果人们缺乏这种预见性，就不可能了解一项活动能否实现既定的目标、是否值得去做，因而也就不可能做到有目的地从事各种工程经济活动。以长江三峡工程为例，如果我们不了解三峡工程建成后可以获得多少电力，能在多大程度上改进长江航运和提高防洪能力等结果的话，那么建设三峡工程就成为一种盲目的活动。因此，为了有目的地开展各种工程经济活动，就必须对活动的效果进行慎重的估计和评价。

（4）系统评价原则　因为不同利益主体追求的目标存在差异，因此对同一工程经济活动进行工程经济评价的立场不同，出发点不同，评价指标不同，因而评价的结论有可能不同。例如，很多地区的小造纸厂或小化工厂从企业自身的利益出发似乎经济效果显著，但生产活动却排出了大量废弃物，对周边环境和河流、湖泊造成了直接或间接的污染，是国家相关法规所不容许的。因此，为了防止一项工程技术经济活动在对一个利益主体产生积极效果的同时又损害到其他利益主体的目标，在工程技术经济分析中必须体现目标利益的系统性。

系统性主要表现在以下三个方面：①评价指标的多样性和多层性，构成一个指标体系；②评价角度或立场的多样性，根据评价时所站的立场或看问题的出发点的不同，分为企业财务评价、国民经济评价及社会评价等；③评价方法的多样性，常用的评价方法有定量或定性评价、静态或动态评价、单指标或多指标综合评价等。

由于局部和整体、局部与局部之间客观上存在着一定的矛盾和利益摩擦，系统评价的结论总是各利益主体目标相互协调的均衡结果。需要指出的是，对于特定的利益主体，由于多目标的存在，各方案对各分目标的贡献有可能不一致，从而使得各方案在各分项效果方面表现为不一致。因此，在一定的时空和资源约束条件下，工程经济分析寻求的只能是令人满意的方案，而非各分项效果都最佳的最优方案。

（5）方案可比原则　为了在对各项技术方案进行评价和选优时能全面、正确地反映实际情况，必须使各方案的条件等同化，这就是所谓的"可比性问题"。由于各个方案涉及的因素极其复杂，加上难以定量表达的不可转化因素，所以不可能做到绝对的等同化。在实际工作中一般只能做到使方案经济效果影响较大的主要方面达到可比性要求，包括：①产出成果使用价值的可比性；②投入相关成本的可比性；③时间因素的可比性；④价格的可比性；⑤定额标准的可比性；⑥评价参数的可比性。其中时间的可比性是经济效果计算中通常要考虑的一个重要因素。例如，有两个技术方案，产品种类、产量、投资、成本完全相同，但时间上有差别，其中一个投产早，另一个投产晚，这时很难直接对两个方案的经济效果大小下结论，必须将其效果和成本都换算到同一个时间点后，才能进行经济效果的评价和比较。

1.4　工程技术经济学的产生与发展

工程技术经济学是一门工程技术学和经济学相结合的交叉学科，是介于自然科学和社会科学之间的边缘科学，是一门应用理论经济学基本原理，研究工程技术领域经济问题和经济规律，研究技术进步与经济增长之间的相互关系的科学，研究工程技术领域内资源的最佳配置，寻找工程技术与经济的最佳结合以求可持续发展的科学。它也可以称为"工程经济学""经济工程学""管理工程学"。

工程技术经济学的发展有 100 多年的历史。1887 年，美国土木工程师亚瑟姆·惠灵顿（Arthur M. Wellington）编写出版了专著《铁路布局的经济理论》（*The Economic Theory of the Location Railways*），首次将成本分析法应用于铁路的最佳长度和路线的曲率选择方面，并形成了工程利息的概念，开创性地开展了工程领域的经济评价工作。工程技术经济学也从此破土萌芽了。惠灵顿认为，工程经济不是建造技术，而是一门少花钱多办事的艺术。

20 世纪初，斯坦福大学教授菲什（J. C. L. Fish）出版了第一部直接冠名《工程经济学》的著作。他将投资模型与证券市场联系起来，分析内容包括投资、利率、初始费用与运营费用、商业与商业统计、估价与预测、工程报告等。1920 年，戈尔德曼（O. B. Goldman）编著出版了《财务工程》（*Financial Engineering*），提出用复利模型来分析各个方案的比较值。他还颇有见地地指出："有一种奇怪而遗憾的现象就是许多作者在他们的工程著作中，没有或很少考虑成本问题。实际上，工程师的最基本的责任是考虑成本，以便取得真正的经济效益，即赢得最大可能数量的货币，获得最佳的财务效率。"

然而真正使工程经济学成为一门系统化科学的学者则是格兰特（Eugene L. Grant）教授。他在 1930 年发表了被誉为工程技术经济学经典之作的《工程经济原理》（*Principles of Engineering Economy*）。格兰特教授不仅在该书中剖析了古典工程经济的局限性，而且以复利计算为基础，讨论了判别因子和短期评价的重要性及资本长期投资的一般方法，首创了工程经济的评价理论和原则。他的许多理论贡献获得了社会公认，故被誉为"工程经济学之父"。从惠灵顿到格兰特，历经 43 年的曲曲折折，一门独立的、系统化的工程技术经济学终于形成了。

新中国成立初期，我国从苏联引进了技术经济论证方法，用于工程的投资效益分析。例如"一五"计划时期国家重点建设项目的前期论证工作等。同期，在哈尔滨工业大学设立了动力经济系，进而推动了能源技术经济在我国的率先发展。徐寿波的《能源技术经济》全面系统地讨论了我国能源领域的技术经济与实际问题，可以说是前几个五年计划期间有关技术经济方面的代表作。

1981 年，国家计划委员会明确要求，今后所有大中型项目都要进行可行性研究，而技术经济分析则是可行性研究的组成部分。随后，国家科委和国务院经济社会发展研究中心组织进行建设项目经济评价的基础理论与方法的研究，于 1985 年出版了《工业建设项目可行性研究 经济评价方法——企业经济评价》，1986 年出版了《工业建设项目可行性研究 经济评价方法——国民经济评价》。1987 年，国家计划委员会和建设部联合发布了《关于建设项目经济评价工作的暂行规定》，并出版了《建设项目经济评价方法与参数》一书，至此，我国建设项目有了统一的经济评价方法和报表，并规定了一些评价参数。1993 年发布了《关于建设项目经济评价工作的若干规定》，并对《建设项目经济评价方法与参数》进行了修订。1986 年前后，我国开始利用世界银行贷款，在全国进行一大批城市基础设施建设项目的建设前期工作，比如城市给水项目、城市排水（包括污水处理）项目、交通运输项目等。在建设部、世界银行的指导下，各地相继成立了项目工作办公室，对我国规范建设项目管理和加强技术经济分析工作起到了促进作用。

工程技术经济从过去被忽视到得到较普遍重视与关注，这是伴随着国家工作的重点转向经济建设，强调提高经济效果而发生的。近年来，工程技术经济作为一门专门学科，不仅得以系统地发展，而且其理论和方法也越来越多地用于分析、评价和指导各项社会实践活动。仅就给水、排水工程设计而言，在利用外资或大、中型项目的可行性研究中就普遍进行了以动态分析为主的技术经济评价。其中利用外资项目几百项，为顺利而有效地利用外资、引进国外先进技术设备创造了条件，取得了良好的经济效益、环境效益和社会效益。有关评价方法，目前已经普遍被设计部门接受和掌握，并且在实践中有所发展和创新。

 **思考题**

1. 简述工程技术经济概念、基本任务和研究内容。
2. 简述工程技术经济分析的一般过程。
3. 简述工程技术经济分析的基本原则。

第2章

环境工程技术经济基本要素

工程项目进行技术经济分析时，必然要考察项目的投入和产出。涉及投入和产出的经济要素主要包括投资、成本、费用及收入、利润、税金等。本章介绍工程技术经济分析的基本经济要素。

2.1 经济效果及工程技术经济基本要素的构成

2.1.1 经济效果的概念

所谓经济效果是指"成果与消耗之比"或者是"产出与投入之比"。而将经济活动中所取得的有效劳动成果与劳动耗费的比较称为经济效益。

为深入理解经济效果的概念，需注意以下三点。

（1）理解经济效果的本质　成果和劳动消耗相比较是理解经济效果的本质所在。在现实生活中，较常见的大致有三种类型对经济效果的误解：第一类，属于传统观念较深的人，他们将数量（产量、产值）的多少视作经济效果，产量大、产值高就说经济效果好；第二类，把"快"和"速度"视作经济效果；第三类，认为企业利润就是经济效果。"钱"赚得多，就是经济效果好。为了防止出现对经济效果概念的误解，必须强调将成果和劳动消耗联系起来综合考虑的原则，而不能仅使用单独的成果或消耗指标。不将成果与消耗、投入与产出相联系，我们就无法判断其优劣、好坏。当然在投入一定时，也可以单独用产出衡量经济效果，产出越多效果越好；在产出一定时，投入越少越好。

（2）技术方案实施后的效果　技术方案实施后的效果有正负之分，比如环境污染就是生产活动的无益效果，或者叫负效果。经济效益概念中的产出是指有效产出，是指对社会有用的劳动成果，即对社会有益的产品或服务。不符合社会需要的产品或服务，生产越多，浪费就越大，经济效益就越差。反映产出的指标包括三个方面：①数量指标，如产量、销量、销售收入、总产值、净产值等；②质量指标，如产品寿命、可靠性、精度、合格率、品种、优等品率等；③时间指标，如产品设计和制造周期、工程项目建设期、工程项目达产期等。

（3）经济效果概念中的劳动消耗　经济效果概念中的劳动消耗，包括技术方案消耗的全部人力、物力、财力，即包括生产过程中的直接劳动的消耗、劳动占用、间接劳动的消耗三部分。直接劳动的消耗，指技术方案在生产运行中所消耗的原材料、燃料、动力、生产设备等物化劳动消耗以及劳动力等活劳动消耗。这些单项消耗指标都是产品制造成本的构成部分，因而产品制造成本是衡量劳动消耗的综合性价值指标。劳动占用通常指技术方案为正常进行生产而长期占用的用货币表现的厂房、设备、资金等，通常分为固定资金和流动资金两部分。投资是衡量劳动占用的综合性价值指标。间接劳动的消耗是指在技术方案实施过程中社会发生的消耗。

2.1.2　经济效果表达式

经济效果通常有三种表达方式。

（1）差额表示法　这是一种用成果与劳动耗费之差表示经济效果大小的方法，表达式为：

$$E = B - C \tag{2-1}$$

式中　E——经济效果；

B——成果；

C——劳动耗费。

这种表示方法要求劳动成果与劳动耗费必须是相同计量单位，$B - C \geqslant 0$ 表明技术方案在经济上可行。如利润额、利税额、国民收入、净现值等都是以差额表示法表示的常用的经济效果指标。

这种经济效果指标计算简单，概念明确。但不能确切反映技术装备水平不同的技术方案的经济效果的高低与好坏。

（2）比值表示法　这是一种用劳动成果与劳动耗费之比表示经济效果大小的方法，表达式为：

$$E = \frac{B}{C} \tag{2-2}$$

式中，E 为劳动成果与劳动耗费之比。

比值法的特点是劳动成果与劳动耗费的计量单位可以相同，也可以不相同。当计量单位相同时，比值 $E > 1$ 是技术方案可行的经济界限。采用比值法表示的指标有劳动生产率和单位产品原材料、燃料、动力消耗水平等。

（3）差额-比值表示法　这是一种用差额表示法与比值表示法相结合来表示经济效果大小的方法，表达式为：

$$E = \frac{B - C}{C} \tag{2-3}$$

式中，E 为净劳动成果与劳动耗费之比。它表示单位劳动耗费所取得的净效果，较为常用。

$\dfrac{B - C}{C} \geqslant 0$ 是技术方案可行的经济界限。

以上三种表达式是定量分析经济效果的依据，也是建立经济效果评价指标的基础，一般应结合起来加以应用。

2.1.3　经济效果的分类

（1）微观经济效果和宏观经济效果　根据受益分析对象不同，分为微观经济效果和宏观经济效果。人们站在企业立场上，从企业的利益出发，分析得出的技术方案为企业带来的效果称为微观经济效果。而技术方案对整个国民经济以至于整个社会产生的效果称为宏观经济效果。

由于分析的角度不同，对同一技术方案的微观经济效果评价结果与宏观经济效果评价结果可能会不一致，这就要求不仅要做微观经济效果评价，而且还要分析宏观经济效果。

（2）直接经济效果和间接经济效果　一个技术方案的采用，除了给实施企业带来直接经济效果外，还会对社会其他部门产生间接经济效果。如一个水电站建设，不仅给建设单位带来发电收益、旅游收益，而且给下游带来防洪收益。一般来说，直接经济效果容易看得见，不易被忽略。但从全社会角度，则更应强调后者。

（3）有形经济效果和无形经济效果　有形经济效果是指能用货币计量的经济效果，比如利润。无形经济效果是指难以用货币计量的经济效果，例如，技术方案采用后对改善环境污染、保护生态平衡、提高劳动力素质、填补国内空白等方面产生的效益。在技术方案评价中，不仅要重视有形经济效果的评价，还要重视无形经济效果的评价。

最后，还要注意，我们在对技术方案的经济分析、评价和选择时，不仅要注意企业经济效果、直接经济效果和有形经济效果，更要重视国民经济效果、间接经济效果和无形经济效果。

2.1.4　工程技术经济基本要素的构成

工程技术经济研究的对象是工程项目，而各种工程活动，都需要投入。以最少的投入取得尽可能多的产出，是各种工程活动追求的经济目标。在对工程项目进行技术经济分析时，必然要考察其投入和产出。因此，要涉及许多投入和产出经济要素。投入的经济要素主要包括投资、成本及费用等；产出的经济要素主要包括收入、利润及税金等。投入和产出的这些经济要素就构成了工程项目的基本经济要素。这些基本的经济要素是进行工程项目评价不可缺少的基本数据。

基本经济要素的基本数据主要来自分析评价人员的预测、预算及以往经验的估算，这些数据预测或估算的准确性如何将会直接影响工程项目评价的质量及决策。

2.2　投资

2.2.1　投资的概念与构成

投资一词具有双重含义：一是指特定的经济活动，即为了将来获得收益或避免风险而进行的资金投放活动。投资活动按其对象可分为产业投资和证券投资两大类。产业投资是指经营某项事业或使真实资产存量增加的投资；证券投资是指投资者用积累起来的货币购买股票、债券等有价证券，借以获得效益的行为。二是指投放的资金，即为了保证项目投产和生产经营活动的正常进行而投入的活劳动和物化劳动价值的总和，换句话说是指以一定的资源（资金、人力、技术、信息等）投入某项计划或工程，以获取所期望的报酬。投资是人类一种有目的的经济行为，在实际经济生活中，投资的这两种含义都被人们广泛地应用着。本节着重于后一概念的阐述。

建设项目总投资是指拟建项目从筹建到竣工验收以及试车投产的全部建设费用，是项目固定资产投资与流动资产投资的总和，其内容见图 2-1。对于自有资金不足需要贷款的项目，建设期内所要偿还的贷款利息也将增加总投资额。此外，根据市场经济环境下项目生存的要求和经营的需要，通常还有对无形资产和递延资产进行的投资。

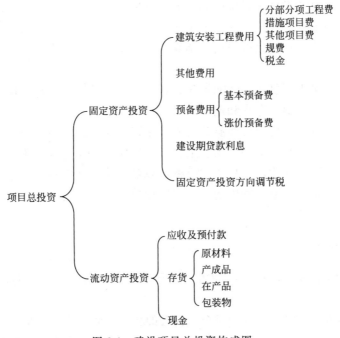

图 2-1　建设项目总投资构成图

固定资产投资是指用于建设或购置固定资产所投入的资金，它包括建筑安装工程费用、其他费用、预备费用、建设期贷款利息及固定资产投资方向调节税。

建筑安装工程费用（也称工程费用）包括分部分项工程费、措施项目费、其他项目费、规费和税金五部分。

工程建设的其他费用主要包括土地使用费及其他相关费用。土地费用包括土地征用费、土地迁移补偿费和土地使用权出让金。土地迁移补偿费是指项目通过划拨方式取得无限期土地使用权，按照土地管理规定所支付的费用，它包括：土地补偿费；青苗补偿费和被征用土地、房屋、树木等附着物费用；安置补助费；耕地占用税、土地使用税计费及征地管理费；征地动迁费等。土地使用权出让金主要是指项目通过使用权出让的方式取得有限期的土地使用权，依照《城镇国有土地使用权出让条例》等规定所支付的土地使用权出让金。

与项目建设相关的其他费用包括建设管理费、项目论证与勘察设计试验费、工程保险费、建设单位临时设施费、工程监理费、供电补贴费、施工机构迁移费、引进技术和设备费、联合试运转费、生产准备费等。

预备费用是指投资估算中不可预见的因素和物价变动因素需要纳入的费用。有基本预备费和涨价预备费。

建设期贷款利息是指为筹措建设项目资金发生的各项费用。

固定资产投资方向调节税是为了贯彻国家产业政策，控制投资规模，引导投资方向，调整投资结构，加强重点建设，促进国民经济持续稳定协调发展，对在我国境内进行固定资产投资的单位和个人（不含中外合作经营企业和外商独资企业）征收固定资产投资方向调节税。

投资方向调节税的税率，根据国家产业政策和项目经济规模实行差别税率，税率分别为0、5%、10%、15%、30%五个档次，各固定资产投资项目按其单位工程分别确定适用的税率。计税依据为固定资产投资项目实际完成的投资额，其中更新改造项目是以建筑工程实际完成的投资额为计税依据。投资方向调节税按固定资产投资项目的单位工程年度计划投资额预缴，年度终了后按年度实际完成投资额结算，多退少补。项目竣工后，按应征收投资方向调节税的项目及其单位工程的实际完成投资额进行清算，多退少补。

流动资产投资，是指项目在投产前预先垫付、在投产后生产经营过程中周转使用的全部资金。它包括应收及预付款、存货和现金。

建设项目总投资按其费用项目性质分为静态投资、动态投资和流动资金三个部分。静态投资是指建设项目的建筑安装工程费用、工程建设其他费用和基本预备费以及固定资产投资方向调节税。动态投资是指建设项目从估（概）算编制期到工程竣工期间由于物价、汇率、税费率、劳动工资、贷款利率等发生变化所需增加的投资额。主要包括建设期贷款利息、汇率变动及建设期涨价预备费。

2.2.2　投资的运行

投资的运行是动态概念，投资活动本质上是使用价值和价值的运动，其过程包括以下几步。

（1）投资的形成与筹集　把投资资金从社会的各方吸收过来，聚集起来以供投资使用是投资周期的起始阶段。投资资金形成的基础是社会总产品。新资金的来源是劳动者创造的剩余产品的价值，生产资料的旧价值的转移资金形成重置投资，这是原有投资的更新与再现。劳动者的工资也会有一部分转化为投资。

投资资金的筹集方式主要有财政拨款、银行贷款、企业自筹资金、个人投资和利用外资等。

（2）投资的分配　将筹集到的资金进行科学分配，以达到投资在产业之间与地区之间的优化配置。

（3）投资实施或运用　把投资资金转化为生产要素以形成资产的过程，是投资运行的关键阶段。这一阶段主要由投资决策阶段（解决科学立项问题，筛选出最佳方案）和投资实施阶段（进行工程施工和投产使用）构成。

（4）投资回收　将生产出的产品出售实现已创造的价值和转移价值，以取得货币收入，也是实现价值增值的过程。

2.2.3　资产

建设项目总投资形成的资产可以分为固定资产、无形资产、其他资产（递延资产）和流动资产。

（1）固定资产　固定资产是指使用年限在1年以上，单位价值在规定限额以上，并在使用过程中保持原有物质形态的资产，如房屋、建筑物、机器、机械等。其特点是从实物角度看，固定资产能以同样的实物形态连续多次地为生产周期服务，而且在长期的使用过程中始终保持原有的物质形态。从价值形态上看，固定资产由于可以同样以实物形态为连续多次的生产过程服务，因此固定资产的价值随着它的使用磨损，以折旧的方式分期分批转移到产品的价值中去，构成新产品价值的组成部分；从资金运动来看，固定资产所占用的资金循环一次周期较长，通过折旧得到补偿与收回。

《企业会计制度》规定："企业的固定资产包括使用年限在 1 年以上的房屋、建筑物、机器、机械、运输工具以及其他与生产经营有关的设备、器具、工具等。不属于生产经营主要设备的物品，单位价值在 2000 元以上，使用期限超过 2 年的，也应当作为固定资产。"

在不同的分析时期，固定资产具有不同的价值。在项目建设投产时核定的固定资产价值称为固定资产原值。固定资产使用一段时间以后，其原值扣除累计的折旧费称为固定资产净值。项目寿命期结束时，固定资产的残余价值称为固定资产的残值。根据社会再生产条件和市场情况对固定资产重新估价，估得的价值称为固定资产的重估值。

（2）无形资产　无形资产是指企业长期使用但没有实体形态的可以持续为企业带来经济效益的资产，包括专利权、专有技术、专营权、土地使用权、商标权。其特点是没有实物形态，区别于其他资产的显著标志是能在较长的时间内使企业获得经济利益，特有的目的是使用而不是出售，给企业带来的经济效益具有不确定性。无形资产按规定期限分期摊销，没有规定期限的，按不少于 10 年分期摊销。

（3）递延资产　递延资产是已经支出但不能全部计入当年损益，应当在以后年度内分期摊销的各项费用，包括开办费、租入固定资产的改良支出以及摊销期限在 1 年以上的其他待摊费用等。按我国《企业财务通则》规定，开办费自投产营业之日起，按照不短于 5 年的期限分期摊销。水工程的递延资产比重甚小，一般可按 5 年分期摊销。

（4）流动资产　流动资产是指可以在 1 年或者超过 1 年的一个营业周期内变现或者耗用的资产。包括存货、应收款项和现金等。存货是指企业在生产经营过程中为销售或者消耗而储存的各种资产。包括商品、产成品、在产品、燃料、包装物、低值易耗品等。流动资产中存货的价值占有较大的比重，其特点是不断处于销售和重置、或耗用和重置之中。一般情况下，其价值一次转移，并随着产品销售的实现，被耗用的价值一次得到补偿。应收款项是指企业因对外销售产品、材料、供应劳务及其他原因，应向购货单位或接受劳务的单位及其他单位收取款项，包括应收账款、应收票据和其他应收款。现金是指立即可以投入流通的交换媒介，包括库存现金、银行存款和银行汇票等（有价证券）。在流动资产中现金及各种存款是企业在生产经营过程中停留于货币形态的那部分资产，它具有流动性大的特点。企业要进行生产经营活动，首先必须拥有一定数量的现金和各种存款，以支付劳动对象、劳动手段和活劳动方面的费用，通过生产经营过程，将劳动产品销售出去，又获得了这部分资金。

（5）固定资产投资与流动资产投资的联系　固定资产投资的结果形成劳动手段，对未来企业生产什么、如何生产、在什么地方以多大规模进行生产有着决定性的影响。流动资产投资的结果是劳动对象，而投在劳动对象上的价值要和固定资产的大小所决定的生产规模相适应，流动资产投资的数量及其结构是由固定资产投资的规模及其结构所决定的。但是流动资产同固定资产一样都是生产过程不可缺少的生产要素，固定资产投资必须有流动资产投资的配合。

固定资产投资从项目动工上马到建成交付使用，往往要经历较长的时间。在这期间，只有投入，不能产出。而流动资产投资，一般时间短，只要流动资产投资规模与固定资产投资的规模相适应，产品适销对路，流动资产投资很快就可以回收，同时，固定资产的转移价值以折旧形式，只能在列入生产成本以后，作为产品销售成本的一部分，通过产品销售，从销售收入中得到实现，因此固定资产价值的回收依赖于流动资产的顺利周转。假如流动资产不能顺利周转，意味着存货不能顺利转化为货币资金，也就难以实现销售收入。

建设项目总投资形成的资产、所有者权益及负债之间关系归纳如图 2-2 所示。

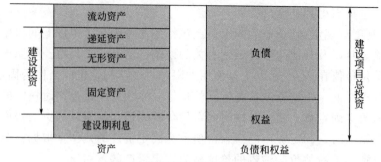

图 2-2　资产与负债及所有者权益

2.3　成本与流动资金

环境工程运行成本，是指因环保设施运行和维护（operation and maintenance，O&M）所投入的资金。为了保证 O&M 的正常开支需要而占用的周转资金，称为流动资金（working capital）（环境工程运行成本构成和费用以及流动资金，所引参数出自住建部规定）。

2.3.1　环境工程运行费用与成本构成

费用和成本两个词在环境工程项目经济评价中常常通用，但实际上它们是不同的。费用和成本这两个概念的区别在于费用是指花费的钱，如生活开支；成本是指生产一种产品所需要的全部费用，如生产成本。因此，费用强调资金消耗或者资金流出，成本强调按提供一定量的服务或处理一定量的污染物所归集的费用。环境工程项目建成运行后发生的一般费用和成本归集如图 2-3 所示。

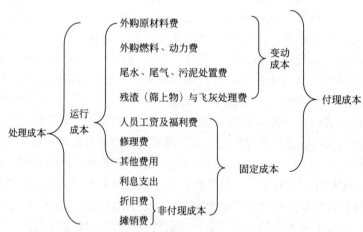

图 2-3　环境工程项目建成运行后发生的一般费用和成本归集

2.3.1.1　规模效应

通常，环境工程运营的 O&M 费用具有规模效应。下面以污水处理厂运行费用为例加以说明。污水处理厂的运行费由污水处理工艺、污水处理程度及污泥处理与处置程度所决定，并与处理规模有关。根据收集整理的污水处理厂运行费用，有研究者分析了运行成本与处理规模的相关性，由于这些污水处理厂的处理程度均为二级，且污泥大都采用直接浓缩脱水处理，故不同处理规模与运行成本的相关性具有可比性，分析结果如图 2-4 所示。

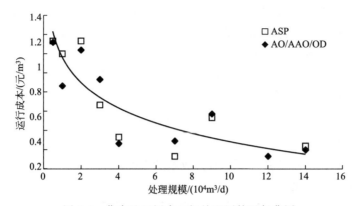

图 2-4　华东地区污水二级处理厂的运行费用

ASP—常规活性污泥法工艺；AO/AAO—厌氧/好氧脱氮除磷工艺；OD—氧化沟工艺

由图 2-4 可见，污水二级处理厂处理每吨污水成本在 0.3～1.2 元/m³ 之间。污水处理厂运行成本有规模经济性，即运行成本随着处理规模的增加呈下降趋势，尤其以中、小规模污水处理厂最明显，当处理规模达到 $10×10^4$ m³/d 以后，运行成本的波动性变小。另外一项研究也得到了相似的结果：当污水处理厂处理规模小于 $10×10^4$ m³/d 时，处理每吨污水的成本在 0.5～0.9 元/m³ 之间，并具有规模经济效应；当处理规模大于 $10×10^4$ m³/d，处理每吨污水的成本受处理规模的影响较小，稳定于 0.3～0.4 元/m³ 之间。实际上，很多特大型污水处理厂往往由数组几万至十万立方米每天的处理单元并联运行，能耗、设备和构筑物等方面并不会因规模的进一步增加而过多节省。

污水处理厂运行费用的规模经济性可用下面的公式来表示：

$$C_{op,t} = \alpha_{op} P_t^{\beta_{op}} \tag{2-4}$$

$$\alpha_{op} = \frac{C_{op,10000PE}}{(P_{10000PE})^{\beta_{op}}} \tag{2-5}$$

式中　$C_{op,t}$——同一污水处理厂在时间 t 的运行费用；

α_{op}——以污水处理厂单位规模（这里采用了 10000 当量人口）运行费用得到的参数；

P_t——同一污水处理厂在时间 t 的处理水量；

β_{op}——规模系数。

β_{op} 的典型值列于表 2-1 中。

表 2-1　污水处理厂运行费用的规模系数 β_{op}

地址	β_{op}	污水处理厂类型	数据来源
瑞士	0.81	各种类型	Maurer et al(2006)
美国	0.78	各种类型	USEPA(1981)
	0.77	二级处理	
	0.82	三级处理	
	0.77	活性污泥	Smith(1968)
	0.75	活性污泥	Tihansky(1974)
希腊	0.67～0.8	包括加氯和污泥处理，差别取决于所用技术	Tsagarakis et al(2003)

式（2-4）定义了污水处理厂运行费用是处理负荷（水量）的函数，也可以用于采用相同工艺的不同污水处理厂运行费用的估算。它只是一个近似的算法，更适用于电费比例高、人员费比较低的污水处理厂。由图2-4也可以看到，即便具有相同的处理规模，不同污水处理厂的实际运行费用仍可能相差很大。这是因为不同项目相关条件（处理工艺、处理深度、实际处理负荷等）的约束不同。因此，环境工程项目可行性研究不能采用这样的简单估算法，需要根据费用发生的实际情况进行分类估算。

2.3.1.2 污水处理费用

（1）外购材料费　外购材料成本是运行成本的重要组成部分，在污水处理项目中主要是指处理过程中投加药剂如聚丙烯酰胺、氯气、矾、石灰等而发生的费用。药剂费用为各种药剂投加量与投加该种药剂单价的乘积之和，按年计算，计算公式为：

$$年药剂费 = a_1 b_1 + a_2 b_2 + \cdots + a_n b_n$$

式中　a_1，a_2，…，a_n——各种药剂的年投加量，t；

b_1，b_2，…，b_n——对应的各种药剂的单价，元/t。

（2）燃料及动力费　电力费用是污水处理厂运行成本的主要部分。根据电力部门规定，按受电用户的电压等级和性质，可实行一部制电价，也可实行两部制电价，依项目所在地的具体规定取用。

一部制电价是指根据电度电价和耗电量计算电力费用，计算公式为：

$$电费 = 电度电费$$

两部制电价则包括基本电价和电度电价，计算公式为：

$$电费 = 基本电费 + 电度电费$$

$$基本电费 = 用户用电容量 \times 基本电价[元/(kV \cdot A \cdot 月)] \times 12 个月$$

$$电度电费 = 运行期间耗电量(kW \cdot h/a) \times 电度电价[元/(kW \cdot h)]$$

式中，用户用电容量是指高压电机容量（视在功率）、常用变压器容量、热备用变压器容量之和或最大需量（kV·A）。用户用电容量按变压器容量或最大需量（kV·A）计算。最大需量是指客户在一个电费结算周期内，每单位时间用电平均负荷的最大值。

需要冬季供暖的地区还应包括冬季供暖费（指城市集中供暖费或项目自备非电力供暖所需的燃料费用）。冬季供暖费用根据项目所在地年供暖时间、供暖方式、需供暖的生产性建筑物范围及当地的相关费用指标确定。

（3）尾水、尾气、污泥处理费用　污水处理厂尾水排放、污泥处置、尾气排放等的接纳系统若需要收取费用时，应按有关部门的规定计取相关费用。

（4）职工薪酬　计算公式为：

$$职工薪酬 = 职工定员(人) \times 年人均职工薪酬[元/(人 \cdot 年)]$$

（5）修理费　修理费是指为保持固定资产的正常运转和使用，充分发挥使用效能，对其进行必要修理所发生的费用，按修理范围的大小和修理时间间隔的长短可以分为大修理和中小修理。排水项目固定资产修理费率取 2%～3%。计算公式为：

$$修理费 = 固定资产原值 \times 修理费率$$

注意，计算修理费的固定资产原值应扣除所含的建设期利息。

（6）折旧费　在第一次工业革命以前，会计上几乎没有折旧概念。此后，由于大机器、大工业的发展，特别是铁路的发展和股份公司的出现，使人们产生了长期资产的概念，并要求区分"资本"和"收益"，因而确定了折旧费用是企业生产过程中不可避免的费用。具体地说，生产期内取得收入所对应的成本，不只是当期发生的成本，还应该包括前期固定资产建设发生的成本。这一成本，通常是通过提取折旧的方法来补偿的，即在项目生命周期内，将固定资产价值以折旧的方式列入产品成本中，通过营业收入逐年摊还，以回收固定资产投资。

计算折旧的要素是固定资产原值、使用期限（或预计产量）和固定资产净残值。按折旧对象的不同来划分，折旧方法可分为个别折旧法、分类折旧法和综合折旧法。个别折旧法是以每一项固定资产为对象来计算折旧；分类折旧法以每一类固定资产为对象来计算折旧；综合折旧法则以全部固定资产为对象计算折旧。

固定资产折旧的计算方法可分为平均年限法和快速折旧法。平均年限法逐年均摊折旧费，计算简便，计算公式为：

$$年折旧率＝\frac{1-预计净残值率}{折旧年限}$$

$$年折旧额＝固定资产原值×年折旧率$$

当需要快速回收固定资产投资时采用快速折旧法，即固定资产每期计提的折旧数额在使用初期计多提而在后期计少提，从而相对加快折旧速度。双倍余额递减法是快速折旧法的其中一种，计算公式为：

$$年折旧率＝\frac{2}{折旧年限}×100\%$$

年折旧额计算与上述相同。

应该注意的是，双倍余额递减法计算的基数是固定资产的当前值，而不是原值；另外，在折旧年限到期前两年内，应当将固定资产净值扣除预计净残值后的净额平均摊销，即最后两年改用直线折旧法计算折旧。

在工程项目经济分析中，还可以采用工作量（行驶里程或者工作小时）来计算折旧。一般来说，排水工程项目折旧采用平均年限法计算，固定资产净残值率可为 $3\%\sim5\%$。采用特许经营模式的项目，应结合特许权协议确定固定资产净残值率，如果特许期结束后资产无偿转移给政府，则不计固定资产净残值。

（7）摊销费　与折旧相类似，污水处理工程的无形资产和其他资产采用平均年限法摊销，以回收无形资产和其他资产投资。无形资产按不少于 10 年摊销，其他资产按不少于 5 年摊销，不计残值，计算公式为：

$$无形资产摊销费＝无形资产×摊销费率$$

$$其他资产销摊费＝其他资产×摊销费率$$

也可简化计算，取两者平均摊销年限为 10 年，即年摊销率为 10%。

（8）其他费用　其他费用包括其他制造费用、其他管理费用和其他营业费用三项费用，一般采用下面公式计算。排水项目的其他费用综合费率取 $8\%\sim12\%$。

$$其他费用＝\left(\begin{array}{c}外购原材料费用+外购燃料及动力费用+职工薪酬+折旧费用+无形\\资产及其他资产摊销费用+修理费用+尾水、尾气、污泥处置费用\end{array}\right)×综合费率$$

（9）利息支出（财务费用）　企业为筹集所需资金而发生的费用称为借款费用，又称财务费用，包括利息支出（减利息收入）、汇兑损失（减汇兑收费）以及相关的手续费等。在大多数项目的财务分析中，通常只考虑利息支出。利息支出的估算包括长期借款利息、流动资金借款利息和短期借款利息三部分。

① 长期借款利息　建设期间借款余额（含未支付的建设期利息）在生产期发生的利息，

称为长期借款利息，通常有两种计算方式。

第一种是等额本息还款方式，即每期还本付息的金额相同，计算公式为：

$$A = I_c (A/P, i, n)$$

式中　　　　A——每年还本付息额（等额年金）；

　　　　　　I_c——还款起始年年初的借款余额（含未支付的建设期利息）；

　　　　　　i——年利率；

　　　　　　n——预定还款期；

$(A/P, i, n)$——资金回收系数（见第 3 章）。

每年还本付息的金额计算如下：

每年偿还本金＝A－每年支付利息

每年支付利息＝年初借款余额×年利率

年初借款余额＝I_c－本年以前各年偿还的借款累计

第二种是等额本金还款方式，即每期偿还本金的金额相同。设 A_t 为第 t 年的还本付息额，则有：

$$A_t = \frac{I_c}{n} + I_c \left(1 - \frac{t-1}{n}\right) \times i$$

其中：

$$每年偿还本金 = \frac{I_c}{n}$$

每年支付利息＝年初借款余额×年利率

$$第 t 年支付的利息 = I_c \left(1 - \frac{t-1}{n}\right) \times i$$

② 流动资金借款利息　通常，企业会计与银行达成共识按照循环方式处理流动资金借款，即期末借款、期末还款、下一期初再借，并按一年期利率计息。财务分析中对流动资金借款可以在计算期最后一年还清，也可在还完长期借款后安排。流动资金借款利息可以按下式计算：

年流动资金借款利息＝年初流动资金借款余额×流动资金借款年利率

③ 短期借款利息　项目评价中的短期借款是指运营期间由于资金的临时需要而发生的短期借款，短期借款的数额应在财务计划现金流量表中得到反映，其利息应计入总成本费用表的利息支出中。短期借款利息的计算同流动资金借款利息，短期借款的偿还按照随借随还的原则处理，即当年借款尽可能于下年偿还。

2.3.1.3　垃圾处理费用

垃圾处理工程的三种常规工艺包括填埋、焚烧、堆肥，它们在运行费用上的差别，主要表现在材料、燃料及动力、残渣（或筛上物）与飞灰处理费上。

（1）外购材料费

① 填埋工艺　外购原材料费包括购置垃圾导气管及石笼、中间覆盖土或覆盖膜、临时道路铺筑材料以及药剂等所需费用。其表达式为：

外购原材料费＝$a_1 b_1 + a_2 b_2 + \cdots + a_n b_n$

式中　$a_1, a_2, \cdots, a_n$——各种原材料需用量，t；

　　　$b_1, b_2, \cdots, b_n$——对应的各种原材料单价，元/t。

② 焚烧工艺　外购原材料费包括购置助燃材料、石灰、烧碱、活性炭及其他药剂等所

需费用，计算与上述相同。

③ 堆肥工艺　外购原材料费包括垃圾制肥过程中购置的秸秆、树叶、尿素以及其他添加剂、药剂等所需费用，计算与上述相同。

（2）燃料及动力费　燃料费为垃圾场运行中所需油耗费用，其表达式为：

$$燃料费＝填埋机械及运输设备每百公里油耗×燃料单价×运行公里数$$

动力费（电费）计算与前述相同。

（3）残渣（或筛上物）与飞灰处理费　填埋工艺不发生此项费用。

① 焚烧工艺　残渣填埋费，包括运输及消纳费。其表达式为：

$$残渣填埋费＝残渣量×残渣处理单价$$

飞灰处理费，包括运输及消纳费。其表达式为：

$$飞灰处理费＝飞灰量×飞灰处理单价$$

② 堆肥工艺　筛上物处理费，包括运输及消纳费。其表达式为：

$$筛上物处理费＝筛上物量×筛上物处理单价$$

（4）职工薪酬　其表达式为：

$$职工薪酬＝年人均职工薪酬×设计定员人数$$

（5）修理费　其表达式为：

$$修理费＝固定资产原值×修理费率$$

用于计算修理费的固定资产原值应扣除所含的建设期利息，修理费率取 1.0％～2.4％。

（6）折旧与摊销　垃圾处理工程的折旧可采用分项计提和综合折旧两种方法。通常在没有具体要求时，可采用综合折旧法。采用平均年限法时，净残值率为 4％，综合折旧年限按固定资产平均折旧年限或项目经济寿命期[❶]，超过 20 年时按 20 年计。

一般情况下，垃圾处理工程的无形资产和其他资产摊销年限取 10 年，年摊销率为 10％。

（7）其他费用　其表达式为：

$$其他费用＝\begin{bmatrix}（材料费＋燃料和动力费＋职工薪酬＋折旧费用\\＋无形资产及其他资产摊销费用＋修理费用\\＋残渣（或筛上物）与飞灰处理费）\end{bmatrix}×综合费率$$

计算其他费用的综合费率一般取 8％～12％。

2.3.2　环境工程常用成本概念与归集

2.3.2.1　处理成本与运行成本

（1）处理成本与运行成本　污水处理过程的全部成本和费用称为处理成本，在工程经济学上称为总成本（total cost），通常按照一定时期（一般为一年）来计算。

$$处理成本（总成本）＝运行成本＋折旧费＋摊销费＋利息支出$$

与污水处理过程相关的直接费用称为运行成本，在工程经济学上称为经营成本，其构成

---

❶ 固定资产的经济寿命与折旧寿命。经济寿命是指资产（或设备）在经济上最合理的使用年限，也就是资产的总年成本最小或总年净效益最大时的使用年限。一般设备使用达到经济寿命或虽未达到经济寿命，但已出现新型设备，使得继续使用该设备已不经济时，即应更新。折旧寿命亦称"会计寿命"，是按照国家财政部门规定的资产使用年限逐年进行折旧，一直到账面价值（固定资产净值）减至固定资产残值时所经历的全部时间。从理论上讲，折旧寿命应等于或接近经济寿命为宜。

了项目运营期的主要现金流出,计算公式为:

$$运行成本(经营成本)=材料费+燃料及动力费+尾水、尾气、污泥处置费用+$$
$$职工薪酬+修理费+其他费用$$

类似地,垃圾处理工程的运行成本计算公式为:

$$运行成本=材料费+燃料及动力费+残渣(或筛上物)与飞灰处理费+$$
$$职工薪酬+修理费+其他费用$$

实践中,为方便比较不同工艺方案的成本,常以成本除以处理量得到单位成本。

(2)降低污水处理成本的措施

① 合理设计 不同的污水处理工艺、污水处理程度及污泥处理与处置程度,使它们的处理成本之间存在系统性差别。此外,处理规模也影响着处理成本。污水处理成本具有规模经济效应,即单位成本随着处理规模的增加而下降。但是,当规模达到一定程度后,一方面污水处理厂本身的规模效应变得不明显,另一方面因为管网覆盖面积过大可能出现管网的规模不经济性,且盖过污水处理厂的规模经济性,使单位处理成本反而增加。因此,应通过多方案比较选择单位成本较低的设计方案。

② 合理建设 污水处理厂的规划周期很长,一般应满足25~30年的需求。污水处理厂建成后投产初期,实际处理水量往往达不到设计能力,使实际处理单位成本高于设计处理单位成本:

$$\frac{实际处理成本}{实际处理水量} \geqslant \frac{设计处理成本}{设计处理能力}$$

因此,应重视配套管网建设,提高污水处理厂实际处理水量,从而提高设施利用率和设备效率,降低实际处理单位成本。

③ 合理选型 通常,曝气机、水泵等设备用电费构成污水处理厂运行成本的主要部分。图2-5是某$3\times10^4 m^3/d$城镇污水处理厂的估算处理成本,图中未包括财务费用。由图可见,处理成本中最大的部分是电费(动力费),占到处理成本的42.0%,高于折旧费所占的比例(29.5%)。

因此,设备选型对于降低成本十分重要。在设备采购时,应考虑为水泵、曝气机等大功

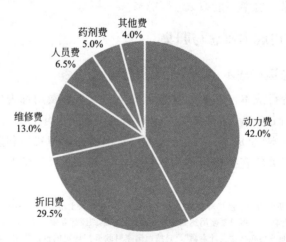

图2-5 某$3\times10^4 m^3/d$城镇污水处理厂的估算处理成本(融资前分析)

率设备配备变频器，使其可以变频运行；同时，把设备生命周期成本（life cycle cost，LCC）❶作为选型依据。

④ 合理运行　对于已经投产的污水处理厂，在运行中应根据进水水量、水质变化不断调整运行模式，适量曝气，避免设备在处理负荷不足时的过度运行。

2.3.2.2　固定成本与变动成本

按成本费用与产量的关系，总成本可以分为固定成本和变动成本。固定成本是不随处理量变化的各项成本费用，一般包括折旧费、摊销费、修理费、工资福利费（计件工资除外）和其他费用，通常把运营期发生的全部利息也作为固定成本，以污水处理工程为例：

固定成本＝折旧费＋摊销费＋职工薪酬＋修理费＋其他费用＋财务费用

变动成本是指随产量的增减而成比例变化的各项成本费用。

变动成本＝材料费＋燃料动力费＋污泥处置费

有些成本属于半固定半变动成本，随着产量增减变化但非成比例变化，必要时可进一步分解为固定成本和变动成本。因此，总成本最终可划分为固定成本和变动成本（图2-3）。

总成本＝固定成本＋变动成本

利用这两个成本，可以进行盈亏平衡分析，计算企业生产的盈亏平衡点，其计算公式为：

$$BEP_{生产能力利用率} = \frac{年固定成本}{年营业收入－年变动成本－年营业税金及附加} \times 100\%$$

$$BEP_{产量} = \frac{年固定成本}{单位产品价格－单位产品变动成本－单位产品营业税金及附加} \times 100\%$$

2.3.2.3　付现成本与非付现成本

付现成本就是现金支出成本，包括变动成本和付现固定成本。反之，不以现金支付的成本称为非付现成本，包括折旧费和摊销费（图2-3）。

付现成本＝变动成本＋付现固定成本

付现固定成本＝职工薪酬＋修理费＋其他费用＋财务费用

非付现固定成本＝折旧费＋摊销费

在经营决策中，特别是当企业资金处于紧张状态，支付能力受到限制的情况下，往往把现金支付成本作为考虑的重点，会选择付现成本最小的方案代替总成本最低的方案。

2.3.2.4　边际成本与平均成本

边际成本是增加1个单位产量而增加的成本，由这个定义可知边际成本属于变动成本。平均成本是成本除以产量得到的值。

2.3.2.5　沉没成本与机会成本

沉没成本、机会成本与环境工程项目的费用和成本没有直接关系，但是对于决策有着重要的影响。

沉没成本（sunk cost）是指因过去的决策已经付出的成本。比如你买了一张电影票，进场后却感觉电影不好看，但是这时候就算不看电影，买电影票的钱也收不回来了，这笔钱就是沉没成本。而对买电影票的人，会有两种可能结果：一是虽然电影不好看，但忍受着看

---

❶ 生命周期成本是指设备安装、运行、维护和拆除的各项费用折现后总的货币成本。

完；二是发觉电影不好看，退场去做别的事情。

在工程经济分析中，沉没成本是应该忽略的，因为现在的决定无法改变过去的事实了，工程经济分析师关注的是现在和未来的机会。然而，要不受沉没成本的干扰并不是一件容易的事，很多时候需要做出理性的选择。

机会成本也与选择有关。当我们把某项商业资源（设备、人力、资金等）投入到某项行为中时，就放弃了把这项资源投入到其他行为中的机会，那么其他行为可能带来的潜在效益就成为当前行动的机会成本。我们的选择，应使其效益大于其机会成本。实际上，人们通常是知道这一点的。某篮球明星曾进入大学学习，他为什么离开课堂十多年了才回来呢？因为他如果为选择上学提前退役，就要放弃篮球事业，这样的机会成本实在是太高了。

经济发展和环境质量常常是互为机会成本的。生产生活总会带来不合意的污染。好的环境政策从承认这样的取舍开始——清新空气、清洁水与经济发展。实际上，很少有人愿意为了使环境不受影响，而接受交通不便、食品缺乏、住房拥挤或收入下降等困难。这也说明了政府不可能通过简单禁止某些行为来解决环境外部性。

2.3.3 环境工程项目流动资金

2.3.3.1 流动资金

估算运行成本的一个重要目的是估算流动资金。流动资金是指生产经营性项目投产后，为进行正常生产运营，用于购买原材料、燃料，支付工资及其他经营费用等所需而占用的周转资金。流动资金一般采用分项详细估算，个别情况或者小型项目可采用扩大指标估算。

（1）扩大指标估算　扩大指标估算简便易行，但准确度不如分项详细估算，在项目初步可行性研究阶段可采用扩大指标估算。某些流动资金需要量小的行业项目或非制造业项目在可行性研究阶段也可采用扩大指标估算。

扩大指标估算是参照同类企业流动资金占营业收入的比例（营业收入资金率）、流动资金占经营成本的比例（经营成本资金率）或单位产量占用流动资金的数额来估算流动资金。

$$流动资金＝年营业收入额×营业收入资金率$$

或：

$$流动资金＝年经营成本×经营成本资金率$$

或：

$$流动资金＝年产量×单位产量占用流动资金额$$

（2）分项详细估算　分项详细估算虽然工作量较大，但是准确度高，一般项目在可行性研究阶段应采用分项详细估算。

分项详细估算是对流动资产和流动负债主要构成要素，即存货、现金、应收账款、预付账款、应付账款和预收账款等项内容分项进行估算，计算公式为：

$$流动资金＝流动资产－流动负债$$
$$流动资产＝应收账款＋预付账款＋存货＋现金$$
$$流动负债＝应付账款＋预收账款$$
$$流动资金本年增加额＝本年流动资金－上年流动资金$$

流动资金估算时首先确定各分项最低周转天数，计算出周转次数，然后进行分项估算。

① 周转次数的计算　采用分项详细估算流动资金，其准确度取决于各项流动资产和流

动负债的最低周转天数取值的合理性。在确定最低周转天数时要根据项目的实际情况，并考虑一定的保险系数。如存货中的外购原材料、燃料的最低周转天数应根据不同来源，考虑运输方式和运输距离等因素分别确定。在产品的最低周转天数应根据产品生产的实际情况确定。

$$周转次数 = 360 天/最低周转天数$$

各类流动资产和流动负债的最低周转天数参照同类企业的平均周转天数并结合项目特点确定，或按部门（行业）规定执行。

② 流动资产的估算　流动资产是指可以在 1 年或者超过 1 年的一个营业周期内变现或耗用的资产，主要包括货币资金、短期投资、应收及预付款项、存货、待摊费用等。为简化计算，项目评价中仅考虑存货、应收账款和现金三项，某些项目还可包括预付账款。

a.存货　存货是指企业在日常生产经营过程中持有以备出售，或者仍然处在生产过程，或者将在生产或提供劳务过程中消耗的材料或物料等，包括各类材料、商品、在产品、半成品和产成品等。为简化计算，项目评价中仅考虑外购原材料、燃料、其他材料、在产品和产成品，对外购原材料和外购燃料通常需要分品种分项进行计算。计算公式为：

$$存货 = 外购原材料 + 外购燃料 + 其他材料 + 在产品 + 产成品$$

$$外购原材料 = \frac{年外购原材料费用}{外购原材料年周转次数}$$

$$外购燃料 = \frac{年外购燃料费用}{外购燃料年周转次数}$$

$$其他材料 = \frac{年外购其他材料费用}{外购其他材料年周转次数}$$

$$在产品 = \frac{年外购原材料、燃料动力费 + 年工资及福利费 + 年修理费 + 年其他制造费}{在产品年周转次数}$$

$$产成品 = \frac{年经营成本 - 年其他营业费}{产成品年周转次数}$$

b.应收账款　应收账款是指企业对外销售商品、提供劳务尚未收回的资金。计算公式为：

$$应收账款 = \frac{年经营成本}{应收账款年周转次数}$$

注意：应收账款的计算也可以用营业收入替代经营成本。考虑到实际占用企业流动资金的主要是经营成本范畴的费用，因此选择经营成本有其合理性。

c.现金　项目流动资金中的现金是指为维持正常生产运营必须预留的货币资金，包括库存现金和银行存款。计算公式为：

$$现金 = \frac{年工资及福利费 + 年其他费用}{现金年周转次数}$$

$$年其他费用 = 制造费 + 管理费 + 营业费 - 以上三项费用中所含的工资$$
$$及福利费、折旧费、摊销费、修理费$$

d.预付账款　预付账款是指企业为购买各类原材料、燃料或服务所预先支付的款项。计算公式为：

$$预付账款 = \frac{预付的各类原材料、燃料或服务年费用}{预付账款年周转次数}$$

③ 流动负债的估算 流动负债是指将在 1 年或者超过 1 年的一个营业周期内偿还的债务，包括短期借款、应付账款、预付账款、应付工资、应付福利费、应付股利、预提费用等。为简化计算，项目评价中仅考虑应付账款，某些项目还可包括预收账款。

a. 应付账款 应付账款是因购买材料、商品或接受劳务等而发生的债务，是买卖双方在购销活动中由于取得物资与支付货款在时间上不一致而产生的负债。计算公式为：

$$应付账款 = \frac{外购原材料、燃料、动力及其他材料费用}{应付账款年周转次数}$$

b. 预收账款 预收账款是买卖双方协议商定，由购买方预先支付一部分货款给销售方，从而形成销售方的负债。计算公式为：

$$预收账款 = \frac{预收的营业收入金额}{预收账款年周转次数}$$

（3）流动资金估算需要注意的问题

① 当投入物和产出物采用不含增值税的价格时，流动资金估算中应注意将该增值税分别包含在相应的收入和成本支出中。

② 项目投产初期所需流动资金在实际工作中应在项目投产前筹措。为简化计算，项目评价中流动资金可从投产第一年开始安排；运营负荷增长，流动资金随之增加。但采用分项详细估算流动资金时，运营期各年的流动资金数额应以各年的经营成本为基础，依照上述公式分年进行估算，不能简单地按 100% 运营负荷下的流动资金乘以投产期运营负荷来估算。

③ 分项详细估算应编制流动资金估算表。用分项估算计算流动资金，需以经营成本中的某些科目为基数，因此流动资金估算应在运行成本估算之后进行。

2.3.3.2 环境工程项目流动资金估算要点

（1）排水项目 流动资金的估算应结合各专业项目产出及运营模式的特点进行。排水项目流动资金的估算有扩大指标估算和分项详细估算两种方法，通常采用分项详细估算法。

① 扩大指标估算 排水项目流动资金可按 3 个月的运行成本估算。

② 分项详细估算 排水项目可不考虑预付账款和预收账款，也可不考虑在产品和产成品库存。排水项目的在产品生产周期极短，相应的周转次数极大，可不计该项费用；排水项目的产成品为直接排放的尾水或直接投入使用的再生水，无须库存或库存时间（再生水水池停留时间）极短，亦可不计该项费用。

因此，排水项目流动资产的计算公式可写为：

$$流动资产 = 应收账款 + 存货 + 现金 - 应付账款$$

现金、应收账款和应付账款的周转次数推荐采用 6~12 次，存货（含外购原材料、燃料和其他材料）的周转次数推荐采用 4~6 次。

（2）垃圾处理项目 垃圾处理项目的流动资金估算一般选用扩大指标估算，也可采用分项详细估算。

① 扩大指标估算 扩大指标估算采用按运行成本资金率进行计算，计算公式为：

$$流动资金 = 年运行成本 × 运行成本资金率$$

式中，运行成本资金率是指一定时期（通常为 1 年）内流动资金与运行成本的比率。根据现有运行项目的资料测算，可采用 20%~30%，不同工艺可根据具体情况选用。填埋项目宜取下限 20%，焚烧工艺设计中要求飞灰固化处理的，采用上限 30%。

② 分项详细估算 最低周转天数按实际情况并考虑一定安全系数确定。

应收账款、存货、现金、应付账款的最低周转天数可根据项目的具体情况确定。一般情况下，应收账款最低周转天数为 30 天或 60 天；存货最低周转天数为 90 天或 120 天；现金最低周转天数为 45 天；应付账款最低周转天数为 30 天或 60 天。

2.4　环境工程项目财务效益

财务效益是指项目运营期内企业因项目所获得的资金收入。环境工程项目在建成并投入运行后，产生环境效益和社会效益，同时也能获得资金收入实现财务效益，包括行政性收费、经营性收入和可能获得的各种补贴收入。在估算财务效益的同时，一般还要完成相关税费的估算。大多数环境保护项目属于社会公益事业，得到国家扶持，享受多项税费优惠政策。

排水项目与垃圾处理项目在获得财务效益的途径方面存在较大的差异，下面分别讨论。

2.4.1　污水项目的财务效益

(1) 直接效益　污水处理项目的直接效益主要来自以下几个方面。

① 污水处理费收入。

② 污泥、沼气利用收入。

③ 污水回用所获得的再生水销售收入。

④ 污废水中物质回收带来的支出减少或收入增加，例如，生产染料中间体（分散蓝2BLN）的化工厂每天产生大量的酸性废水，其主要成分是硫酸、硝酸、苯酚及其他一些有机物，若不较好地回收利用将会极大浪费资源和对环境造成严重污染。以该种废水为原料，利用废水中硫酸生产石膏，以年处理废水 10000t 计，投资近 300 万元即可年产石膏 2500t，实现利税 43.3 万元。

(2) 污水处理收费

① 收费依据及形式　污水处理费既包括行政性收费，也包括经营性收入，一般有三种收费形式。第一种是行政性收费。按《中华人民共和国水污染防治法》规定，城镇污水集中处理设施的运营单位按照国家规定向排污者提供污水处理的有偿服务，收取污水处理费用，保证污水集中处理设施的正常运行。向城镇污水集中处理设施排放污水、缴纳污水处理费用的，不再缴纳排污费。收取的污水处理费用应当用于城镇污水集中处理设施的建设和运行，不得挪作他用。作为城市环境基础设施的城市污水处理系统，其主要的财务效益来自征收污水处理费。政府委托自来水厂（公司）随水费收取污水处理费（代征污水处理费），同时委托污水处理企业进行城市污水处理，然后将收取的污水处理费转移支付给污水处理企业并构成其主要收入来源。第二种是服务性收费。污水处理企业向排放污水的企事业单位提供污水处理业务，使污水达到排放标准，因此向排放单位收取劳务或服务费用。第三种是销售性收入。污水处理企业将工矿废水、城市污水处理后，使其达到一定水质标准并在一定范围内重复利用，通过水资源再生利用获得收入。

② 需求量预测　排水项目的建设规模应根据城市供水和排水现状、城市性质、城市发展总体规划和排水规划确定。同时还要充分考虑雨污水接管率。

污水项目实际能收取费用的水量预测要结合当地收费模式、自来水普及率等因素进行。

污水再生利用规模预测，要考虑当地水资源状况、消费者使用意愿、再生水管网状况、财政政策、生产经营成本以及当地经济发展水平等因素。

根据需求量预测结果，确定项目的设计规模。项目经济评价可以其为依据，但在进行财务效益和费用估算前，应对相关数据和方法进行分析和确认。

③ 收费标准　政府投资由非营利机构管理的排水项目收费标准，应在维持项目日常运行和维护成本的基础上进行测算。

由政府指定的国有企业投资的污水项目预期收费，应按保本微利的原则测算。

采用特许经营模式的污水项目的预期收费标准，应在综合考虑行业基准收益率、投资方期望投资回报率、政府补贴和优惠政策等因素的基础上进行测算。

污水再生利用项目的预期财务价格，要考虑当地自来水价格、消费者使用意愿、政府政策、生产经营成本等因素进行测算。

2.4.2　垃圾项目的财务效益

2.4.2.1　直接效益与收费

(1) 直接效益　垃圾项目的直接效益主要来自以下四个方面。

① 垃圾处置收费。

② 垃圾焚烧发电的收入。

③ 废弃物回收再利用的收入。

④ 有机垃圾堆肥的收入。

(2) 收费　我国垃圾处置收费制度的建立起步较晚。2004 年颁布的《中华人民共和国固体废物污染环境防治法》未对城市垃圾收费做出规定。垃圾收费首次在法律中被明确提出是 2008 年颁布的《中华人民共和国循环经济促进法》。据该法规定，省、自治区、直辖市人民政府可以根据本行政区域经济社会发展状况，实行垃圾排放收费制度，收取的费用专项用于垃圾分类、收集、运输、贮存、利用和处置，不得挪作他用。

① 收费主体　城市生活垃圾处理处置费的收费主体主要有两种形式。第一种是市政环卫部门作为收费主体，向居民征收垃圾处理费，属于行政性收费。第二种是物业公司委托生活垃圾处理公司负责生活垃圾的清运和处理，因此产生的经营性收入。

实践中，这两种不同性质的垃圾收费都经常由物业公司或居委会代为收取。应该注意，有时这两种收费被混为一谈，有导致多头管理和乱收费的风险。

② 收费方式　常见的生活垃圾收费方式有以下三种。

a. 定额收费　定额收费是指以住户（或个人）为收费单位，按统一的费率每年或每月征收垃圾处理费。在我国，开征垃圾处理费的城市绝大多数采用定额收费的方式。根据对我国 2009 年垃圾处理收费与支出情况的统计分析，全国（未计入港澳台数据）有 57.12% 的设区城市出台并实施了生活垃圾收费政策。在 374 个征收垃圾处理费的城市中，有 369 个采用定额收费的方式。表 2-2 列出了 16 个省会城市或直辖市采用生活垃圾定额收费的标准及方式。

表 2-2　部分城市生活垃圾定额收费标准和方式

城市	开征年份	收费标准	备注
南京	1994	居民 5 元/(户·月),单位 4 元/(人·月)等	供水公司代征(2005)
合肥	2000	常住、暂住人口 1 元/(人·月)等	
石家庄	2001	城市居民 3 元/(户·月),暂住人口 2 元/(人·月)等	

续表

城市	开征年份	收费标准	备注
重庆	2001(2004)	3 元/(户·月)[8 元/(户·月)],暂住人口和单位 2 元/(人·月)等	燃气公司代征(2004)
西宁	2002	6 元/(户·月),其中 3 元用于社区保洁等	
广州	2002	常住居民 5 元/(户·月),暂住人口 1 元/(人·月),机关、企事业单位、个体户按实际排放量计收,每桶 6 元等	
南宁	2003(2006)	7 元/(户·月),暂住人口 2 元/(人·月)等[城镇居民 7.5 元/(户·月),暂住人口 2.5 元/(人·月)等]	供水公司代征(2010)
太原	2003	居民 5 元/(户·月),党政机关、社会团体、企事业单位 105 元/t 等	
福州	2003	常住人口 6 元/(户·月),单位 2 元/(人·月)等	
成都	2005	居民 8 元/(户·月),生产经营性单位、个体经营者 120 元/t 等	
西安	2005	居民 2 元/(户·月)等	
呼和浩特	2006	居民 5 元/(户·月),大中专学院 1.5 元/(人·月),中小学、幼儿园 1 元/(人·月)等	
郑州	2007	居民 5 元/(户·月),单位 45 元/t 等	
昆明	2007(2009)	城镇居民 8 元/(户·月),流动人口 2 元/(人·月)等[城镇居民 10 元/(户·月),流动人口 2.5 元/(人·月)等]	
杭州	2009	40 元/(户·年),单位 125 元/t 等	
武汉	2009	5 元/(户·月),商业网点 2 元/(m²·月)等	供水公司代征(2009)

b.按水量收费　按水量收费是指采用"水消费量折算系数法"(简称"水消费系数")计收生活垃圾处理费的收费方式。例如,中山市于 2005 年实施生活垃圾按水量收费,具体为:居民 0.31 元/t,商业 0.47 元/t,机关团体、医疗机构 0.17 元/t 等。

c.垃圾计量收费　垃圾计量收费是指以每户(或人)产生垃圾数量的多少征收垃圾处理费用,依据处理单位生活垃圾所需的费用作为收费标准的收费方法。例如,台北市于 2000 年实施生活垃圾处理费随袋计量征收。

2.4.2.2　财务效益

(1) 需求量预测　垃圾处理项目建设规模(日处理量)、服务面积、服务人口、单位服务面积的垃圾收集与转运系统、处理(工艺)方式、远期发展预留用地等,都在城市(或地区)垃圾处理专项规划中基本确定。

(2) 价格测算　项目预期财务价格(收费标准)应根据项目投资主体选用不同的测算方法。政府直接投资项目的预期财务价格是指能保证项目投资与运营成本全额回收并有微利时项目产出应当实现的价格,应选用类比价格法,即参考行业主管部门核准的单位垃圾处理补贴标准,结合项目具体情况进行测算;社会投资项目宜选用合理收益定价法,设定的收益率应能被政府和投资方接受。

(3) 营业收入　垃圾处理项目的财务效益(营业收入)是指垃圾收费、补贴收入、碳减排收入和产品销售收入。根据工艺专业制订的运营计划,确定分年运营负荷并据此计算营业收入。

垃圾收费包括服务区域内所有用户应缴纳的垃圾处理费;补贴收入是指运营期内政府给予的补贴;碳减排收入是指由于填埋气体回收,减少向大气排放而获得的碳交易权收入;产品销售收入包括出售垃圾处理产生的蒸汽、电力、肥料，以及分拣出可回收利用的废旧原材料等所获得的收入。

垃圾处理费＝垃圾处理厂服务范围内日产垃圾量×收费标准

发电收入＝发电量×电力部门上网价格或用户可接受价格

垃圾焚烧发电收入＝垃圾焚烧发电量×电力部门上网价格或用户可接受价格

蒸汽收入＝垃圾焚烧产生蒸汽量×用户可接受价格

肥料收入＝肥料生产量×市场价格

回收废旧材料收入＝废旧材料回收量×市场价格

2.5 环境工程项目税收政策

2.5.1 税种及归类

为什么要征税，这是一个非常古老的问题。一般人都不喜欢缴税，但是如果没有税收的话，国家怎么运转？税收是一种社会契约，社会全体成员为了获得政府的服务，而让政府站出来，发挥稳定经济、提供公共服务、创造公平竞争条件、进行收入再分配等职能。因此，纳税是每个公民的义务。

表 2-3 列出了 2012 年全国税收总收入，从中可以大致了解各税种对全国税收总收入的贡献。

表 2-3　2012 年全国税收总收入和主要税种收入

税目	收入/亿元	比上年增减额/亿元	增长率/%
税收收入	100600.88	10862.49	12.1
其中：国内增值税	26415.69	2149.06	8.9
企业所得税	19653.56	2883.92	17.2
营业税	15747.53	2068.53	15.1
进口货物增值税、消费税	14796.41	1235.99	9.1
出口货物增值税、消费税	−10428.90	−1224.13	13.3
国内消费税	7872.14	935.93	13.5
个人所得税	5820.24	−233.87	−3.9
契税	2873.92	108.19	3.9
关税	2782.74	223.62	8.7
土地增值税	2718.84	656.23	31.8
车辆购置税	2228.27	183.38	9.0
城镇土地使用税	1541.72	319.46	26.1
房产税	1372.49	270.10	24.5
证券交易印花税	303.52	−134.93	−30.8

2.5.1.1 常见税种介绍

（1）增值税　增值税属于流转税，是按增值额计税的，其税基大体相当于工业增加值和商业增加值。增值税最大特点是实行税款抵扣制，可按下列公式计算：

$$增值税应纳税额＝销项税额－进项税额$$
$$销项税额＝不含增值税销售额×增值税率$$
$$进项税额＝不含增值税采购价格×增值税率$$

式中，销项税额是指纳税人销售货物或提供劳务，按照销售额和增值税率计算并向购买方收取的增值税额；进项税额是指纳税人购进货物或接受劳务所支付或者负担的增值税额。

在工程经济分析中，不同税种计税时涉及的科目不同，归纳于表 2-4。

表 2-4　不同税种计税时涉及的科目

税种名称	建设投资	总成本费用	销售税金及附加	增值税	利润分配
进口关税	√	√			
增值税	√	√		√	
消费税	√		√		
营业税			√		
资源税		自用√	消费√		
土地增值税			√		
耕地占用税	√				
企业所得税					√
城市维护建设税			√		
教育税附加			√		
车船费	√	√			
房产税		√			
土地使用税		√			
契税	√				
印花税	√	√			

增值税作为价外税可以不包括在营业税金及附加中，也可以包含在营业税金及附加中。如果不包括在营业税金及附加中，产出物的价格不含有销项税，投入物的价格中也不含有进项税。在计算城市维护建设税和教育费附加时，有时需要单独计算增值税额，作为城市维护建设税和教育费附加的计算基数。

（2）消费税　消费税是在对货物普遍征收增值税的基础上，选择少数消费品再征收的一个税种，主要是为了调节产品结构，引导消费方向，保证国家财政收入。征收消费税时，一般以应税消费品的生产者为纳税人，于销售时纳税，在以后的批发、零售等环节，因为价款中已包含消费税，因此不用再缴纳消费税，税款最终由消费者承担。

消费税的税基是烟、酒、汽车、成品油等 14 类特定商品的销售额或销售量。消费税的税率，有两种形式。对一些供求矛盾突出，价格差异较大，计量单位不规范的消费品，选择税价联动的比例税率，计算公式为：

$$应纳税额＝应税消费品的不含增值税的销售额×适用税率＝\frac{含增值税销售额}{1＋增值税率}×消费税率$$

如化妆品（税率 30%），金银首饰、铂金首饰和钻石及钻石饰品（5%），其他贵重首饰和珠宝玉石（10%），鞭炮焰火（15%），汽车轮胎（3%），排气量 250mL 及以下的摩托车（3%），排气量 250mL 以上的摩托车（10%），小汽车（1%～40%）等。对一些供求基本平衡，价格差异不大，计量单位规范的消费品，选择计税简单的定额税率，计算公式为：

$$应纳税额＝应税消费品销售数量×单位税额$$

如黄酒（税率240元/t）、含铅汽油（1.4元/L）、无铅汽油（1元/L）等。

（3）营业税　营业税是对在我国境内有偿提供应税劳务、转让无形资产或销售不动产的单位和个人，就其取得的营业额征收的一种税。营业税的税基是交通运输业、建筑业、金融保险业、邮电通信业、文化体育业、娱乐业、服务业、转让无形资产和销售不动产9个行业取得的营业收入。营业税税率在3%～20%范围内，如金融业5%、娱乐业5%～20%。营业税应纳税额的计算公式为：

$$应纳税额＝营业额×适用税率$$

（4）企业所得税　企业所得税是对企业利润总额征收的一种税，计算公式为：

$$应纳税额＝应纳税所得额×适用税率－减免税额－抵免税额$$

企业所得税的法定税率为25%；符合条件的小型微利企业，减按20%的税率征收企业所得税；国家需要重点扶持的高新技术企业，减按15%的税率征收企业所得税。"减免税额"是依照税法规定或国务院制定的企业所得税专项优惠政策计算出的减免税额；"抵免税额"是针对企业购置用于环境保护、节能节水、安全生产等专用设备的投资抵免。

企业所得税实行按年计算，分月或者分季预缴，年终汇算清缴，多退少补的征收方法。

（5）城市维护建设税　城市维护建设税以纳税人实际缴纳的增值税、营业税、消费税（以下简称"三税"）为计税依据，凡缴纳"三税"的单位和个人，都应按规定缴纳城市维护建设税，计算公式为：

$$应纳税额＝(增值税＋消费税＋营业税)的实纳税额×适用税率$$

城市维护建设税按纳税人所在地区实行差别税率。项目所在地为市区的，税率为7%；项目所在地为县城、镇的，税率为5%；项目所在地为乡村的，税率为1%。

（6）教育费附加　教育费附加以单位和个人实际缴纳的增值税、营业税、消费税（以下简称"三税"）为计征依据，凡缴纳"三税"的单位和个人，都应依照规定缴纳教育费附加，计算公式为：

$$应纳教育费附加额＝(增值税＋营业税＋消费税)的实纳税额×3\%$$

附加率为3%。纳税人应在向税务机关申报、缴纳"三税"的同时，申报、缴纳教育费附加。外商投资企业、外国企业及海关进口产品征收的增值税、消费税，不征收教育费附加。

2.5.1.2　税种分类

以上介绍了工程经济分析中常见的税种，除此之外还有个人所得税、房产税、证券交易印花税、城镇土地使用税、土地增值税、车辆购置税、关税和契税等，下面介绍我国税种五种归类，以了解其梗概。

（1）按征税对象分类　征税对象又称课税对象，是税法规定的征税目的物，法律术语称其为课税客体。征税对象分类法是普遍使用的方法。一般分为流转税、所得税、资源税、财产税和行为税五类。

流转税是对生产经营活动征收的一种税，包括商品流转额和非商品流转额，流转税主要指增值税、营业税、消费税以及营业税金附加等。

所得税是对企业和个人获得的货币收入征税，如企业所得税和个人所得税等。

资源税是对使用占用土地、矿藏、能源等征收的税，如土地税、盐税、能源税和矿产资源税等。

财产税是对法律规定的特定范围的财产，如房产、车船等征税，如房产税、车船税。

行为税是对生产、分配、交换、消费中的特定行为征税，如印花税。

（2）按计税依据分类　这是以征税的计量标准为依据进行的一种分类。税收以其计税依据是价格还是数量的标准，分为从价税和从量税两类。凡以征税对象的价格为依据，按一定的税率计征的税种都属从价税，如我国现行的增值税、营业税等。凡以征税对象的数量或重量、体积、面积、容积、件数等计量单位为依据来计算征收的税种都属从量税，如我国现行的车船使用税、屠宰税等。

一般来说，从价税的应纳税额随商品或劳务价格的高低变化而变化，有利于市场经济条件下贯彻合理负担的原则。从量税计算简便，随课税数量的变化而变化，但与价格无关。

（3）按税收负担是否转嫁分类　按照税收最终是由纳税人负担还是由消费者负担可分为直接税和间接税两类。直接税是指由纳税人直接负担的税收，如企业所得税、个人所得税、城镇土地使用税和房产税等。间接税是指纳税人将税负转嫁给他人负担的税收，其最终负担者为消费者，如增值税、消费税和营业税等。

一般来说，凡是对生产过程或流通过程所征的税，则易于转嫁，因为其税赋可以向生产或流通的下一环节转移。凡是对分配过程或消费过程所征的税，则不易转嫁，因为分配和消费是最终经济活动，已无转嫁的余地。

（4）按税收与价格关系分类　按税收与价格的关系可分为价内税和价外税两种。价内税是指对流转额征的税收，当它作为价格的组成部分时就属于价内税。价外税是指税金作为价格的外加，即不包含在商品价格中的税收属于价外税。

目前我国开征的流转税，绝大多数都属于价内税，而增值税实行价税分开属于价外税。

（5）按税率标准分类　按税率变化规律，可以分为比例税率、累进税率和定额税率。

① 比例税率　是不管征税对象的数量多少，一律按相同的比例征税。目前我国的增值税、营业税、企业所得税等采取的都是比例税率。比例税率的优点是同一征税对象的不同纳税人的税负相同，计算简便，便于征收管理。缺点是有可能造成税负不公平，而且具有累退性❶。

② 累进税率　是随税基的增加而按其级距提高的一种税率。累进税率的确定是把征税对象的数额划分等级，再规定不同等级的税率。征税对象数额越大的等级，税率越高。采用累进税率时，表现为税额增长速度大于征税对象数量的增长速度。它有利于调节纳税人的收入和财富，通常多用于所得税和财产税。累进税率对于调节纳税人收入有特殊的作用和效果，所以现代税收制度中，各种所得税一般都采用累进税率。

③ 定额税率　也称固定税率，即不管征税对象数量的多少，一律按固定数额征收。定额税率在计算上比较便利，采用从量计征办法，也不受价格变动的影响。它的缺点是负担不合理，只适用于特殊的税种，如资源税、车船使用税。

---

❶ 累退性主要是指纳税人的税负随着收入的增加，缴税负担反而变小，不符合量能纳税的原则，以商品课税为例，直观地看，对一般消费品课税，消费数量大者税负亦大，消费数量少者税负亦少，这似乎符合公平课税的原则。但是，进一步分析个人消费品的数量多寡与个人收入并不是成比例的，例如个人收入高于他人数倍、数十倍甚至数百倍的个人，其消费品支出不可能比他人多数倍、数十倍、数百倍。在这种边际消费倾向递减的情况下，商品课税就具有累退性，收入愈少，消费性开支占其收入的比重愈大，税负就相对愈重，有可能导致事实上的税负不公。

2.5.2 环境工程税收优惠政策

污染防治行业属于国家扶持的行业，享受多项免征营业税，以及减免、抵免增值税、企业所得税的优惠政策。用好用足这些税收优惠政策，无疑有利于企业改善财务状态。

2.5.2.1 污水处理企业收入与税收优惠

税收是伴随企业的收入发生的，下面按照污水处理可获得的收入形式分别介绍税收优惠政策及运用实务。

(1) 行政性收费　此类收入免征营业税。污水处理收入，早期主要是各级政府及主管部门委托自来水厂（公司）随水费收取的污水处理费。这一类收入，先是纳入营业税管理范围，但明确了免征营业税。

(2) 经营性收入　此类收入免征营业税，并享受增值税和企业所得税优惠政策。

进入 21 世纪以后，民营、外资企业开展污水处理业务的情况不断增多。为了加速环境保护技术设施建设，国家出台了一系列税收优惠政策。

2003 年，明确了对从事污水、垃圾处理业务的外商投资企业可以认定为生产性外商投资企业，并享受相应的税收优惠政策。

2004 年，国家明确了单位和个人提供的污水处理劳务不属于营业税应税劳务，其处理污水取得的污水处理费，不征收营业税。

2015 年 6 月，国家税务总局对污水处理行业的税收政策进行了调整，下发了《关于印发资源综合利用产品和劳务增值税优惠目录的通知》，取消了一直以来污水处理费免征增值税的优惠政策，从 2015 年 7 月 1 日开始，污水处理费先行全额征收增值税，后即征即退70%，企业实际向国家承担了 30%的增值税额及全额随征附加税费。

享受税收优惠条件是取得相关环保部门出具的检测报告，证明污水加工处理后水质符合GB 18918—2002 有关规定。

这些政策，将免减税范围从以前的委托自来水厂随水费收取污水处理费的业务，扩大到全部污水处理业务，并且不分内资外资。享受这些免减税政策，还可免减附加在营业税和增值税上的城市维护建设税和教育费附加。

除了免征营业税和减征增值税，污水处理企业在企业所得税方面也可以享受优惠。

① 企业所得税三免三减半优惠　自 2008 年 1 月 1 日起，依据《中华人民共和国企业所得税法实施条例》，符合条件的环境保护、节能节水项目，包括公共污水处理、公共垃圾处理、沼气综合开发利用、节能减排技术改造、海水淡化等，自项目取得第一笔生产经营收入所属纳税年度起，第1~3 年免征企业所得税，第4~6 年减半征收企业所得税。

在实际运用这条优惠政策时，必须注意到申请该项免税优惠政策也具有一定的风险，这一点常常被企业忽略。如果污水处理企业兼营其他应税项目，则免税项目和应税项目可分开申报纳税。而税务机关征管政策规定："当期形成亏损的减征、免征所得税项目，不得用当期和以后纳税年度应税项目所得抵补。"这意味着申请优惠政策后，若免税污水处理项目有大额亏损，则不能用其他应税项目弥补，也不能用以后年度的应税项目所得弥补，这就可能出现申请了优惠反而多交税的情形。

例如：某水务企业 2011 年度有污水处理业务应纳税所得额 300 万元，企业另有净水销售应纳税所得额 400 万元，如果没有申办污水项目所得三免三减半优惠，则合并应纳税所得额 100 万元，应纳企业所得税 25 万元。假设该企业申请了税收优惠，且 2011 年属于三免期间，则该企业应纳税所得额为 400 万元，应纳企业所得税 100 万元，比不享受优惠政策时多缴税 75 万元。

② 环保、节能、安全设备投资额抵减企业所得税　《中华人民共和国企业所得税法实施条例》第一百条规定，企业购置并实际使用《环境保护专用设备企业所得税优惠目录》《节能节水专用设备企业所得税优惠目录》和《安全生产专用设备企业所得税优惠目录》规定的环境保护、节能节水、安全生产等专用设备的，该专用设备的投资额的 10% 可以从企业当年的应纳税额中抵免；当年不足抵免的，可以在以后 5 个纳税年度结转抵免。

污水处理厂通常会用到污泥脱水一体机、污泥干化机、膜生物反应器等环保设备及一些节能、安全设备。为了最大限度享受设备投资额抵税政策，企业若在制订设备招标、采购方案时采用总包方式要求供货商提供全部设计、供货、安装服务并合计开具增值税发票，那么发票额的 10% 就可以是抵税的额度。

③ 再生水销售收入　再生水利用属于资源综合利用范畴，享受免征增值税及减征企业所得税的优惠政策。

2008 年，国家明确了再生水实行免征增值税政策。这里的再生水是指对污水处理厂出水、工业排水（矿井水）、生活污水、垃圾处理厂渗透（滤）液等水源进行回收，经适当处理后达到一定水质标准，并在一定范围内重复利用的水资源；再生水应当符合水利部《再生水水质标准》（SL 368—2006）的有关规定。

2009 年，国家又明确了再生水销售收入，减按 90% 计入企业当年收入总额。享受此项优惠政策的再生水项目采用原料必须 100% 来源于工矿废水或城市污水，且再生水水质达到前述再生水标准。

2.5.2.2　垃圾处置企业收入与税收优惠

垃圾处理企业与污水处理企业享受的税收优惠政策类型一样，但是由于垃圾的形式更加多样，如城市生活垃圾、各种工业废渣、农作物秸秆、城市污泥、医疗垃圾等，因此更多细化的规定按照 2015 年 6 月国家税务总局下发的《关于印发〈资源综合利用产品和劳务增值税优惠目录〉的通知》的税收政策规定减征执行。

2.6　利润及其分配

2.6.1　利润与收入、成本的关系

销售收入扣除成本、销售税金及附加之后的余额，即为利润。利润是企业在一定时期内生产经营活动的最终财务成果，它集中反映了企业生产经营各方面的效益。收入、成本费用、销售税金和利润的关系见图 2-6。

图 2-6 中有这样四种利润：

$$毛利润＝财务效益－经营成本－营业税金及附加$$
$$息税前利润＝毛利润－折旧－摊销$$
$$利润总额(税前利润)＝息税前利润－利息支出$$
$$净利润(税后利润)＝利润总额－企业所得税$$

利润是一个可反馈的循环。如果一家公司能够满足客户需要，同时控制好成本并具有合适的负债比例，就应该会有足够的利润维持生产。如果一家公司做得很好的话，它就会从利

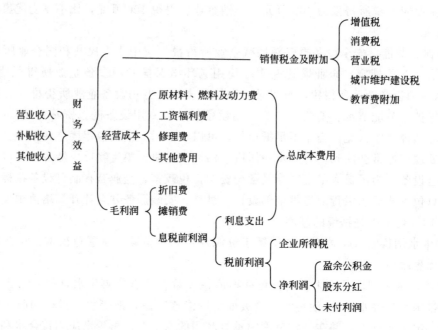

图 2-6 收入、成本费用、销售税金和利润的关系

润中获得更多的资金扩大经营。因此，利润是评价一家公司经营和管理效果的首要标尺。

影响毛利润变动的因素可分为外部因素和内部因素两大方面。外部因素主要是指市场供求变动而导致的销售数量和价格的升降以及采购价格的升降；内部因素包括开拓市场的意识和能力、成本管理水平（包括存货管理水平）、产品构成决策、企业战略设计。

此外，还应注意，销售毛利率指标具有明显的行业特点。一般来说，营业周期短、固定费用低的行业的毛利率水平比较低；营业周期长、固定费用高的行业，则要求有较高的毛利率，以弥补其巨大的固定成本。

2.6.2 利润分配

企业取得利润后，先向国家缴纳企业所得税。纳税人发生年度亏损的，可用下一纳税年度的所得弥补；下一纳税年度的所得不足弥补的，可以逐年延续弥补，但是延续弥补期最长不得超过 5 年。

税后利润的一部分可以红利形式分配给股东，另一部分则保留并增加公司的资产，以便于公司拓展新的商业机会。保留一定比例的利润，能帮助企业在某个资金水平上维持运行，如果利润充足的话还可以扩大生产，为股东创造更大价值。根据《中华人民共和国公司法》，净利润分配可按照下列顺序进行。

（1）提取盈余公积金 一般企业提取的盈余公积金分为两种：一是法定盈余公积金，在其金额累计达到注册资本的 50% 以前，按照可供分配的净利润的 10% 提取，达到注册资本的 50%，可以不再提取；二是法定公益金，按可供分配的净利润的 5% 提取。

（2）向投资者分配红利 企业以前年度未分配利润，可以并入本年度向投资者分配。

（3）未分配利润，即未做分配的净利润 可供分配利润减去盈余公积金和应付利润后的余额，即为未分配利润。

思考题

1. 简述污水处理系统建设投资的规模效应。

2. 简述投资、成本、费用的概念。

3. 简述如何降低污水处理厂的运行成本。

4. 简述收入、利润、税金的概念。

5. 在我国环境工程项目可以享受哪些税收优惠政策?

6. 是否可以把薪资待遇（税前或税后收入）作为判断工作好坏的主要标准，社会上对此常有争论。请参考图 2-6，从经济角度谈谈你的认识。

第3章

资金时间价值及等值计算

众所周知，时间是一种特殊的资源。任何物质资源的存在和发展都和时间联系紧密，都体现或包含着时间的价值，资金亦是如此。工程项目消耗的人力、物力和资源以及产生的经济效益，最终都以价值形态——资金的形式表现出来。将其投入生产和流通的环节后，与劳动力结合，其价值发生增值。与之相反，如果资金没有投入流通过程（使用），无论经过多长时间，这笔资金将毫无变化。换言之，资金没有投入使用就相当于放弃了增值的机会，同时要付出一定的代价，其大小就是资金的时间价值。这一章将介绍资金时间价值及计算。

3.1 资金时间价值和等值

3.1.1 现金流计算

（1）现金流量图 在投资建设中，一切投资项目都可以抽象为现金流量系统。表示现金流量的最直观的工具是如图 3-1 所示的现金流量图。现金流量图是反映投资项目资金运动状态的一种图示，即把投资项目的现金流量绘入一列时间坐标图中，表示出各种现金流入、流出与其发生时间的对应关系。运用现金流量图可以全面、形象、直观地表示投资项目的资金运动状态。

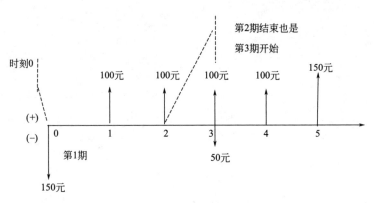

图 3-1 现金流量图

下面以图 3-1 来说明现金流量图的作图方法和规则。

① 时间　以横轴为时间轴，向右延伸表示时间的延续，轴上每一刻度表示一个时间单位，可取年、半年、季或月等；零表示时间序列的起点。箭线与时间轴的交点即为现金流量发生的时点。当期的终点，同时也是下一期的起点。

② 正负　现金流量用垂直于时间轴的带箭头线表示，在横轴上方的箭线表示现金流入（cash inflow，CI），表示效益；在横轴下方的箭线表示现金流出（cash outflow，CO），表示费用或损失。

③ 金额　箭线长短应反映现金流量的大小，当各时点现金流量的数额相差悬殊而无法成比例绘出时，箭线长短只是示意性地体现各时点现金流量数额的差异，并在各箭线上方（或下方）注明其现金流量的数值。

采用 Microsoft Excel 可以很容易地绘制现金流量图，这也是一种常用的做法。

（2）现金流计算问题　有时候，工程方案的经济效果是即时体现或者在短期内发生的。对于这类简单的情况，可以对现金流做简单的加减得出净现金流结果，进而快速做出决策。但是，时常还会碰到资金在一个较长的时间跨度内发生的情况，如五年或者更长的时间。这时，还能够用同样的方法处理吗？下面用一个例子来说明现金流计算的问题。

【例 3-1】　某企业决定买一台 30000 元的机器。有下面两种支付方式（表 3-1）。

方式 A：一次付清，现在支付全款，享受 97 折优惠。

方式 B：分期付款，现在付 5000 元，第 1 年末付 8000 元，第 2～5 年末各付 6000 元。

选择哪一种支付方式好呢？

表 3-1　净现金流量　　　　　　　　　　　　　　　　单位：元

方案	年					
	0（现在）	1	2	3	4	5
一次付清	−29100	0	0	0	0	0
分期付款	−5000	−8000	−6000	−6000	−6000	−6000

解：不能将表 3-1 中在不同时间发生的现金流直接加和来选择方案，因为在不同时间的资金是不等值的。本章将介绍计算上述现金流问题的方法，这是进行工程经济分析的一种基本能力。比如说，要在一种便宜的设备和一种贵的设备之间做出选择。如果贵的设备更高效，每年电费更少的话，要分析现在多花些钱买贵的设备以减少未来支出是否值得。

3.1.2　资金时间价值

3.1.2.1　资金时间价值的概念

（1）资金时间价值的含义　给你 2000 元，你是愿意今天收到呢，还是愿意 1 年后收到呢？你可能会决定要求今天得到，因为这样能确保你收到这笔钱，这叫入袋为安。但是，假定你已经被说服并相信一年后一定可以得到这笔钱，那么你的决定又是什么呢？可能还是现在拿到这 2000 元。因为，如果你现在拿到这笔钱，你就多了 1 年的时间来用它。即便你没有用它，你也可以借给别人来用它。

资金是一种有价值的资产，这种价值使人们愿意为了占用资金而买单。如果把占用资金比作租钱的话，那么租钱其实与租房的道理是一样的，只不过租钱交的是利息，租房交的是房租。银行愿意向储户支付利息，这就说明了占有资金的重要性。假如现在的年利率是 5％，你向银行存入 2000 元的话，年底你就能得到 2000 元本金和 100 元利息，加起来是

2100 元；如果没有利息的话，你会考虑现在把 2000 元留在手里。银行、工商业或者个人愿意为了占用资金而支付的利息，是资金时间价值的表现形式之一。

在商品货币经济活动中，资金是劳动资料、劳动对象和劳动报酬的货币表现。资金运动反映的是物化劳动和活劳动的运动过程。在这个劳动过程中，劳动者新创造的价值形成资金增值。这个资金增值采取了随时间推移而增值的外在形式，故称为资金时间价值。

(2) 资金时间价值的衡量　通常，用利息来衡量资金时间价值的绝对尺度，用利率来衡量资金时间价值的相对尺度。利率是各国发展国民经济的重要杠杆之一，利率的高低由以下因素决定。

① 利率的高低首先取决于社会平均利润率的高低，并随之变动。通常，社会平均利润率是利率的上限。如果利率高于利润率，企业就不会考虑借款。

② 在社会平均利润率不变的情况下，利率高低取决于金融市场借贷资本的供求情况或资金紧张情况。资金供应充裕，利率便下降；反之，利率则上升。

③ 借贷资本要承担一定的风险，风险越大，利率也就越高。

④ 借贷资本的期限长短也是影响因素之一。贷款期限长，不可预见因素多，风险大，利率就高；反之利率就低。

(3) 通货膨胀对资金时间价值的影响　通货膨胀对资金时间价值有直接影响，资金贬值有时候会使利息变成负值。通货膨胀是影响资金实际购买力的重要参数。设通货膨胀率为 f，由于 f 的介入，银行利率可分为浮动利率 i_m 和实际利率 i_r。浮动利率是指不剔除通货膨胀等因素影响的利率，亦即银行执行的利率；实际利率是指按不变价格计算得到的利率，亦即扣除通货膨胀后的利率。f、i_m、i_r 之间的关系可以推导如下，由：

$$i_m = (1+i_r)(1+f) - 1 \tag{3-1}$$

得

$$i_r = \frac{1+i_m}{1+f} - 1 \tag{3-2}$$

$$i_r = i_m - f - i_r f \tag{3-3}$$

当 $i_r f$ 很小时，可以忽略利息购买力的贬值，式 (3-3) 简化为：

$$i_r = i_m - f \tag{3-4}$$

【例 3-2】　有一笔 100 万元的存款，期限 1 年，银行利率为 3.5%，通货膨胀率为 5%，求实际利率。

解：较为精确的方法：

$$i_r = \frac{1+3.5\%}{1+5\%} - 1 = -1.4\%$$

较为粗略的方法：

$$i_r = 3.5\% - 5\% = -1.5\%$$

在这个例子中，由于 $i_r < 0$，把钱存在银行不仅得不到利息，连本金的实际购买力也将下降。

3.1.2.2　利息计算

(1) 单利　利息计算有单利和复利之分。当计息周期在一个以上时，就需要考虑"单利"与"复利"的区别。复利是以单利为基础进行计算的。所以要了解复利的计算，必须先了解单利的计算。

所谓单利是指在计算利息时，仅考虑最初的本金，而不计入在先前利息周期中所累积增加的利息，即通常所说的"利不生利"的计息方法。其计算式如下：

$$I_t = P \times i_d \tag{3-5}$$

式中　I_t——第 t 计息期的利息额；

　　　P——本金；

　　　i_d——计息期单利利率。

设 I_n 代表 n 个计息期所付或所收的单利总利息，则有下式：

$$I_n = \sum_{t=1}^{n} I_t = \sum_{t=1}^{n} P \times i_d = P \times i_d \times n \tag{3-6}$$

由式（3-6）可知，在以单利计息的情况下，总利息与本金、利率以及计息周期数是成正比的关系。而 n 期末单利本利和 F 等于本金加上利息，即：

$$F = P + I_n = P(1 + i_d \times n) \tag{3-7}$$

式中，$(1 + i_d \times n)$ 为单利终值系数。

同样，本金可由本利和 F 减去利息 I_n 求得，即：

$$P = F - I_n = F/(1 + i_d \times n) \tag{3-8}$$

式中，$1/(1 + i_d \times n)$ 为单利现值系数。

在利用式（3-7）计算本利和 F 时，要注意式中 n 和 i_d 反映的周期要匹配。如 i_d 为年利率，则 n 应为计息的年数；若 i_d 为月利率，n 即应为计息的月数。

单利的年利息额都仅由本金所产生，其新生利息，不再加入本金产生利息，此即"利不生利"。这不符合客观的经济发展规律，没有反映资金随时都在"增值"的概念，即没有完全反映资金的时间价值，因此，在工程经济分析中单利使用较少，通常只适用于短期投资及不超过一年的短期贷款。

（2）复利　在计算利息时，某一计息周期的利息是由本金加上先前周期所累积利息总额来计算的，这种计息方式称为复利，也即通常所说的"利生利""利滚利"，其表达式如下：

$$I_t = i \times F_{t-1} \tag{3-9}$$

式中　i——计息期利率；

　　　F_{t-1}——第 $t-1$ 年末复利本利和。

第 t 年末复利本利和的表达式如下：

$$F_t = F_{t-1}(1 + i) \tag{3-10}$$

同一笔借款，在利率和计息期均相同的情况下，用复利计算出的利息金额比用单利计算出的利息金额大。当本金越大，利率越高，年数越多时，两者差距就越大。显然，复利计息比较符合资金在社会再生产过程中运动的实际状况。因此，在实际工作中得到了广泛的应用。在工程经济分析中，一般采用复利计息。

（3）偿债　为了更好地理解利息的原理，现在假定借款 5000 元，5 年还清，年利率 8%。还这 5000 元的方案（还款计划）可以有很多，这里取四种为例，见表 3-2。

还款计划 1、3、4，即等额本金、期间支付利息期末一次还本、期末一次偿还本息都能通过简单计算得到；还款计划 2（等额本息）的计算方法，后面会详细介绍。

3.1.2.3　等值计算

（1）等值的概念　表 3-2 给出了 5 年按照年利率 8% 偿还 5000 元借款的四种计划，下面借此介绍等值概念。表 3-2 中四种还款计划分别还款的现金流出见表 3-3。

表 3-2 借款 5000 元 5 年还清的四种还款计划 单位：元

年 (a)	年初借款余额 (b)	当年利息 (c)＝8％×(b)	年末本息合计 (d)＝(b)＋(c)	本金偿还 (e)	年末还款总额 (f)
计划 1：等额本金					
1	5000	400	5400	1000	1400
2	4000	320	4320	1000	1320
3	3000	240	3240	1000	1240
4	2000	160	2160	1000	1160
5	1000	80	1080	1000	1080
合计		1200		5000	6200
计划 2：等额本息					
1	5000.00	400.00	5400.00	852.28	1252.28
2	4147.72	331.82	4479.54	920.46	1252.28
3	3227.25	258.18	3485.43	994.10	1252.28
4	2233.15	178.65	2411.80	1073.63	1252.28
5	1159.52	92.76	1252.28	1159.52	1252.28
合计		1261.24		5000.00	6261.41
计划 3：期间支付利息期末一次还本					
1	5000	400	5400	0	400
2	5000	400	5400	0	400
3	5000	400	5400	0	400
4	5000	400	5400	0	400
5	5000	400	5400	5000	5400
合计		2000		5000	7000
计划 4：期末一次偿还本息					
1	5000	400	5400	0	0
2	5400	432	5832	0	0
3	5832	467	6299	0	0
4	6299	504	6802	0	0
5	6802	544	7347	5000	7347
合计		2347		5000	7347

表 3-3 四种还款现金流出 单位：元

年末	计划 1	计划 2	计划 3	计划 4
1	1400	1252.28	400	0
2	1320	1252.28	400	0
3	1240	1252.28	400	0
4	1160	1252.28	400	0
5	1080	1252.28	5400	7347
合计	6200	6261.41	7000	7347

如果要从上面计划中做出选择，选择哪一个呢？显然，这四个计划的现金流是不一样的。计划 1 的头两年还款较多，但是总的还款额最少；计划 4 的头 4 年不用还一分钱，但是最后总的还款额最多。

要比较四种现金流，须得先做调整计算使它们可以直接比较。这样的调整计算，就是等值计算。表 3-2 的四种还款计划看似不同，其实对于银行来说，它们都是一样的，因为按照 8% 的利率都等同于今天的 5000 元。当现在的资金与未来的资金，或者与未来的资金系列具有相同的价值时，就称为等值资金。等值是工程经济分析的一个基本要素。

尽管表 3-2 的四种还款计划对于银行来说是一样的，但是对于贷款人来说，在还款金额的多少上却有不一样的感受。四种还款计划分别支付的利息见表 3-4。

表 3-4　四种还款计划支付的利息　　　　　　　　　　单位：元

年末	计划 1	计划 2	计划 3	计划 4
1	400	400.00	400	400
2	320	331.82	400	432
3	240	258.18	400	467
4	160	178.65	400	504
5	80	92.76	400	544
合计	1200	1261.41	2000	2347

计划 1 还的利息最少，计划 4 还的利息最多。按照生活中的经验，我们会选择计划 1。

为什么一样的现金流，对于银行一样，对于用户就不一样了呢？因为用户在计算利息时，只是对利息做了简单加和，没有做等值计算。

（2）等值计算的结果取决于利率　假设贷款人从另一个银行借款的年利率是 3.5%，按照这个利率再来算一算贷款人按照四种还款计划分别还款的现金流出可得表 3-5。

比较不同利率下的计算结果可以看出，等值计算的结果取决于利率。

表 3-5　四种还款计划现金流出　　　　　　　　　　单位：元

年末	计划 1	计划 2	计划 3	计划 4
1	1175	1107.41	175	0
2	1140	1107.41	175	0
3	1105	1107.41	175	0
4	1070	1107.41	175	0
5	1035	1107.41	5175	5938.43
合计	5525	5537.03	5875	5938.43

（3）等值计算的作用　为了理解等值计算的作用，我们来看看前面提到的购买设备的问题（表 3-6）。

表 3-6　设备采购方案的现金流出　　　　　　　　　　单位：元

可选设备	年					
	0（现在）	1	2	3	…	10
设备 A	−600	−115	−115	−115	…	−115
设备 B	−850	−80	−80	−80	…	−80

设备 A 售价低，运行费用高，设备 B 售价高，运行费用低，哪一个才是费用最省的方案呢？直接用最初投入的设备购买费用 600 元和 850 元来比较，显然是不充分的。由于资金具有时间价值，不同时刻发生的资金不能直接相加减，这就意味着也不能把现在和未来 10 年的费用直接加起来比大小。要全面比较，就得把设备 A 和设备 B 的全部费用等值到某个

时刻，然后加起来，这样得到的值才能用来比较这两个设备的费用。

3.2 常用等值换算

3.2.1 一次支付

一次支付又称整付，是指所分析系统的现金流量，无论是流入或是流出，均在一个时点上一次发生，如图 3-2 所示。

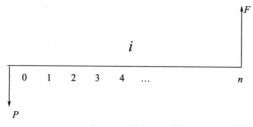

图 3-2 一次支付现金流量图

一次支付情形的复利计算式是复利计算的基本公式。在图中，i 为计息期利率，n 为计息期数，P 为现值（present value，即现在的资金价值或本金）或资金发生在（或折算为）某一特定时间序列起点时的价值，F 为终值（future value，n 期末的资金价值或本利和）或资金发生在（或折算为）某一特定时间序列终点的价值。

（1）终值计算（已知 P 求 F）　现有一项资金 P，按年利率 i 计算，n 年以后的本利和为多少？

根据复利的定义即可求得本利和 F 的计算公式，n 年末的本利和 F 与本金的关系为：

$$F=P(1+i)^n \tag{3-11}$$

式（3-11）为一次支付终值计算公式，$(1+i)^n$ 为一次支付终值系数，用 $(F/P,i,n)$ 表示，因此又可写成：

$$F=P(F/P,i,n) \tag{3-12}$$

在 $(F/P,i,n)$ 这类符号中，括号内斜线上的符号表示所求的未知数，斜线下的符号表示已知数。整个 $(F/P,i,n)$ 符号表示在已知 i、n 和 P 的情况下求解 F 的值。为了计算方便，通常按照不同的利率 i 和计息期 n 计算出 $(1+i)^n$ 的值，并列于复利因子表中供查用。在计算 F 时，只要从复利因子表中查出相应的复利系数再乘以本金即为所求。复利因子表见本书附录。

【例 3-3】　某人借款 10000 元，年利率 $i=10\%$，复利计息，试问借款人 5 年末连本带利一次偿还所需支付的金额是多少？

解：$F=P(F/P,i,n)=10000(F/P,10\%,5)$

从本书附录复利因子表中查出系数 $(F/P,10\%,5)$ 为 1.6105，代入式中得：

$$F=10000\times1.6105=16105(元)$$

（2）现值计算（已知 F 求 P）　由终值计算公式即可求出现值 P：

$$P=F(1+i)^{-n} \tag{3-13}$$

式中，$(1+i)^{-n}$ 为一次支付现值系数，用符号 $(P/F,i,n)$ 表示，并可按不同的利率 i 和计息期 n 列于复利因子表中。

一次支付现值系数这个名称描述了它的功能，即未来一笔资金乘上该系数就可求出其现值。工程经济分析中，一般将未来值折现到零期。计算现值 P 的过程叫"折现"或"贴现"，其所使用的利率常称为折现率、贴现率或收益率。贴现率、折现率反映了利率在资金时间价值计算中的作用，而收益率反映了利率的经济含义，故 $(1+i)^{-n}$ 或 $(P/F,i,n)$ 也可叫折现系数或贴现系数。式（3-13）常写成：

$$P = F(P/F,i,n) \tag{3-14}$$

【例 3-4】 某人希望 5 年末得到 10000 元资金，年利率 $i=10\%$，复利计息，试问现在他必须一次性存款多少元？

解：$P = F(P/F,i,n) = 10000(P/F,10\%,5)$

从附录中查出系数 $(P/F,10\%,5)$ 为 0.6209，代入式中得：

$$P = 10000 \times 0.6209 = 6209(元)$$

由计算可知，现值与终值的概念和计算方法正好相反，因为现值系数与终值系数互为倒数。

3.2.2 多次支付

在工程经济实践中，多次支付是最常见的支付情形。多次支付是指现金流量在多个时点发生，而不是集中在某一个时点上。如果用 A_t 表示第 t 期末发生的现金流量大小，可正可负，用逐个折现的方法，可将多次现金流量换算成现值，即多次支付现值计算公式如下：

$$P = \sum_{t=1}^{n} A_t(1+i)^{-t} = A_1(1+i)^{-1} + A_2(1+i)^{-2} + \cdots + A_n(1+i)^{-n} \tag{3-15}$$

或

$$P = \sum_{t=1}^{n} A_i(P/F,i,t) \tag{3-16}$$

同理，可得多次支付的终值公式：

$$F = \sum_{t=1}^{n} A_t(1+i)^{n-t} \tag{3-17}$$

或

$$F = \sum_{t=1}^{n} A_t(P/F,i,n-t) \tag{3-18}$$

在上面式子中，虽然那些系数都可以计算或查复利表得到，但如果 n 较大，A_t 较多时，计算也是比较麻烦的。如果多次现金流量 A_t 具有一定特征，则可大大简化上述计算公式。有三种典型多次支付系列现金流量的复利计算，分别为等额支付、等差支付和等比支付。本书介绍等额支付和等差支付。

（1）等额系列 等额系列现金流量序列是连续的，且数额相等，即：

$$A_t = A = 常数, \quad t = 1,2,3,\cdots,n$$

其现金流量如图 3-3 所示。

图 3-3 中，A 为年金，为发生在各计息期末（不包括零期）的等额现金流量系列，与 P 或 F（或折算为）等值。

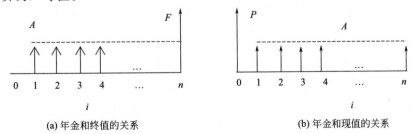

(a) 年金和终值的关系　　　　　　　　　(b) 年金和现值的关系

图 3-3 等额支付现金流量图

① 终值计算（已知 A 求 F）　由多次支付的终值计算公式展开得：

$$F = \sum_{t=1}^{n} A_t (1+i)^{n-t} = A \left[(1+i)^{n-1} + (1+i)^{n-2} + \cdots + (1+i) + 1 \right] \qquad (3-19)$$

$$F = A \frac{(1+i)^n - 1}{i} \qquad (3-20)$$

式中，$\dfrac{(1+i)^n - 1}{i}$ 为等额系列终值系数或年金终值系数，用符号 $(F/A, i, n)$ 表示，则上式又可写成：

$$F = A(F/A, i, n) \qquad (3-21)$$

等额系列终值系数 $(F/A, i, n)$ 可从附录中查得。

【例 3-5】　若某人 10 年内，每年年末存入银行 1000 元，年利率 8%，复利计息，问 10 年末可从银行连本带利取出多少钱？

解：$F = A(F/A, i, n) = 1000(F/A, 8\%, 10)$

从附录中查出 $(F/A, 8\%, 10) = 14.4866$，代入式中得：

$$F = 1000 \times 14.4866 = 14486.6(元)$$

② 现值计算（已知 A 求 P）　由等额支付终值计算公式和一次支付现值计算公式得：

$$P = F(1+i)^{-n} = A \frac{(1+i)^n - 1}{i(1+i)^n} \qquad (3-22)$$

式中，$\dfrac{(1+i)^n - 1}{i(1+i)^n}$ 为等额系列现值系数或年金现值系数，用符号 $(P/A, i, n)$ 表示，则式又可写成：

$$P = A(P/A, i, n) \qquad (3-23)$$

等额系列现值系数 $(P/A, i, n)$ 可从附录中查得。

【例 3-6】　如果某人期望今后 5 年内每年年末可从银行取回 1000 元，年利率为 10%，复利计息，问必须现在存入银行多少钱？

解：$P = A(P/A, i, n) = 1000(P/A, 10\%, 5)$

从附录中查出系数 $(P/A, 10\%, 5) = 3.7908$，代入上式得：

$$P = 1000 \times 3.7908 = 3790.8(元)$$

③ 资金回收计算（已知 P 求 A）　由等额系列现值计算公式可知，等额系列资金回收计算是等额系列现值计算的逆运算，故可得：

$$A = P \frac{i(1+i)^n}{(1+i)^n - 1} \qquad (3-24)$$

式中，$\dfrac{i(1+i)^n}{(1+i)^n - 1}$ 为等额系列资金回收系数，用符号 $(A/P, i, n)$ 表示，则上式又可写成：

$$A = P(A/P, i, n) \qquad (3-25)$$

等额系列资金回收系数 $(A/P, i, n)$ 可从附录中查得。

【例 3-7】　若某人现在投资 10000 元，年回报率为 8%，每年年末等额获得收益，10 年内收回全部本利，则每年可收回多少元？

解：$A = P(A/P, i, n) = 10000(A/P, 8\%, 10)$

从附录中查出系数 $(A/P,8\%,10)=0.1490$，代入上式得：

$$A=10000\times0.1490=1490(元)$$

④ 偿债基金计算（已知 F 求 A）　偿债基金计算是等额系列终值计算的逆运算，故可得：

$$A=F\frac{i}{(1+i)^n-1} \tag{3-26}$$

式中，$\dfrac{i}{(1+i)^n-1}$ 为等额系列偿债基金系数，用符号 $(A/F,i,n)$ 表示，则式又可写成：

$$A=F(A/F,i,n) \tag{3-27}$$

等额系列偿债基金系数 $(A/F,i,n)$ 可从附录中查得。

【例3-8】　某人欲在第5年年末获得10000元，若每年存款金额相等，年利率为10%，复利计息，则每年年末需存款多少元？

解：$A=F(A/F,i,n)=10000(A/F,10\%,5)$

从附录中查出系数 $(A/F,10\%,5)=0.1638$，代入上式得：

$$A=10000\times0.1638=1638(元)$$

（2）等差系列　在许多工程经济问题中，现金流量每年均有一定数量的增加或减少，如房屋随着其使用期的延伸，维修费将逐年有所增加。如果逐年的递增或递减是等额的，则称为等差系列现金流量。等差系列现金流量序列是连续的，连续递增或连续递减，相邻现金流量相差同一个常数 G，即：

$$A_t=A_1\pm(t-1)G,\qquad t=1,2,3,\cdots,n \tag{3-28}$$

其现金流量如图3-4所示。

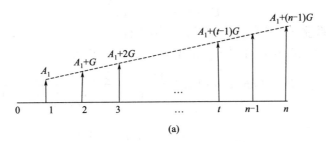

(a)

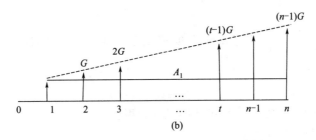

(b)

图3-4　等差递增系列现金流量示意图

图3-4(a)为一等差递增系列现金流量，可化简为两个支付系列，如图3-4(b)所示。一个是等额系列现金流量，年金是 A_1，用等额系列有关公式计算；另一个是由 G 组成的等额递增系列现金流量，这部分等差系列现金流量的等值计算是需要解决的。

① 等差终值计算（已知 G 求 F）　根据图 3-4(b)，可列出 F 与 G 的计算式如下：

$$F_G = G(1+i)^{n-2} + 2G(1+i)^{n-3} + \cdots + (n-2)G(1+i) + (n-1)G \tag{3-29}$$

两边同乘以 $(1+i)$ 得：

$$F_G(1+i) = G(1+i)^{n-1} + 2G(1+i)^{n-2} + \cdots + (n-2)G(1+i)^2 + (n-1)G(1+i) \tag{3-30}$$

两式相减得：

$$F_G i = G\left[(1+i)^{n-1} + (1+i)^{n-2} + \cdots + (1+i)^2 + (1+i) + 1\right] - nG \tag{3-31}$$

$$F_G i = G\frac{(1+i)^n - 1}{i} - nG \tag{3-32}$$

整理得：

$$F_G = G\left[\frac{(1+i)^n - 1}{i^2} - \frac{n}{i}\right] \tag{3-33}$$

式中，$\left[\dfrac{(1+i)^n - 1}{i^2} - \dfrac{n}{i}\right]$ 为等差系列终值系数，用符号 $(F/G, i, n)$ 表示，则式可写成：

$$F_G = G(F/G, i, n) \tag{3-34}$$

② 等差现值计算（已知 G 求 P）　由 P 与 F 的关系得：

$$P_G = F_G(1+i)^{-n} = G\left[\frac{(1+i)^n - 1}{i^2(1+i)^n} - \frac{n}{i(1+i)^n}\right] \tag{3-35}$$

式中，$\left[\dfrac{(1+i)^n - 1}{i^2(1+i)^n} - \dfrac{n}{i(1+i)^n}\right]$ 为等差系列现值系数，用符号 $(P/G, i, n)$ 表示，则式可写成：

$$P_G = G(P/G, i, n) \tag{3-36}$$

等差系列现值系数 $(P/G, i, n)$ 可从附录中查得。

③ 等差年金计算（已知 G 求 A）　由 A 与 F 的关系得：

$$A_G = F_G(A/F, i, n) = G\left[\frac{(1+i)^n - 1}{i^2} - \frac{n}{i}\right]\frac{i}{(1+i)^n - 1} \tag{3-37}$$

整理得：

$$A_G = G\left[\frac{1}{i} - \frac{n}{(1+i)^n - 1}\right] \tag{3-38}$$

式中，$\left[\dfrac{1}{i} - \dfrac{n}{(1+i)^n - 1}\right]$ 为等差年金换算系数，用符号 $(A/G, i, n)$ 表示，则式可写成：

$$A_G = G(A/G, i, n) \tag{3-39}$$

等差年金换算系数 $(A/G, i, n)$ 可从附录中查得。

等差系列现金流量的年金为：

$$A = A_1 \pm A_G \tag{3-40}$$

式中，"减号"为等差递减系列现金流量。

若要计算原等差系列现金流量的现值 P 和终值 F，则按下式进行：

$$P = P_{A_1} \pm P_G = A_1(P/A, i, n) \pm G(P/G, i, n) \tag{3-41}$$

$$F = F_{A_1} \pm F_G = A_1(F/A, i, n) \pm G(F/G, i, n) \tag{3-42}$$

3.2.3 等值计算

3.2.3.1 复利公式和函数应用

（1）复利公式应用的注意事项 在复利计算中，收付周期是指资金收付的周期，通常以年为单位；计息周期是指计算利息的周期。收付周期和计息周期可以相同，也可以不同。当两者相同时，资金等值计算公式和复利计算公式的形式是相同的。等值计算基本公式相互关系如图 3-5 所示。

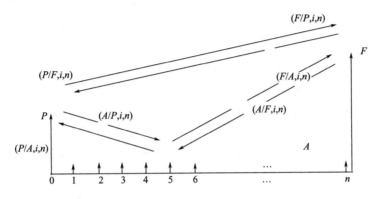

图 3-5 等值计算基本公式相互关系示意图

由于复利计算公式是在一定的条件下推导出来的，因此应用复利计算公式时应注意以下几点。

① 本期末即等于下期初。0 点就是第一期初，也叫零期；第一期末即等于第二期初；其余类推。

② P 是在第一计息期开始时（零期）发生。

③ F 发生在考察期期末，即 n 期末。

④ 各期的等额收付 A，发生在各期期末。

⑤ 当问题包括 P 与 A 时，系列的第一个 A 与 P 隔一期，即 P 发生在系列 A 的前一期。

⑥ 当问题包括 A 与 F 时，系列的最后一个 A 是与 F 同时发生。

⑦ P_G 发生在第一个 G 的前两期，A_1 发生在第一个 G 的前一期。

【例 3-9】 每年年初借款 5000 元，年利率 $i = 6\%$，8 年后的本利和是多少？

解：绘制现金流量图如图 3-6 所示。

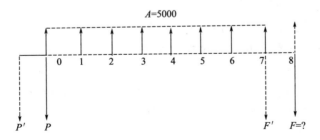

图 3-6 现金流量图

（1）现值法一
$$P=5000+5000(P/A,6\%,7)=5000+5000\times5.5824=32912（元）$$
$$F=P(F/P,6\%,8)=32912\times1.5938=52455.1（元）$$

（2）现值法二
$$P'=5000(P/A,6\%,8)=5000\times6.2098=31049（元）$$
$$F=P'(F/P,6\%,9)=31049\times1.6895=52457.3（元）$$

（3）终值法一
$$F'=5000(F/A,6\%,7)+5000(F/P,6\%,7)$$
$$=5000\times8.3938+5000\times1.5036=49487（元）$$
$$F=F'(F/P,6\%,1)=49487\times1.0600=52456.2（元）$$

（4）终值法二
$$F=5000(F/A,6\%,8)+5000(F/P,6\%,8)-5000$$
$$=5000\times9.8975+5000\times1.5938-5000=52456.5（元）$$

上述四种计算方法在结果上的差别，是由附录复利因子表的精度造成的，差别在可以接受的范围内。

【例 3-10】 现有图 3-7 所示现金流量图，单位为元。设 $i=5\%$，按复利计息，试计算其现值和年金。

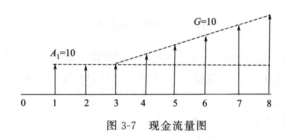

图 3-7 现金流量图

解：
$$P=A_1(P/A,5\%,8)+G(P/G,5\%,6)(P/F,5\%,2)$$
$$=10\times6.463+10\times11.966\times0.907=173.16（元）$$
$$A=A_1+G(P/G,5\%,6)(P/F,5\%,2)(A/P,5\%,8)$$
$$=10+10\times11.966\times0.907\times0.1547=26.79（元）$$

（2）用 Microsoft Excel 函数做等值计算 在利用 Microsoft Excel 进行现金流量计算时，可以直接使用其自带的复利因子函数进行计算，简便快捷。

3.2.3.2 名义利率和有效利率

前面介绍了由通货膨胀引起的浮动利率和实际利率的概念。下面介绍由利率周期与计息周期不一致，引起的名义利率和有效利率的概念。比如，我们从银行借了一笔住房按揭贷款，年利率 7.05%，偿还期 10 年，计划按月分 120 期还清（月供），这时候银行实际上是按月计息的，那么 7.05% 只是名义上的利率，就出现了名义利率和有效利率的差别。

名义利率 r 是指计息周期利率 i 乘以一个利率周期内的计息周期数 m 所得的利率周期利率，即：

$$r=i\times m \tag{3-43}$$

若月利率为 1%，则年名义利率为 12%。很显然，计算名义利率时忽略了前面各期利息再生的因素，这与单利的计算相同。通常所说的利率周期利率都是名义利率。

若将利率周期内的利息再生因素考虑进去，这时所得的利率周期利率称为有效利率。下面根据利率的概念推导有效利率的计算式。

已知名义利率 r，一个利率周期内计息 m 次，则计息周期利率为 $i=r/m$，在某个利率周期初有资金 P，根据一次收付终值公式可得该利率周期的 F，即：

$$F=P\left(1+\frac{r}{m}\right)^m \tag{3-44}$$

根据利息的定义可得该利率周期的利息 I 为：

$$I=F-P=P\left(1+\frac{r}{m}\right)^m-P=P\left[\left(1+\frac{r}{m}\right)^m-1\right] \tag{3-45}$$

再根据利率的定义可得有效利率 i_{eff} 为：

$$i_{\text{eff}}=\frac{I}{P}=\left(1+\frac{r}{m}\right)^m-1 \tag{3-46}$$

设年名义利率 $r=10\%$，则年、半年、季、月、日的年有效利率如表 3-7 所示。可以看出，每年计息 r 越多，i_{eff} 与 r 相差越大。所以，在工程经济分析中，如果各方案的计息期不同，就不能简单地使用名义利率来评价，而必须换算成有效利率进行评价，否则会得出不正确的结论。

表 3-7　有效利率和名义利率的关系

年名义利率(r)	计息期	年计息次数(m)	计息期利率($i=r/m$)	年有效利率(i_{eff})
10%	年	1	10.0000%	10.00%
	半年	2	5.0000%	10.25%
	季	4	2.5000%	10.38%
	月	12	0.8333%	10.47%
	日	365	0.0274%	10.52%
20%	年	1	20.0000%	20.00%
	半年	2	10.0000%	21.00%
	季	4	5.00000%	21.55%
	月	12	1.6667%	21.94%
	日	365	0.0548%	22.13%

（1）计息周期小于收付周期　计息周期小于资金收付周期的等值计算，可以按收付周期有效利率计算，也可以按计息周期利率计算。

【例 3-11】　某人现在存款 1000 元，年利率 10%，计息周期为半年，复利计息，问 5 年末存款金额为多少？

解：（1）按有效利率计算

$$i_{\text{eff}}=(1+10\%/2)^2-1=10.25\%$$
$$F=1000(F/P,i_{\text{eff}},5)=1000\times1.6295=1629.5(元)$$

（2）按计息周期利率计算

$$F=1000(F/P,10\%/2,2\times5)=1000(F/P,5\%,10)=1000\times1.6289=1628.9(元)$$

上述两法计算结果略有差异，是因为按有效利率计算时，有效利率不是整数，无表可查，在利率间用线性内插计算时引起系数有微小差异。

此差异虽是允许的，但计算较烦琐，故在实际中常采用计息期利率来计算。但应注意，对等额系列流量，当计息周期与收付周期不一致时，只能用收付周期有效利率来计算。

【例 3-12】 每半年存款 1000 元，年利率 8%，每季计息 1 次，复利计息，问 5 年末存款金额为多少？

解： 本例的等额系列流量，由于计息周期小于收付周期，不能直接采用计息期利率计算，故只能用有效利率来计算。

$$计息期利率 i=r/m=8\%/4=2\%$$
$$半年期有效利率 i_{\text{eff半}}=(1+2\%)^2-1=4.04\%$$
$$F=1000(F/A,4.04\%,2\times5)=1000\times12.029=12029(元)$$

（2）**计息周期大于收付周期** 由于计息周期大于收付周期，计息周期间的收付常采用下列三种方法之一进行处理。

① **不计息** 在工程经济分析中，当计息期内收付不计息时，其支出计入期初，其收益计入期末。

② **单利计息** 在计息期内的收付均按单利计息，其计算公式如下：

$$A_t=\sum A'_k\,[1+(m_k/N)\times i] \tag{3-47}$$

式中　A_t——第 t 计息期末净现金流量；

　　　　N——一个计息期内收付周期数；

　　　　A'_k——第 t 计息期内第 k 期收付金额；

　　　　m_k——第 t 计息期内第 k 期收付金额到达第 t 计息期末所包含的收付周期数；

　　　　i——计息期利率。

【例 3-13】 付款情况如图 3-8 所示，年利率为 8%，半年计息 1 次，复利计息，计息期内的收付款利息按单利计算，问年末金额多少？

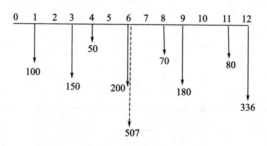

图 3-8　现金流量图

解： 计息期利率 $i=8\%/2=4\%$

年利率 $r=8\%$，半年计息 1 次，计息期内的收付款利息按单利计算：

$$A_1=100[1+(5/6)\times4\%]+150[1+(3/6)\times4\%]+50[1+(2/6)\times4\%]+200=507(元)$$
$$A_2=70[1+(4/6)\times4\%]+180[1+(3/6)\times4\%]+80[1+(1/6)\times4\%]=336(元)$$

然后利用普通复利公式即可求出年末金额 F 为：

$$F=507(F/P,4\%,1)+336=507\times1.04+336=863.28(元)$$

③ **复利计息** 在计息周期内的收付按复利计算。此时，计息期利率相当于"有效利率"，收付周期利率相当于"计息期利率"。收付周期利率的计算正好与已知名义利率去求解有效利率的情况相反。

收付周期利率计算出来后即可按普通复利公式进行计算。

【**例 3-14**】 某人每月存款 100 元，期限 1 年，年利率 8%，每季计息 1 次，复利计息，计息收付利息按复利计算，问年末存款金额有多少？

解：名义利率 8%，每季计息 1 次，计息期内收付利息按复利计算。

$$计息期利率（即季度有效利率）i_季 = 8\%/4 = 2\%$$

运用有效利率公式计算收付周期利率如下：

$$i_{\text{eff}} = \left(1 + \frac{r}{m}\right)^m - 1$$

$$i_季 = \left(1 + \frac{r_季}{3}\right)^3 - 1 = 2\%$$

解得 $r_季 = 1.9868\%$。

则每月利率 $r_月 = 0.6623\%$，每月复利 1 次，这与季度利率 2%、季度复利 1 次是等值的。利用普通复利公式即可求出年末金额 F 为：

$$F = 100(F/A, 0.6623\%, 12) = 100 \times 12.4469 = 1244.69（元）$$

注意：在计息周期内的收付按复利计算时，收付周期利率不能直接使用每月利率，即 $(8\%/12) = 0.6667\%$，因为复利是每季度 1 次而非每月 1 次。

思考题

1. 什么是资金的时间价值？

2. 名义利率与有效利率的概念。

3. 决定资金等值的因素有哪些？

4. 下列各题现金流入和现金流出等值，求未知数的值。

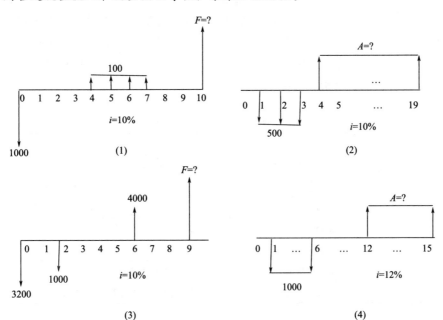

5. 以按揭方式购房，贷款 50 万元，假定年利率 7.15%，15 年内按月等额分期付款，每月应付多少？

第4章

经济评价指标与方案经济比选

项目评价主要解决两类问题。第一，评价项目是否可以满足一定的检验标准，即要解决项目的"筛选问题"，这类问题可称为建设项目的"绝对效果"评价。第二，比较某一项目的不同方案优劣或确定不同项目的优先次序，即要解决"优序问题"，这类问题可称为"相对效果"评价。本章将分别讨论这两类问题的经济评价方法。

4.1 现金流量分析方法

项目经济评价分为国民经济评价和财务评价。无论是哪一种，都可以先将项目的财务费用效益和经济费用效益用一系列现金流量来表示，然后用相应的评价指标来反映现金流状况。由于客观事物的错综复杂性，任何一种具体的评价方法都可能只是反映了客观事物的某一侧面或某些侧面，却忽视了另外的侧面，故凭单一指标难以达到对项目进行全面分析的目的。因此，应根据项目特点及经济分析的目的和要求等，选用不同的指标对项目的现金流予以反映。项目经济评价常用指标分类见表4-1。

表 4-1 项目经济评价常用指标分类

划分标准	常用指标分类	
是否考虑资金时间价值	静态评价指标	静态投资回收期
	动态评价指标	净现值、内部收益率、动态投资回收期等
项目评价层次	财务评价指标	财务净现值、财务内部收益率、投资回收期等
	经济分析指标	经济净现值、经济内部收益率等
指标的经济性质	时间性指标	投资回收期
	价值性指标	净现值、净年值
	比率性指标	内部收益率、净现值率、效益费用比等

本节针对现金流量分析，将评价指标分时间性指标、价值性指标、比率性指标三类来介绍。

4.1.1　时间性指标与评价方法

4.1.1.1　静态投资回收期

（1）静态投资回收期的计算　静态投资回收期（P_t）是指以项目的净收益回收项目投资所需要的时间，一般以年为单位。项目投资回收期宜从项目建设开始年算起，若从项目投产开始年计算，应予以特别注明。项目投资回收期可采用下式表达：

$$\sum_{t=1}^{P_t}(CI-CO)_t=0 \tag{4-1}$$

项目投资回收期可借助项目投资现金流量表计算。项目投资现金流量表中累计净现金流量由负值变为零的时点，即为项目的投资回收期，其计算公式为：

$$P_t=T-1+\frac{\left|\sum_{t=1}^{T-1}(CI-CO)_t\right|}{(CI-CO)_T} \tag{4-2}$$

式中　T——各年累计净现金流量首次为正值或零的年数；

　　　t——计算期；

　　　CI——现金流入；

　　　CO——现金流出。

【例 4-1】　某项目投资现金流量如表 4-2 所示，计算其静态投资回收期。

解：该项目静态投资回收期为：

$$P_t=6-1+\frac{|-300|}{350}=5.86（年）$$

表 4-2　某项目投资现金流量　　　　　　　　　单位：万元

序号	项目	计算期							
		1 年	2 年	3 年	4 年	5 年	6 年	7 年	8 年
1	现金流入			700	800	800	800	800	800
2	现金流出	500	800	400	450	450	450	450	450
3	净现金流量	−500	−800	300	350	350	350	350	350
4	累计净现金流量	−500	−1300	−1000	−650	−300	50	400	750

（2）判据及优缺点　项目投资回收期短，表明项目投资回收快，抗风险能力强。由于累计净现金流量分税前和税后，该指标亦有税前和税后之分。

静态投资回收期的最大优点是经济意义明确、直观、计算简单，便于投资者衡量建设项目承担风险的能力，同时在一定程度上反映了投资效果的优劣。因此，得到一定的应用。

静态投资回收期指标的不足主要有两点：①投资回收期只考虑投资回收之前的效果，不能反映回收期之后的情况，难免有片面性；②不考虑资金时间价值，无法用以正确地辨识项目的优劣。

由于静态投资回收期的局限性和不考虑资金时间价值，故有可能导致评价判断错误。因此，静态投资回收期不是全面衡量建设项目的理想指标，它只能用于粗略评价或者作为辅助指标和其他指标结合起来使用。

4.1.1.2 动态投资回收期

为了克服静态投资回收期未考虑资金时间价值的缺点，可采用其改进指标——动态投资回收期，其表达式为：

$$\sum_{t=1}^{P'_t} (\text{CI} - \text{CO})_t (1+i)^{-t} = 0 \tag{4-3}$$

式中，P'_t 为动态投资回收期。

计算动态投资回收期的方法与计算静态投资回收期一样，不同之处在于计算动态投资回收期应采用折现后的累计净现金流作为计算依据。

【例 4-2】 计算【例 4-1】中项目投资的动态回收期，折现率 $i_c = 8\%$。

解：对项目的净现金流做折现计算，如表 4-3 所示。折现后的动态投资回收期为：

$$P'_t = 7 - 1 + \frac{|-210.2|}{220.6} = 6.95 (\text{年})$$

该动态投资回收期为 6.95 年，比静态投资回收期（5.86 年）延长了 1.1 年，反映了资金时间价值（折现率）对项目经济评价结果的影响。

表 4-3　某项目投资现金流量折现计算　　　　　　　　单位：万元

序号	项目	计算期							
		1 年	2 年	3 年	4 年	5 年	6 年	7 年	8 年
1	现金流入			700	800	800	800	800	800
2	现金流出	500	800	400	450	450	450	450	450
3	净现金流量	−500	−800	300	350	350	350	350	350
4	折现率	1	0.9259	0.8573	0.7938	0.7350	0.6806	0.6302	0.5835
5	折现后净现金流	−500.0	−740.7	257.2	277.8	257.3	238.2	220.6	204.2
6	折现后累计净现金流	−500	−1240.7	−983.5	−705.7	−448.4	−210.2	10.3	214.5

4.1.2　价值性指标与评价方法

价值性评价指标反映一个项目的现金流量相对于基准投资收益率所能实现的盈利水平。最主要最常用的价值性指标是净现值，在多项目（或方案）选优中的价值性指标还有净年值，净终值使用很少。

4.1.2.1 净现值

（1）净现值的计算　净现值（net present value，NPV）是指按设定的折现率（一般采用基准收益率 i_c）计算的项目计算期内净现金流量的现值之和，可按下式计算：

$$\text{NPV} = \sum_{t=1}^{n} (\text{CI} - \text{CO})_t (1+i_c)^{-t} = \sum_{t=1}^{n} (\text{CI} - \text{CO})_t (P/F, i_c, t) \tag{4-4}$$

式中，i_c 为设定的折现率（同基准收益率）。

【例 4-3】 计算【例 4-1】中项目投资的净现值，折现率 $i_c = 8\%$。

解：表 4-3 最后一行"折现后累计净现金流"，就等于项目在每一个计算期的净现值。该项目生命周期为 8 年，因此项目的净现值为 214.5 万元。

（2）判据及优缺点　净现值（NPV）是评价项目盈利能力的绝对指标。

当 NPV＞0 时，说明该方案除了满足基准收益率要求的盈利之外，还能得到超额收益，故该方案可行；当 NPV＝0 时，说明该方案基本能满足基准收益率要求的盈利水平，方案勉强可行或有待改进；当 NPV＜0 时，说明该方案不能满足基准收益率要求的盈利水平，该方案不可行。

净现值（NPV）指标的优点是：①考虑了资金的时间价值，并全面考虑了项目在整个计算期内的经济状况；②经济意义明确，能够直接以货币额表示项目的盈利水平；③评价标准容易确定，判断直观。净现值指标用于评价项目盈利能力，可根据需要选择计算所得税前净现值或所得税后净现值。

净现值（NPV）指标的不足之处是：①必须首先确定一个符合经济现实的基准收益率，而基准收益率的确定往往比较复杂；②净现值不能反映项目投资中单位投资的使用效率，不能直接说明在项目运营期间各年的经营成果；③当两个方案的项目周期（生命周期）不同时，不能直接比较它们的净现值。

4.1.2.2　净年值

净年值（net annual value，NAV）也称净年金，它是把项目生命周期内的净现金流量按设定的折现率折算成与其等值的各年年末的等额净现金流量值。

求一个项目的净年值，可以先求该项目的净现值，然后乘以资金回收系数进行等值变换求解，即：

$$NAV = NPV(A/P, i, n) \tag{4-5}$$

用净现值（NPV）和净年值（NAV）对一个项目进行评价，结论是一致的，因为：当 NPV≥0 时，NAV≥0；当 NPV＜0 时，NAV＜0。因此，在项目经济评价中很少采用净年值指标。但是，对生命周期不相同的方案进行选优时，净年值比净现值有独到的简便之处，由于不受到项目生命周期的影响，可以直接据此进行比较。

4.1.3　比率性指标与评价方法

4.1.3.1　净现值率（NPVR）

净现值指标用于多方案比较时，虽然能反映每个方案的盈利水平，但是由于没有考虑各方案投资额的大小，因而不能直接反映资金的利用效率。为了考察资金的利用效率，可采用净现值率指标作为净现值的补充指标。所谓净现值率，就是按设定折现率求得的项目计算期的净现值与其全部投资现值的比率，记作 NPVR（net present value rate），计算式为：

$$NPVR = \frac{NPV}{I_P} = \frac{\sum_{t=0}^{n}(CI-CO)_t(1+i_c)^{-t}}{\sum_{t=0}^{n}I_t(1+i_c)^{-t}} \tag{4-6}$$

式中　I_P——项目投资现值；

　　　I_t——第 t 年的项目投资。

【例 4-4】　计算【例 4-2】中项目投资的 NPVR，折现率 $i_c = 8\%$。

解：【例 4-2】中对该项目投资现金流量已经做出了折现计算，见表 4-3。从表中最后一行可以读出项目的净现值和总投资的现值，由此计算 NPVR：

$$NPVR = \frac{NPV}{I_P} = \frac{214.5}{1240.7} = 17.3\%$$

净现值率表明单位投资的盈利能力或资金的使用效率。净现值率的最大化，将使有限投资取得最大的净贡献。

用净现值率评价项目或方案时，若 NPVR≥0，方案可行，可以考虑接受；NPVR<0，方案不可行，应予拒绝。

4.1.3.2 内部收益率（IRR）

（1）内部收益率的计算　内部收益率（internal return rate，IRR）是指能使项目计算期内净现金流量现值累计等于零时的折现率，即用 IRR 作为折现率使下式成立：

$$\sum_{t=1}^{n}(CI-CO)_t(1+IRR)^{-t}=\sum_{t=1}^{n}(CI-CO)_t(P/F,IRR,t)=0 \tag{4-7}$$

式中　CI——现金流入量；

CO——现金流出量；

$(CI-CO)_t$——第 t 期的净现金流量；

n——项目生命周期。

内部收益率指标的经济含义是项目对初始投资的回收能力。如图 4-1 所示的项目，当折

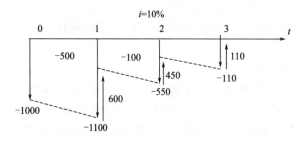

图 4-1　项目对占用资金的回收（单位：万元）

现率 $i=10\%$ 时，在整个计算期内，始终存在未回收投资，但是在计算期末，初始投资 1000 万元被完全回收。这样，内部收益率就是使初始投资及其利息（资金时间价值）恰好在项目计算期末完全回收的利率。如果第 3 年年末的现金流入不是 110 万元，而是 150 万元，那么按 10% 利率，该项目到计算期末除全部回收占用的资金外，还有 40 万元的富余。如要使期末刚好使资金全部回收，利率将高于 10%，即内部收益率高于 10%。因此，内部收益率可以理解为工程项目对占用资金的一种恢复（回收）能力，其值越高，方案的盈利能力越高。

求解内部收益率是解以折现率为未知数的多项高次方程。当各年的净现金流量不等且计算期较长时，求解内部收益率是相当烦琐的。一般来说，求解 IRR 有人工试算法和利用计算机求解两种方法。下面先介绍内部收益率的人工试算法。

采用人工试算法求解内部收益率，首先选择折现率 i_1，将其代入净现值公式，如果此时算出的净现值为正，则选择一个高于 i_1 的折现率 i_2，将其代入净现值公式，如果此时净现值仍为正，则增加 i_2 的值后再重新计算净现值，直到净现值为负为止（如果首先选择的折现率计算的净现值为负，则需要降低折现率使净现值为正为止）。

根据内部收益率定义可知，此时内部收益率必在 i_1 和 i_2 之间。当试算采用的折现率 i 使 NPV 在零值左右摆动且先后两次试算的 i 值之差足够小，一般不超过 5% 时，可用线性内插法近似求出 IRR。插值公式为：

$$IRR=i_1+(i_2-i_1)\frac{NPV_1}{NPV_1+|NPV_2|} \tag{4-8}$$

式中　IRR——内部收益率；

i_1——较低的试算折现率；

i_2——较高的试算折现率；

NPV_1——与 i_1 对应的净现值；

NPV_2——与 i_2 对应的净现值。

【例 4-5】 计算【例 4-1】中项目投资的内部收益率。

解：经过试算得到使 NPV 分别在零左右的 $i_1=12\%$ 和 $i_2=13\%$，见表 4-4。由表可见，$NPV_1=30.7$，$NPV_2=-8.9$，应用线性插值公式，有：

$$IRR=12\%+1\%\times\frac{30.7}{30.7+|-8.9|}=12.8\%$$

用 Microsoft Excel 中的财务函数 IRR 可以大大简化这一计算过程。

表 4-4 试算法求解内部收益率 单位：万元

序号	项目	计算期							
		1 年	2 年	3 年	4 年	5 年	6 年	7 年	8 年
1	现金流入			700	800	800	800	800	800
2	现金流出	500	800	400	450	450	450	450	450
3	净现金流量	−500	−800	300	350	350	350	350	350
4	折现率 $i_1=12\%$	1.0000	0.8929	0.7972	0.7118	0.6355	0.5674	0.5066	0.4523
4.1	折现后净现金流	−500.0	−714.3	239.2	249.1	222.4	198.6	177.3	158.3
4.2	折现后累计净现金流	−500.0	−1214.3	−975.1	−726.0	−503.6	−305.0	−127.7	30.7
5	折现率 $i_2=13\%$	1.0000	0.8850	0.7831	0.6931	0.6133	0.5428	0.4803	0.4251
5.1	折现后净现金流	−500.0	−708.0	234.9	242.6	214.7	190.0	168.1	148.8
5.2	折现后累计净现金流	−500.0	−1208.0	−973.0	−730.5	−515.8	−325.8	−157.7	−8.9

（2）判据 内部收益率计算出来后，与基准收益率进行比较：若 $IRR>i_c$，则项目或方案在经济上可以接受；若 $IRR=i_c$，项目或方案在经济上勉强可行；若 $IRR<i_c$，则项目或方案在经济上应予拒绝。

对于非投资情况，即先取得收益，然后用收益偿付有关费用（如项目转让）的情况，虽然可以运用 IRR 指标，但其判别准则与投资情况相反，即只有 $IRR<i_c$ 的方案（或项目）才可接受。

（3）优缺点 内部收益率（IRR）指标的优点是：①考虑了资金的时间以及项目在整个计算期内的经济状况；②内部收益率值取决于项目的净现金流量系列的情况，这种项目内部决定性使它在应用中具有一个显著的优点，即避免了净现值、净年值指标须事先确定基准收益率这个难题，而只需要知道基准收益率的大致范围即可。当要对一个项目进行开发，而未来的情况和未来的折现率都带有高度的不确定性时，采用内部收益率对项目进行评价，往往能取得满意的效果。

内部收益率的不足是：①内部收益率不是用来计算初始投资收益的，适用于独立方案的经济评价和可行性判断，一般不能直接用于多个独立方案之间的优劣排序；②内部收益率不适用于只有现金流入或现金流出的项目。

（4）内部收益率的几种特殊情况 表 4-5 中的三种情况不存在具有经济含义的内部收益率，是很容易看得出的。项目 A 只有现金流出没有现金流入，不存在使累计净现值等于零的 IRR；项目 B 只有现金流入没有现金流出，也不存在使累计净现值等于零的 IRR；项目 C

有现金流出也有现金流入，但是各年净现金流量的代数和为－300万元，小于零，也不存在可使累计净现值等于零的 IRR。

内部收益率存在的前提条件是项目各年净现金流量有正有负，且它们的代数和大于零。这样才能保证项目既有资金占用阶段又有资金回收阶段，并且投资能被收回，差别只是收益率不同而已。但是，即便满足各年净现金流量的代数和大于零的条件，也不是所有项目都存在内部收益率。

表 4-5 　不存在内部收益率的三种净现金流量 　　　　　　　　单位：万元

项目	合计	计算期				
		0	1 年	2 年	3 年	4 年
A	－2000	－1000	－500	－200	－300	
B	1900	800	500	400	200	
C	－300	－1000	－800	500	500	500

① 常规投资项目和非常规投资项目　常规投资项目是指计算期内各年净现金流量的代数和大于零，且正负号只变化一次，即所有负现金流量都出现在正现金流量之前。只有具有常规现金流量的投资方案，才能采用线性内插法计算 IRR。

项目在计算期内，带负号的净现金流量不仅发生在建设期（或生产期），而且分散在带正号的净现金流量之中，即在计算期内净现金流量 A_t 多次变更正负号，这类项目称为非常规投资项目。对于非常规投资项目，按内部收益率计算公式 $\sum_{t=1}^{n}(CI-CO)_t(1+IRR)^{-t}=0$ 得到的解 IRR，是否仍然是内部收益率呢？这取决于项目属于纯投资项目还是混合投资项目。

② 纯投资项目和混合投资项目　内部收益率的定义可严格地表述为：当 $i=i^*$ 且同时满足下面条件时，则 $i^*=IRR$，即项目的内部收益率。

$$NPV_t(i^*)\leqslant 0(t=0,1,\cdots,n-1) \quad 且 \quad NPV_t(i^*)=0(t=n) \tag{4-9}$$

式中　NPV_t——第 t 期的净现值；

　　　n——计算期。

$NPV_t(i^*)=0(t=n)$ 只是 $i^*=IRR$ 的必要条件，还不充分，也就是说，仅仅使净现值为零的利率不一定是内部收益率；只有加上 $NPV_t(i^*)\leqslant 0(t=0,1,\cdots,n-1)$ 这一条件，才能保证 $i^*=IRR$。

同时满足这两个条件的投资项目称为纯投资项目。不难看出，常规投资项目都是纯投资项目。而对于非常规投资项目，$NPV_t(i^*)=0(t=n)$ 得出的解可能不止一个，既可能是纯投资项目，也可能是混合投资项目（图 4-2）。

仅满足 $NPV_t(i^*)=0(t=n)$ 的项目称为混合投资项目，即在项目计算期内，有可能某一年或某几年出现 $NPV_t(i^*)>0$，表示项目不仅收回投资而且有盈余供给项目外部并从中获取收益。即使有 $i=i^*$ 为式 $NPV_t(i^*)=0(t=n)$ 的解，仍有 $i^*\neq IRR$，项目无内部收益率。因此，混合投资项目不能用内部收益率指标考察其盈利能力，这时内部收益率法是失效的。

【例 4-6】　某项目净现金流如表 4-6 所示，分析判断是否存在内部收益率。

表 4-6 某非常规投资且混合投资项目净现金流   单位：万元

序号	净现金流	合计	计算期			
			0	1 年	2 年	3 年
1	记账值	−40	−1000.0	1500.0	860.0	−1400.0
2	折现值($i=5.1\%$)	0.0	−1000.0	1426.9	778.3	−1205.2
	累计折现值		−1000.0	426.9	1205.2	0.0
3	折现值($i=40.0\%$)	0.0	−1000.0	1071.4	438.8	−510.2
	累计折现值		−1000.0	71.4	510.2	0.0

解：按现金流情况判断，项目净现金流的代数和小于零，正负号变换两次，项目属于非常规投资项目。按照 $NPV_t(i^*)=0(t=n)$，可以得出 i^* 的两个解，一个是 5.1%，一个是 40.0%，在这两个折现率下，项目净现金流在第 1 年末、第 2 年末的累计折现值大于零，说明在这时候项目已不再处于资金被占用的状态，而是有资金在项目外部获利的状态。因此，该项目不是纯投资项目，而是混合投资项目，这两个折现率都不是严格意义上的内部收益率。

如果非常规投资项目使 $NPV_t(i^*)=0(t=n)$ 得出的解中，有解 i^* 满足条件 $NPV_t(i^*)\leqslant 0$ $(t=0,1,\cdots,n-1)$，则该解满足纯投资项目条件，项目存在内部收益率且 $i^*=IRR$。

【例 4-7】 某项目净现金流如表 4-7 所示，分析判断是否存在内部收益率。

解：按现金流情况判断，项目正负号变换 3 次，属于非常规投资项目。按照 $NPV_t(i^*)=0(t=n)$，可以得出 $i^*=40.0\%$。在计算期结束前，项目净现金流，$NPV_t(i^*)\leqslant 0(t=0,1,\cdots,n-1)$，只有期末才有 $NPV_t(i^*)=0(t=n)$，因此，项目属于纯投资项目，40.0% 就是该项目的内部收益率。

表 4-7 某非常规投资且纯投资项目净现金流   单位：万元

序号	净现金流	合计	计算期				
			0	1 年	2 年	3 年	4 年
1	记账值	2400.0	−1000.0	400.0	−600.0	800.0	2800.0
2	折现值($i=40.0\%$)	0.0	−1000.0	285.7	−306.1	291.5	728.9
3	累计折现值		−1000.0	−714.3	−1020.4	−728.9	0.0

由上面分析可知，只有纯投资项目才可以用内部收益率评价项目的盈利能力。根据现金流计算项目内部收益率时，判断项目是否为纯投资项目的规则如图 4-2 所示。

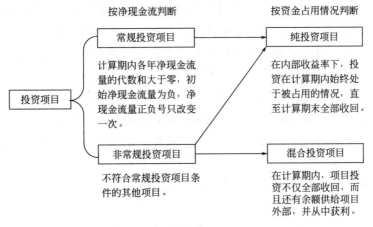

图 4-2 投资情况的分类和判定

4.2 项目（方案）经济比选

4.2.1 项目（方案）之间关系及比选类型

（1）项目（方案）之间的关系　投资主体所面临的往往不是对一个单独项目的取舍，而是要从若干项目组成的项目群中做出选择，追求所选择项目组合的整体最优。系统理论认为，单独每一个项目的经济性往往不能反映整个项目群的经济性。因此，投资主体在进行项目群选择时，除考虑每个项目（方案）的经济性之外，还必须分析各项目（方案）之间的相互关系。通常，项目（方案）的相互关系分为互斥关系、独立关系和相关关系三种类型。

① 互斥关系　互斥关系是指各个项目（方案）之间互不相容、互相排斥。在进行比选时，在各个备选项目（方案）中只能选择一个，其余的均需放弃，不能同时存在。

② 独立关系　独立关系是指各个项目（方案）的现金流量是独立的，不具有相关性，其中任一项目（方案）的采用与否与其自己的可行性有关，而与其他项目（方案）是否采用没有关系。

③ 相关关系　相关关系是指几个项目（方案）之间，某一项目（方案）的采用与否会对其他项目（方案）的现金流量带来一定的影响，进而影响其他项目（方案）的采用或拒绝。相关关系有正相关和负相关。当一个项目（方案）的执行虽然不排斥其他项目（方案），但可以使其他项目效益减少，这时项目（方案）之间具有负相关关系；反之，则具有正相关关系。

（2）项目（方案）比选的类型

① 整体比选与局部比选　项目（方案）按比选范围分为整体比选和局部比选。整体比选是按各备选方案所含的因素（相同因素和不同因素）进行定量和定性的全面的对比；局部比选仅就所备选方案的不同因素或部分重要因素进行局部对比。

局部比选通常相对容易，操作简单，而且容易提高比选结果差异的显著性。如果备选方案在许多方面都有差异，采用局部比选的方法工作量大，而且每个局部比选结果之间出现交叉优势，其比选结果多样，难以提供决策，这时应采用整体比选方法。

② 综合比选与专项比选　项目（方案）按比选目的分为综合比选与专项比选。方案比选贯穿于可行性研究全过程中，一般项目（方案）比选是选择两个或三个备选方案进行整体的综合比选，从中选出最优方案作为推荐方案。在实际过程中，往往有必要进行局部的专项方案比选，如建设规模的确定、设备的选型等。

③ 定性比选与定量比选　项目（方案）按比选内容分为定性比选与定量比选。定性比选较适合于方案比选的初级阶段，在一些比选因素较为直观且不复杂的情况下，定性分析简单易行。如在厂址方案比选中，由于环保方面等可能一票否决，没有必要再比较下去，定性分析即能满足比选要求。

在较为复杂的、系统的方案比选工作中，一般先经过定性分析，如果直观上很难判断各个方案的优劣，再通过定量分析，论证其经济效益的大小，据以判别方案的优劣。实际工作中，常常需要定性比选与定量比选相结合来判别方案的优劣。

4.2.2 互斥型方案的比选

在关于项目的工程技术经济分析中，常用的是互斥型方案的比选。对于一组互斥方案而言，只要方案的投资额在规定的投资额之内，均有资格参加评选。在方案互斥的条件下，经济效果评价包含两部分内容：一是考察各个方案自身的经济效果，即进行绝对效果检验；二是考察哪个方案较优，即相对效果检验。两种检验的目的和作用不同，通常缺一不可。

互斥方案经济效果评价的特点是要进行方案比较。因此，必须满足方案间具有可比性的要求：①备选方案的整体功能应达到目标要求；②备选方案的经济效率应达到可接受的水平；③备选方案包含的范围和时间应一致，效益和费用计算口径应一致。

下面以项目计算期相等与项目计算期不等两种情况讨论互斥方案的经济效果评价。

4.2.2.1 计算期相同的互斥方案比选

对于计算期相同的互斥方案，通常将方案的计算期设定为共同的分析期，这样，在利用资金等值原理经济效果评价时，方案间在时间上才具有可比性。在进行计算期相同方案的比选时，若采用价值性指标，则选用价值性指标最大者为相对最优方案，若采用比率性指标，则需要考察不同方案之间追加投资的经济效益。

（1）净现值法 比较备选方案的财务净现值或经济净现值，以净现值大于或等于零并且净现值最大的方案为优。

【例 4-8】 有 A、B 两个互斥方案，其计算期内各年的净现金流量如表 4-8 所示。设基准收益率为 10%，试用 NPV 法做出选择。

表 4-8 各年的净现金流量　　　　　　　　　　　　单位：万元

方案	计算期				
	0	1 年	2 年	3 年	4 年
A	−7000	1000	2000	6000	4000
B	−4000	1000	1000	3000	3000
A−B	−3000	0	1000	3000	1000

解：第一步，绝对效果检验：

$$\mathrm{NPV_A} = -7000 + 1000(P/F,10\%,1) + 2000(P/F,10\%,2) + 6000(P/F,10\%,3)$$
$$+ 4000(P/F,10\%,4) = 2801.9（万元）$$

$$\mathrm{NPV_B} = -4000 + 1000(P/F,10\%,1) + 1000(P/F,10\%,2) + 3000(P/F,10\%,3)$$
$$+ 3000(P/F,10\%,4) = 2038.5（万元）$$

两个方案都是可行方案。

第二步，相对效果检验：

$$\mathrm{NPV_A} > \mathrm{NPV_B}$$

应选择 A 方案为较优方案。

（2）差额投资内部收益率法 为什么应用内部收益率来进行方案评价时，不直接采用方案的内部收益率，而要采用差额投资的内部收益率呢？请看下面例子。

【例 4-9】 对【例 4-8】中的两个互斥方案，试用内部收益率做出选择。

解：由 $\sum\limits_{t=1}^{n}(CI-CO)_t(1+IRR)^{-t}=0$

代入表 4-8 中 A、B 两方案的现金流，试算得到 IRR 的解为：
$$IRR_A=23.66\%,IRR_B=27.29\%$$

由以上计算可知，A 方案的内部收益率低，净现值高；B 方案内部收益率高，净现值低。如果直接用 IRR 法和 NPV 法来选择方案的话，就产生了矛盾。为什么会这样呢？

这是因为净现值的大小除了和现金流量相关外，还和基准收益率（i_c）有很大关系（图 4-3）。

当 $i_c<i^*$ 时，$NPV_A>NPV_B$；当 $i_c=i^*$ 时，$NPV_A=NPV_B=845$（万元）；当 $i^*<i_c<IRR_A$、IRR_B 时，$NPV_A<NPV_B$。

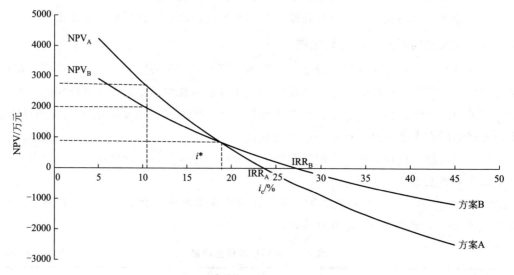

图 4-3　净现值和内部收益率的关系

由净现值的经济含义可知，净现值表示的是项目的绝对收益。净现值最大准则符合收益最大化的决策准则，故净现值指标评价的结果是正确的。采用内部收益率评价的结果，应与净现值指标评价结果相一致才对。

因此，若采用内部收益率指标来评价，就不能仅看方案自身内部收益率是否大于基准收益率（i_c），还要看方案 A 比方案 B 多花的那部分投资的内部收益（ΔIRR）是否大于基准收益率（i_c）。若 $\Delta IRR>i_c$，则投资大的方案 A 为优；若 $\Delta IRR<i_c$，则应选择投资小的方案 B 为优。

这就是差额投资内部收益率法，它计算差额投资部分的净现金流量的内部收益率：

$$\sum_{t=1}^{n}\left[(CI-CO)_大-(CI-CO)_小\right]_t(1+\Delta IRR)^{-t}=0 \qquad (4-10)$$

式中　　$(CI-CO)_大$——投资大的方案的净现金流量；

　　　　$(CI-CO)_小$——投资小的方案的净现金流量；

　　　　ΔIRR——差额投资内部收益率。

实际上，差额投资内部收益率法的原理，就是在比较边际效益是否大于基准收益率。

【例 4-10】　对【例 4-8】中的两个互斥方案，试用差额内部收益率做出选择。

解：差额投资（增量投资）的部分，见表 4-9，A—B 的净现值 763＞0，计算差额投资内部收益率 $\Delta IRR=18.8\%>i_c$。两个指标的评价结果一致，建议选择投资更大的 A 方案。

表 4-9　差额投资 NPV 和 IRR 计算　　　　　　　　　单位：万元

方案	计算期					NPV	IRR
	0	1 年	2 年	3 年	4 年		
A	−7000	1000	2000	6000	4000	2801.9	23.66%
B	−4000	1000	1000	3000	3000	2038.5	27.29%
A−B	−3000	0	1000	3000	1000	763	18.80%

4.2.2.2　计算期不同的互斥方案比选

由于方案的计算期不等，其比较基础不同，无法直接进行比较。因此，生命周期不等的互斥方案的经济比选，关键在于使其比较的基础一致。通常可以采用统一计算期法和净年值法进行方案的比选。

（1）统一计算期法

① 最小公倍数法　又称方案重复法，是以各备选方案计算期的最小公倍数作为各方案的共同计算期。假设各个方案在完成后均重复进行，直至累计周期达到共同的计算期，然后计算各方案净现值，以净现值较大者为优。

【例 4-11】　有两个互斥方案 A、B，现金流量如表 4-10 所示，生命周期分别为 4 年和 8 年，采用最小公倍数法对这两个方案做出选择。

表 4-10　两个计算期不等方案的现金流量　　　　　　　单位：万元

方案	序号	项目	计算期								
			0	1 年	2 年	3 年	4 年	5 年	6 年	7 年	8 年
A	1	现金流入	0	1900	1900	1900	1900				
	1.1	销售收入		1000	1000	1000	1000				
	1.2	租赁收入		900	900	900	900				
	2	现金流出	3700	700	700	700	700				
	2.1	投资	3700								
	2.2	成本		700	700	700	700				
	3	净现金流	−3700	1200	1200	1200	1200				
B	1	现金流入	0	2300	2300	2300	2300	2300	2300	2300	2300
	1.1	销售收入		1200	1200	1200	1200	1200	1200	1200	1200
	1.2	租赁收入		1100	1100	1100	1100	1100	1100	1100	1100
	2	现金流出	3200	3300	1300	1300	1300	1300	1300	1300	1300
	2.1	投资	3200	2000							
	2.2	成本		1300	1300	1300	1300	1300	1300	1300	1300
	3	净现金流	−3200	−1000	1000	1000	1000	1000	1000	1000	1000

解：根据表 4-10，绘制现金流量图如图 4-4 所示。

两个方案计算期的最小公倍数为 8 年，以此为共同计算期。在 8 年内，A 方案重复一次，即在第 4 年末重复投资 1 次并在此后 4 年内继续产生现金流入。计算其 NPV 为：

$$NPV_{A,8} = -3700 - 3700(P/F, 10\%, 4) + 1200(P/A, 10\%, 8) = 180（万元）$$

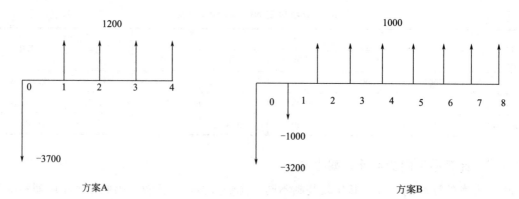

图 4-4　两个计算期不等方案的现金流量图

在 8 年内，B 方案不重复，可直接计算：

$$\mathrm{NPV}_{B,8} = -3200 - 2000(P/F,10\%,1) + 1000(P/A,10\%,8) = 310(万元)$$

式中，$(P/F,10\%,4) = 0.68$，$(P/A,10\%,8) = 5.33$，$(P/F,10\%,1) = 0.91$。

因为 $\mathrm{NPV}_{B,8} > \mathrm{NPV}_{A,8}$，所以选择 B 方案。

② 研究期法　该方法选取一个适当的计算期作为各个方案共同的计算期。为方便起见，往往选取各方案中最短的计算期作为共同计算期，因此也称为最短计算期法。

【例 4-12】　采用最短计算期法比较【例 4-11】中的两个方案。

解：两个方案中 A 方案的计算期最短为 4 年，采用 4 年作为共同计算期。计算 A 方案净现值为：

$$\mathrm{NPV}_{A,4} = -3700 + 1200(P/A,10\%,4) = 104(万元)$$

计算 B 方案 4 年期的净现值（$\mathrm{NPV}_{B,4}$），需要将 $\mathrm{NPV}_{B,8}$ 换算成 8 年期的等值年金，再取其前 4 年的年金计算 $\mathrm{NPV}_{B,4}$：

$$\mathrm{NPV}_{B,4} = \mathrm{NPV}_{B,8}(A/P,10\%,8)(P/A,10\%,4) = 187.76(万元)$$

式中，$\mathrm{NPV}_{B,8} = 316.74$，$(A/P,10\%,8) = 0.187$，$(P/A,10\%,4) = 3.17$。

因为 $\mathrm{NPV}_{B,4} > \mathrm{NPV}_{A,4}$，所以选择 B 方案。

（2）净年值法　对计算期不等的互斥方案进行比选时，比较备选方案的净年值（net annual value，NAV）是最为简便的方法，其表达式为：

$$\mathrm{NAV} = \left[\sum_{t=1}^{n}(S - I - C' + S_V + W)_t(P/F,i,t) \right](A/P,i,n) = \mathrm{NPV}(A/P,i,n)$$

$$(4-11)$$

式中　NAV——净年值；

$\quad\quad$ S——年销售收入；

$\quad\quad$ I——年全部投资；

$\quad\quad$ C'——年运营费用；

$\quad\quad$ S_V——计算期末回收的固定资产余值；

$\quad\quad$ W——计算期末回收的流动资金；

$(P/F,i,t)$——现值系数；

$(A/P,i,n)$——资金回收系数；

$\quad\quad$ i——设定的折现率；

n——计算期；

NPV——净现值。

该方法比较备选方案的净年值，并以 NAV＞0 且以 NAV 最大者为最优方案。当参加比选的方案数目众多时，采用该方法最为简便。

【例 4-13】采用净年值法比较【例 4-11】中的两个方案。

解：

$$NAV_A = -3700(A/P,10\%,4) + 1200 = 30.8 (万元)$$
$$NAV_B = -3200(A/P,10\%,8) - 2000(P/F,10\%,1)(A/P,10\%,8) + 1000 = 61.26 (万元)$$

式中，$(A/P,10\%,4) = 0.316$，$(A/P,10\%,8) = 0.187$，$(P/F,10\%,1) = 0.91$。

因为 $NAV_B > NAV_A$，所以选择 B 方案。

4.2.3　独立（多）方案比选

当有若干个独立方案同时可选时，如何选择一组项目组合，以便获得最大的总体效益，即 $\sum NPV$ 最大。这一类问题，也称为资金约束条件下的优化组合问题。下面介绍互斥组合法和净现值率排序法。

（1）互斥组合法　假设现在有 N 个独立方案备选，那么，每个项目均有两种可能——选择或者拒绝，故 N 个独立项目可以构成 2^N 个方案组合。这样，就把这 N 个独立项目变成了 2^N 个相互排斥的方案组合，按照互斥型方案比选的方法，对满足资金约束的方案组合加以比较，所得的方案就是最佳方案。

【例 4-14】某企业拟将 300 万元资金用于投资，现有 3 个独立的投资方案备选，净现金流量见表 4-11，寿命均为 8 年。设基准收益率为 10％，应怎样选取方案。

解：从 3 个独立方案 A、B、C 共得到方案组合 7 个（不含 A、B、C 同时拒绝的方案组合），分别计算净现值并列于表 4-11 中。由表 4-11 可见，由于方案组合 6、7 的投资总额超出了资金限额，不予考虑。剩下的 5 个方案满足资金限额，并且是互斥关系，从中选出净现值最大的方案即是最优方案。方案 5（A＋C）净现值最大，故为最优方案。

表 4-11　独立方案的净现金流量　　　　　　　　　　单位：万元

序号	方案组合	投资	年净收益	净现值	净现值率
1	A	－100	25	33.4	33.4％
2	B	－200	46	45.4	22.7％
3	C	－150	38	52.7	35.2％
4	A＋B	－300	71	78.8	26.3％
5	A＋C	－250	63	86.1	34.4％
6	B＋C	－350	84	98.1	28.0％
7	A＋B＋C	－450	109	131.5	29.2％

（2）净现值率排序法　净现值率 $\left(NPVR = \dfrac{NPV}{I_P}\right)$ 直接反映资金的利用效率，因此在资金受限的情况下可以通过对净现值率排序，依序筛选独立方案的最优投资组合。

【例 4-15】假定表 4-11 中的 7 个方案组合是 7 个独立项目，公司资金限额为 550 万元，其他参数不变，应怎样选取方案。

解：计算各方案的净现值率并从高到低列于表4-12。因为这时候方案之间是独立的，即方案的选择与否与其他方案无关，所以应该在550万元的资金限额内，选择投资效率最高的方案组合。方案1、2、3的净现值率最高，且总投资额500万元，未超过550万元的限额，因此方案1+2+3是最优的投资组合。

表4-12　七个方案的净现值率排序　　　　　　　　　　单位：万元

序号	方案组合	投资	年净收益	净现值	净现值率
1	C	−150	38.0	52.7	35.2%
2	A+C	−250	63.0	86.1	34.4%
3	A	−100	25.0	33.4	33.4%
4	A+B+C	−450	109.0	131.5	29.2%
5	B+C	−350	84.0	98.1	28.0%
6	A+B	−300	71.0	78.8	26.3%
7	B	−200	46.0	45.4	22.7%

净现值率排序法的优点是计算简便，缺点是经常会出现资金没有被充分利用的情况，不一定能保证获得最佳的组合方案。因此，净现值率排序法一般用于有明显的资金限制，且各项目占用资金远小于资金总量时。

 思考题

1. 直接用于互斥方案比选有哪些评价指标？
2. 某项目各年的净现金流量见表4-13。计算该项目的投资回收期。

表4-13　某项目各年的净现金流量　　　　　　　　　　单位：万元

项目	0	1年	2年	3年	4年	5年
税后净现金流量	−34560	9582	14414	14414	14414	18321
累计税后净现金流量	−34560	−24978	−10564	3850	18264	36585

3. 甲、乙、丙、丁四个方案为互斥方案，其项目各年的净现金流量见表4-14，折现率为12%，若方案分析采用净年值法，则较优的方案是哪个？

表4-14　某项目各年的净现金流量

方案	初始投资/万元	计算期/年	每年效益/万元	净年值/万元
甲	1000	6	200	−43.23
乙	1000	8	260	58.70
丙	2000	12	350	
丁	2000	15	300	

4. 某企业现有甲、乙、丙三个独立的投资方案，当财务基准收益率为10%时，各方案的基本信息见表4-15。现在企业可用于投资的金额为700万元，如采用净现值法，则相对较优的是哪个方案？

表 4-15　甲、乙、丙各方案的基本信息

方案	初始投资/万元	计算期/年	每年效益/万元	净年值/万元
甲	200	5	70	65.36
乙	250	5	80	53.26
丙	350	5	110	66.99

5. 已知某项目有 A、B、C、D 四个计算期相同的互斥型方案，投资额 A<B<C<D，A 方案的内部收益率为 15%，B 方案与 A 方案的差额投资内部收益率是 12%，C 方案与 A 方案的差额投资内部收益率是 9%，D 方案的内部收益率为 8%。若基准收益率为 10%，没有资金约束，则四个方案中最优的方案是哪个方案？

6. 某企业有计算期相同的 A、B 两个项目可以投资，每个项目各有两个备选方案，每个方案的投资额和净现值见表 4-16，若基准收益率为 10%，企业资金限额为 500 万元，则应选择的项目组合是什么？

表 4-16　A、B 两个项目投资额和净现值　　　　　　　　　　　单位：万元

项目 A			项目 B		
方案	投资额	净现值	方案	投资额	净现值
A₁	320	60	B₁	140	25
A₂	360	75	B₂	180	35

7. 某投资项目的现金流量见表 4-17，若折现率为 10%，计算该项目的评价指标。

表 4-17　某投资项目的现金流量　　　　　　　　　　　单位：万元

项目	1 年	2 年	3 年	4 年	5 年	6 年
现金流入	0	200	300	500	800	800
现金流出	1000	150	200	50	350	350

注：表中数据均为年末数，$(P/A,10\%,3)=2.4869$，$(P/F,10\%,3)=0.7513$。

第5章

工程技术经济预测

前面，我们介绍了工程技术经济评价方法。这些方法的应用要以一系列准确可靠的包括方案现金流量在内的经济参数值为基础。否则，就不能对投资项目经济效益做出正确的评价。因此，在计算工程项目经济效益之前，需要对一系列经济参数进行预测。本章介绍工程技术经济预测的方法。

5.1 概述

5.1.1 预测的概念

预测是指对事物的演化预先做出的科学推测。预测是一个在科学理论指导下，在调查、搜集、整理、加工资料的基础上，运用数学分析和经验判断等方法，揭示事物的内在联系和发展规律，推断事物未来发展变化、趋势的过程。预测过程也是一个分析过程。在这个过程中，既要分析事物的过去和现在，也要分析事物的未来；既要分析事物的本身，也要分析事物所处的环境和影响因素；既要分析有关的历史数据和资料，又要分析现实情况和经验。因此，预测又称为预测分析。预测分析所采用的一系列的专门方法，称为预测方法或预测技术。

随着科学技术的发展和社会的进步，人类对预测未来的要求也越来越高。在现代的经济活动中，为了规避风险在竞争中取胜，就要很好地进行科学预测。例如，在工程经济评价中，对工程建设变动趋势、工期、成本、现金流量等进行科学预测，才能保证做出合理、准确的经济评价。所以说，正确的预测是进行科学决策的依据。

5.1.2 工程技术经济预测的分类

根据研究的任务的不同，按照不同的标准，工程技术经济预测有不同的分类。常用的有以下几种。

（1）按照预测的范围或层次分类　根据预测的范围或层次，可将预测分为宏观预测和微观预测。

① 宏观预测　宏观预测是指针对国家或部门、地区的社会经济活动进行的各种预测。它以整个社会经济发展的总图景作为考察对象，研究社会经济发展中各项指标之间的联系和发展变化。例如，对全国和地区社会再生产各环节的发展速度、规模和结构的预测；对社会

商品总供给、总需求的规模、结构、发展速度和平衡关系的预测等。宏观经济预测是政府制定方针政策，编制和检查计划，调整经济结构的重要依据。

② 微观预测　微观预测是针对基层单位的各项活动进行的各种预测。它以企业或农户生产经营发展的前景作为考察对象，研究微观经济中各项指标间的联系和发展变化。例如，对商业企业的商品购、销、调、存的规模、构成变动的预测；对工业所生产的具体商品的生产量、需求量和市场占有率的预测等。微观经济预测是企业制定生产经营决策，编制和检查计划的依据。

宏观预测与微观预测之间有着密切的关系，宏观预测应以微观预测为参考，微观预测应以宏观预测为指导，两者相辅相成。

（2）按照预测的时间长短分类　按预测的时间长短，可将预测分为长期预测、中期预测、短期预测和近期预测。

① 长期预测　长期预测是指对 5 年以上发展前景的预测。长期经济预测是制订国民经济和企业生产经营发展的 10 年计划、远景计划，提出经济长期发展目标和任务的依据。

② 中期预测　中期预测是指对 1 年以上 5 年以下发展前景的预测。中期经济预测是制订国民经济和企业生产经营发展的 5 年计划，提出经济 5 年发展目标和任务的依据。

③ 短期预测　短期预测是指对 3 个月以上 1 年以下发展前景的预测。短期预测是政府部门或企事业单位制订年计划、季度计划，明确规定短期发展具体任务的依据。

④ 近期预测　近期预测是指对 3 个月以下社会经济发展或企业生产经营状况的预测。近期预测是政府部门或企事业单位制订月、旬发展计划，明确规定近期活动具体任务的依据。

也有人将短期预测和近期预测相合并，凡是 1 年以下的预测，统称为短期预测。事实上，不同的领域，划分的标准也不一样，如气象部门，不超过 3 天的预测为近期预测，1 周以上的预测为中期预测，超过 1 个月就是长期预测了。

（3）按照预测方法的性质分类　按预测方法的性质，可将预测分为定性预测和定量预测。

① 定性预测　定性预测是指预测者通过调查研究，了解实际情况，凭自己的知识背景和实践经验，对事物发展前景的性质、方向和程度做出判断进行预测，也称为判断预测或调研预测。预测目的主要在于判断事物未来发展的性质和方向，也可在情况分析的基础上提出粗略的数量估计。定性预测的准确程度主要取决于预测者的经验、理论、业务水平以及掌握的情况和分析判断能力。这种预测综合性强，需要的数据少，能考虑无法定量的因素。在数据不多或者没有数据时，可以采用定性预测，定性预测与定量预测相结合，可以提高预测的可靠程度。

定性预测比较简单易行，可利用有关人员的丰富经验、专门知识及掌握的实际情况，综合考虑定性因素的影响，进行比较切合实际的预测。定性预测方法也有明显的缺点，比如预测者由于工作岗位不同、掌握的情况不同、理论水平与实践经验各异，进行预测时受主观因素影响较多，往往会过分乐观而估计过高，或偏于保守而估计过低，对同一问题不同人会做出不同判断，得出不同的结论。

② 定量预测　定量预测是指根据准确、及时、系统、全面的调查统计资料和信息，运用统计方法和数学模型，对事物未来发展的规模、水平、速度和比例关系的测定。定量预测与统计资料、统计方法有密切关系。常用的定量预测方法有时间序列预测、回归分析预测、

趋势外推预测和灰色系统预测等。

(4) 按照预测时是否考虑时间的因素分类　按照预测时是否考虑时间的因素，可将预测分为静态预测和动态预测。

① 静态预测　静态预测是指不包含时间变动因素，根据事物在同一时期的因果关系进行预测。

② 动态预测　动态预测是指包含时间变动因素，根据事物发展的历史和现状，对其未来发展前景做出的预测。

5.1.3　工程技术经济预测的步骤

为保证预测工作的顺利进行，必须有组织有计划地安排其工作进程，以期取得应有的成效，为制定决策提供有价值的情报。具体步骤如下。

(1) 明确预测的目标，制订预测计划　预测是为决策服务的，因此要根据决策目标来规定预测目标（预测内容、精度要求以及期限）。预测计划是根据预测的目标制订的预测方案。只有目的明确，计划科学，周密安排预测内容、方法和工作进程，才能确定预测的经费和所需要的材料。一项预测若无明确的目的，周密的计划，就会迷失方向，无所适从。

(2) 收集、审核和整理资料　准确无误的调查统计资料和信息是预测的基础。进行预测需要有大量的历史数据，要求预测人员掌握与预测目的、内容有关的各种历史资料，以及影响未来发展的现实资料。收集和占有的数据资料应尽可能全面、系统。为了保证资料的准确性，要对资料进行必要的审核和整理。资料的审核，主要是审核来源是否可靠、准确和齐备，资料是否具有可比性。

对于一项重要的预测，应建立资料档案和数据库，系统地积累资料，以便连续地研究事物发展过程和动向。

只有根据预测目的和计划，从多方面收集必要的资料，经过审核、整理和分析，了解事物发展的历史和现状，认识其发展变化的规律性，预测结论才会准确可靠，才有质量保证。

(3) 选择预测方法和建立数学模型　在收集整理资料的基础上，进一步选择适当的预测方法和建立数学模型，这是预测准确与否的关键步骤。

不同的预测方法对于数据和资料的数量、预测人员的能力以及费用等的要求不同，所得的预测结果的准确度也有差别，因此，应该根据实际可能和需要，确定适当的预测方法。采用定量预测方法，就要建立相应的数学模型。数学模型是用数学公式对变量的数量关系所进行的描述。通过求解数学公式就可以得出事物未来的数值。数学模型的建立有时要经过多次试验和修改，才能使预测误差减小到满意的程度。

(4) 检验模型，进行预测　模型建立后必须经过检验才能用于预测。模型的检验主要包括考察参数估计值在理论上是否有意义，统计显著性如何，模型是否具有良好的超样本特性。不同类型的模型，检验的方法、标准也不同。经过检验后的模型，才能开始预测。

(5) 分析预测误差，评价预测结果　这是指分析预测值偏离实际值的程度及其产生的原因。如果预测误差未超出允许的范围，即认为模型的预测功效合乎要求，否则，就需要查找原因，对模型进行修正和调整。由于在进行预测的时候，预测对象的未来实际数值还不知道，此时的预测误差分析只能是样本数据的历史模拟误差分析或已知数据的事后预测误差分析。因此，对预测结果进行评价时还要对预测过程的科学性进行综合考察，这种分析和评价可由有关领域的专家参加的预测评论会议讨论做出。

（6）向决策者提交预测结果　最后，以预测报告的形式将预测评论会议确认可以采纳的预测结果提交给决策者，其中应当说明假设前提、所用方法和预测结果合理性判断的依据等。

应当指出，有时不是按上列步骤做一遍就能得到满意的预测结果，在这过程中，有的是改变一下样本数，有的是补充一些信息，有的是修正一下模型等，总之，预测工作基于能指导实践的理论，基于详尽的调查研究得来的系统，还可以基于科学的方法和计算工具等。此外，一项成功的预测，在很大程度上与进行调查研究、搜集和整理数据资料、提出假设、选择预测方法、建立模型、推理判断的技巧以及预测者自身的知识、经验和能力有关。

下面介绍几种常用的工程经济预测方法。

5.2　市场调查和预测

5.2.1　概述

市场调查是市场预测的基础。每个企业作为独立的商品生产者和经营者，要在国际和国内市场上展开竞争，就需要了解市场动态及各种有关情报。如现有产品在市场上的销售情况，各种同类产品的竞争发展趋势及受用户欢迎的程度，用户对产品需求的变化趋势，用户的购买意向、习惯和爱好，宣传对产品销售的影响，产品的定价，产品适应市场的能力和适应市场的时限等。通过市场调查得来的这些资料为研究和预测产品的销售量及其发展趋势、确定产品处于生命周期中什么阶段等提供依据，为制订产品的生产计划，开展新的产品的研制、制订产品销售方案、选择产品宣传方式等决策提供依据。

5.2.2　市场调查的内容

市场调查一般分为市场需求调查（对购买者调查）和竞争情况调查（对竞争者调查）。

5.2.2.1　市场需求调查

市场可进一步区分为消费资料市场和生产资料市场。

（1）消费资料市场　这是为了满足个人或家庭的需要而购买商品或劳务的场所。消费资料市场的调查内容如下。

① 购买力的调查。购买力的大小决定着市场需求。影响购买力的因素有宏观经济状况、个人及家庭收入、人口结构、文化水平、年龄等。

② 消费者购买行为的调查。购买行为决定于购买动机，购买动机可分为理性动机和感性动机。

③ 潜在需求的调查。潜在需求是消费者客观上存在着的但还没有被意识到的需求。这种潜在需求往往发生在产品刚投放市场，消费者对它缺乏了解，没有意识到它的需求，或者是因产品不配套、缺乏购买力等原因而没有形成购买的需求。研究潜在需求的目的在于开拓新市场，通过相应措施把潜在需求转化为现实需求，从而扩大产品的市场占有率。

（2）生产资料市场　它是指向工商企业、机关团体提供生产所需原材料、设备、配件或生产性劳务的场所。这种市场不同于消费资料市场，它具有以下的特征。

① 生产资料的用户，一般进行定期、定量或特别订货购买，用户固定性较强，购买特点是数量多、金额大、频率低。

② 生产资料的购买动机以理性为主，广告宣传的作用比消费资料要小。

③ 产品的技术性要求高，重视产品的功能，对品种、规格、型号及质量要求严，替代性小，时间性强，有明显计划性。

④ 市场比较集中，易形成以大、中城市为中心的地域性市场。

⑤ 流通渠道较短，常常是供需方直接交易，只有一部分用户分散的产品才经流通部门组织购销。

⑥ 价格变化对需求的影响不大，但市场易受经济景气变动的影响。

⑦ 生产资料是用于生产的消费，直接影响着生产的效果。

5.2.2.2 竞争情况调查

生产资料和生活资料市场都存在着竞争，只有"知己知彼"才能在竞争中百战不殆。因此要了解竞争者，需进行如下的调查。

(1) 调查竞争对手的基本情况　了解生产相同产品、替代品或相似产品企业生产情况（产量、质量、声誉等）与自身进行对比分析。

(2) 调查竞争对手的竞争能力　包括拥有的资金、企业的规模、技术素质、产品情况。

(3) 调查分析潜在竞争对手的情况　除要调查已存在的竞争对手外，要注意到生产与自己相同产品或相似产品的拟建或可能转产的企业，要估计到目前还比较弱小的竞争对手迅速壮大的可能性。

5.2.3　市场调查的基本程序及方法

市场调查可分为调查准备、制订调查计划、实施调查和资料处理得出调查结论四个阶段。

(1) 调查准备　调查准备要确定调查目标、调查范围，选定调查方式、调查对象，组成调查组等。

调查方式根据需搜集的资料性质，一般可采用询问法、观察法和实验法。

① 询问法　是把要调查的事项以面对面访问、召开用户座谈会、电话或信函询问用户的方式进行的调查。这些方法的优缺点如表5-1所示。

表5-1　几种调查法的优缺点

咨询方式	优点	缺点
个人面谈	搜集资料的真实性强,比较全面深刻	成本高,调查面不会太广
用户座谈会	除了有个人面谈优点外,还能发挥用户间相互补充作用,省时间和成本	易为个别健谈用户左右会议,不易收集到不便公开发表的意见
电话咨询	资料取得迅速,成本不太高	受用户愿接电话与否控制以及通话时间的限制,收集到的资料不够深刻
信函调查	调查面广、成本不高,被调查者有充分时间思考后填表作答	调查表回收率不高,所需回收时间过长

② 观察法　是调查人员在调查现场进行观察搜集资料，通常使用录像机、录音机等工具在商店、展销会、订货会处记录下有关资料。这种方法的优点是生动真实，缺点是实验时间长。

③ 实验法　是调查人员用卖物以试销、样品分送、现场演示等方式吸引用户，通过用户试验、购买，搜集市场信息。实验法的优点是获得资料可靠，缺点是成本高。

上述方法应根据具体的情况采用，可以采用其中的一种、两种或三种同时采用。用这些方法能得到有用的第一手资料。

(2) 制订调查计划　在完成上述调查准备工作后，市场调查人员就应做出调查计划。调查计划的内容应包括调查的目的、调查的内容与调查方法、时间的安排和费用预算。

（3）实施调查　在调查工作开始前要组织人员搞好调查技术培训工作，在调查进行过程中要做好监督指导工作，以保证调查工作的顺利展开。

（4）资料处理得出调查结论　对调查得来的资料进行整理，对数据进行处理，通过综合分析写出调查报告，对需进行预测的则做出预测，提出结论性意见。调查报告的内容一般包括调查对象的基本情况、调查问题的事实材料、分析说明、调查结论和建议。此外还应作为附录附上有关调查目的、方法、步骤等的说明，所用的调查大纲或调查表，整理统计资料和图表等。

在全部调查工作完成后，应对调查过程做一回顾，发现问题，总结经验，提高调查人员业务水平和为下一次调查提供改进意见。

5.2.4　市场预测的内容

市场预测是在市场调查的基础上，全面、系统地对引起未来市场需求量和需求构成变化的诸因素进行分析研究，掌握市场发展趋势，以做出定量和定性结论的活动。市场预测是项目可行性研究的基本任务之一，是项目投资决策的基础，市场预测的结果是企业生产经营活动的重要依据。市场预测的主要内容如下。

（1）市场潜量预测　即预测某种产品在市场上能达到的最大销售量。

（2）销售预测　即预测今后一定时期的销售水平。

（3）资源预测　即预测拟建项目整个寿命期各种原材料、能源等资源的可供性。

（4）价格和成本预测　即预测企业生产的商品在今后一段时间内的价格水平。

5.2.5　市场预测的方法

在进行市场预测时，应根据项目产品的特点及不同决策阶段对市场预测的不同要求，选择适当的预测方法。市场预测方法一般可分为定性预测和定量预测两大类。常用的市场预测方法体系如图 5-1 所示。

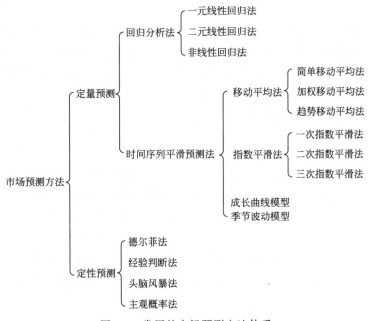

图 5-1　常用的市场预测方法体系

在后面几节我们将讨论常用的预测方法。

5.3 时间序列预测法

5.3.1 时间序列的概述

时间序列法是根据预测对象的时间序列数据，找出其随时间推移的变化规律，从而用趋势外推来预测未来的一种方法。时间序列数据是指某一变量按时间先后次序所组成的数列。时间序列中每一时期的数值都是由许多不同的因素同时发生作用后的综合结果。例如，某商品月销售量，它受居民的购买力、商品的价格、质量的好坏、顾客的爱好、季节的变化等因素的影响。人们往往难以对各种因素进行细分，测定每一种因素作用的大小。因此，在进行时间序列分析时，人们通常将各种可能发生影响的因素按其性质不同分成长期趋势、季节变动、循环变动和不规则变动四大类。

（1）长期趋势　长期趋势是指由于某种根本性因素的影响，时间序列在较长时间内朝着一定的方向持续上升或下降，以及停留在某一水平上的倾向。它反映了事物的主要变化趋势。

（2）季节变动　季节变动是指由于受自然条件和社会条件的影响，时间序列在一年内随着季节的转变而引起的周期性变动。经济现象的季节变动是季节性的固有规律作用于经济活动的结果。

季节变动的周期性比较稳定，一般是以一年为一个变动周期。当然也有不到一年的周期变动，如银行的活期储蓄，发工资前少，发工资后多，在每月具有周期性。

（3）循环变动　循环变动一般是指周期不固定的波动变化，有时是以数年为周期变动，有时是以几个月为周期变化，并且每次周期一般不完全相同。循环变动与长期趋势不同，它不是朝单一方向持续发展，而是涨落相间的波浪式起伏变动。循环变动与季节变动也不同，它的波动时间较长，变动周期长短不一，短则在一年以上，长则数年、数十年，上次出现以后，下次何时出现，难以预料。

（4）不规则变动　不规则变动是指由各种偶然性因素引起的无周期变动。不规则变动又可分为突然变动和随机变动。所谓突然变动，是指诸如战争、自然灾害、地震、意外事故、方针、政策的改变所引起的变动；随机变动是指由于大量的随机因素所产生的影响。不规则变动的变动规律不易掌握，很难预测。

下面介绍时间序列法的几种常用的方法。

5.3.2 移动平均法

移动平均法是根据时间序列资料逐项推移，依次计算包含一定项数的时序平均数，以反映长期趋势的方法。当时间序列的数值由于受周期变动和不规则变动的影响起伏较大，不易显示出发展趋势时，可用移动平均法消除这些因素的影响，来分析、预测序列的长期趋势。

移动平均法有简单移动平均法、加权移动平均法和趋势移动平均法。

（1）简单移动平均法　设时间序列为 y_1，y_2，…，y_t，简单移动平均法的计算公式为：

$$M_t = \frac{y_t + y_{t-1} + \cdots + y_{t-N+1}}{N}, t \geqslant N \tag{5-1}$$

式中　M_t——t 期移动平均数；

　　　N——移动平均的项数。

式（5-1）表明，当 t 向前移动一个时期，就增加一个新数据，去掉一个远期数据，得到一个新的平均数。由于它不断地"吐故纳新"，逐期向前移动，所以称为移动平均法。

由式（5-1）可知：

$$M_{t-1} = \frac{y_{t-1} + y_{t-2} + \cdots + y_{t-N}}{N}$$

因此：

$$M_{t-1} = \frac{y_t}{N} + \frac{y_{t-1} + y_{t-2} + \cdots + y_{t-N+1} + y_{t-N}}{N} - \frac{y_t}{N}$$

$$M_t = M_{t-1} + \frac{y_t - y_{t-N}}{N} \tag{5-2}$$

这是移动平均法计算公式的递推公式。当 N 较大时，利用递推公式可以大大减少计算量。

由于移动平均可以平滑数据，消除周期变动和不规则变动的影响，使长期趋势显示出来，因此可以用于预测。预测公式为：

$$\hat{y}_{t+1} = M_t \tag{5-3}$$

即以第 t 期移动平均数作为第 $t+1$ 期的预测值。

【例 5-1】　某公司 1991—2002 年实现的利润如表 5-2 所示。试用简单移动平均法预测下一年的利润。

解：分别取 $N = 3$ 和 $N = 4$，按预测公式：

$$\hat{y}_{t+1} = \frac{y_t + y_{t-1} + y_{t-2}}{3} \text{ 和 } \hat{y}_{t+1} = \frac{y_t + y_{t-1} + y_{t-2} + y_{t-3}}{4}$$

分别计算 3 年和 4 年的移动平均预测值。其结果列于表 5-2 中，并绘制预测曲线（图 5-2）。

表 5-2　某公司 1991—2002 年实现的利润及移动平均预测值　　　单位：万元

年份	实际利润	3 年移动平均预测值	4 年移动平均预测值
1991	120.87		
1992	125.58		
1993	131.66	126.04	
1994	130.42	129.22	127.13
1995	130.38	130.82	129.51
1996	135.54	132.11	132.00
1997	144.25	136.72	135.15
1998	147.82	142.54	139.50
1999	148.57	146.88	144.05
2000	148.61	148.33	147.31
2001	149.76	148.98	148.69
2002	154.56	150.98	150.38

由图 5-2 可以看出，实际销售量的随机波动较大，经过移动平均法计算后，随机波动显著减少，即消除了随机干扰，而且求取平均值所用的年数越多，即 N 越大，修匀的程度也越大，因此，波动也越小。但是，在这种情况下，对实际销售量真实的变化趋势反应也越迟钝。反之，N 取得越小，对销售量真实变化趋势反应越灵敏，但修匀性越差，容易把随机干扰作为趋势反映出来。因此，N 的选择甚为重要，N 应取多大，应该根据具体情况做出选择。当 N 等于周期变动的周期时，则可消除周期变化的影响。

在实用时，一个有效的方法是取几个 N 值进行试算，比较它们的预测误差，从中选择最优的。这里我们不再详细叙述。

简单移动平均法只适用于近期预测，即只能对后续相邻的那一项进行预测。如果目标的发展变化趋势存在其他变化，采用简单移动平均法就会产生较大的误差，而且数值上也会有滞后的影响。如在上例中只能对 2003 年的利润进行预测，对 2004 年的利润进行预测就可能出现较大偏差。

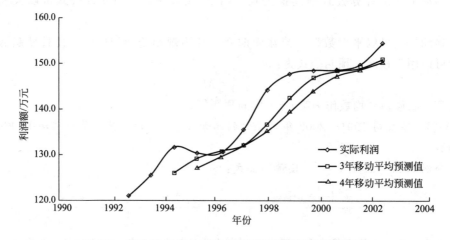

图 5-2　某公司 1991—2002 年利润及移动平均预测值图

（2）加权移动平均法　在简单移动平均法计算公式中，每期数据在求平均时的作用是等同的。但是，实际上每期数据所包含的信息量是不一样的，近期数据包含着更多关于未来情况的信息。因此，把各期数据等同看待是不尽合理的，应考虑各期数据的重要性，对近期数据给予较大的权重，这就是加权移动平均法的基本思想。

设时间序列为 y_1，y_2，$\cdots$，y_t，加权移动平均法的计算公式为：

$$M_{tw}=\frac{w_1y_t+w_2y_{t-1}+\cdots+w_Ny_{t-N+1}}{w_1+w_2+\cdots+w_N}，t\geq N \tag{5-4}$$

式中　M_{tw}——t 期加权移动平均数；

w_i——y_{t-i+1} 的权数，它体现了相应 y_t 在加权移动平均数中的重要性。

利用加权移动平均数来做预测，其预测公式为：

$$\hat{y}_{t+1}=M_{tw} \tag{5-5}$$

即以第 t 期加权移动平均数作为第 $t+1$ 期的预测值。

【例 5-2】　对于【例 5-1】，试用加权移动平均法预测 2003 年的利润。

解：取 $w_1=3$，$w_2=2$，$w_3=1$，按预测公式：

$$\hat{y}_{t+1}=\frac{3y_t+2y_{t-1}+y_{t-2}}{3+2+1}$$

计算 3 年加权移动平均预测值，其结果列于表 5-3 中。2003 年某公司利润的预测值为：

$$\hat{y}_{2003}=\frac{3\times154.56+2\times149.76+148.61}{3+2+1}=151.968（万元）$$

表 5-3　某公司 1991—2002 年利润及加权移动平均预测值　　　　单位：万元

年份	利润	3 年加权平均预测值
1991	120.87	
1992	125.58	
1993	131.66	
1994	130.42	127.84
1995	130.38	130.03
1996	135.54	130.61
1997	144.25	132.97
1998	147.82	139.04
1999	148.57	144.58
2000	148.61	147.60
2001	149.76	148.47
2002	154.56	149.18
2003 预测值		151.97

从表 5-3 可以看出，利用加权移动平均法，可以更准确地反映实际情况。但在加权移动平均法中，w_t 的选择，同样具有一定的经验性。一般的原则是近期数据的权数大，远期数据的权数小。至于数据的权数大到什么程度和小到什么程度，完全靠预测者对序列进行的全面了解和分析而定。

（3）趋势移动平均法　简单移动平均法和加权移动平均法，在时间序列没有明显的趋势变动时，能够准确反映实际情况。但当时间序列出现直线增加或减少的变动趋势时，用简单移动平均法和加权移动平均法来预测就会出现滞后偏差。因此，需要进行修正，修正的方法是做二次移动平均，利用移动平均滞后偏差的规律来建立直线趋势的预测模型。这就是趋势移动平均法。

一次移动平均数为：

$$M_t^{(1)}=\frac{y_t+y_{t-1}+\cdots+y_{t-N+1}}{N}$$

在一次移动平均的基础上再进行一次移动平均就是二次移动平均，其计算公式为：

$$M_t^{(2)}=\frac{M_t^{(1)}+M_{t-1}^{(1)}+\cdots+M_{t-N+1}^{(1)}}{N} \tag{5-6}$$

它的递推公式为：

$$M_t^{(2)}=M_{t-2}^{(2)}+\frac{M_t^{(1)}-M_{t-N}^{(1)}}{N} \tag{5-7}$$

下面讨论如何利用移动平均的滞后偏差建立趋势预测模型。设时间序列 $\{y_t\}$ 从某时期开始具有直线趋势，且认为未来时期也按此直线趋势变化，则可设此直线趋势预测模型为：

$$\hat{y}_{t+T} = a_t + b_t T \tag{5-8}$$

式中　t——当前时期数；

　　　T——由 t 至预测期的时期数；

　　　a_t——截距；

　　　b_t——斜率，两者又称为平滑系数。

现在，根据移动平均值来确定平滑系数。由式（5-8）可知：

$$a_t = y_t$$
$$y_{t-1} = y_t - b_t$$
$$y_{t-2} = y_t - 2b_t$$
$$\cdots\cdots$$
$$y_{t-N+1} = y_t - (N-1)b_t$$

所以：

$$M_t^{(1)} = \frac{y_t + y_{t-1} + \cdots + y_{t-(N-1)}}{N} = \frac{y_t + (y_t - b_t) + \cdots + [y_t - (N-1)b_t]}{N}$$
$$= \frac{Ny_t - [1 + 2 + \cdots + (N-1)]b_t}{N} = y_t + \frac{N-1}{2}b_t$$

因此：

$$y_t - M_t^{(1)} = \frac{N-1}{2}b_t \tag{5-9}$$

由式（5-9）有：

$$y_{t-1} - M_{t-1}^{(1)} = \frac{N-1}{2}b_t$$

所以：

$$y_t - y_{t-1} = M_t^{(1)} - M_{t-1}^{(1)} = b_t$$

类似式（5-9）的推导，可得：

$$M_t^{(1)} - M_t^{(2)} = \frac{N-1}{2}b_t \tag{5-10}$$

$$\begin{cases} a_t = 2M_t^{(1)} - M_t^{(2)} \\ b_t = \dfrac{2}{N-1}[M_t^{(1)} - M_t^{(2)}] \end{cases} \tag{5-11}$$

利用趋势移动平均法进行预测，不但可以进行近期预测，而且还可以进行远期预测，但一般情况下，远期预测误差较大。在利用趋势移动平均法进行预测时，时间序列一般要求必须具备较好的线性变化趋势，否则，其预测误差也是较大的。

5.3.3　指数平滑法

上面介绍的移动平均法存在两个不足之处。一是存储数据量较大，二是对最近的 N 期数据等同看待，而对 $t-T$ 期以前的数据则完全不考虑，这往往不符合实际情况。指数平滑法有效地克服了这两个缺点。它既不需要存储很多历史数据，又考虑了各期数据的重要性，而且使用了全部历史资料。因此它是移动平均法的改进和发展，应用极为广泛。

指数平滑法根据平滑次数的不同，又分为一次指数平滑法、二次指数平滑法和三次指数平滑法，分别介绍如下。

5.3.3.1　一次指数平滑法

（1）预测模型　设时间序列为 y_1，y_2，…，y_t，由式（5-2）知，移动平均数的递推公式为：

$$M_t = M_{t-1} + \frac{y_t - y_{t-N}}{N}$$

以 M_{t-1} 作为 y_{t-N} 的估计值，则有：

$$M_t = M_{t-1} + \frac{y_t - M_{t-1}}{N} = \frac{y_t}{N} + \left(1 - \frac{1}{N}\right) M_{t-1}$$

令 $\alpha = \frac{1}{N}$，以 S_t 代替 M_t，即得一次指数平滑公式为：

$$S_t^{(1)} = \alpha y_t + (1-\alpha) S_{t-1}^{(1)} \tag{5-12}$$

式中　$S_t^{(1)}$——一次指数平滑值；

α——加权系数，且 $0 < \alpha < 1$。

为进一步理解指数平滑的实质，把式（5-12）依次展开，有：

$$S_t^{(1)} = \alpha y_t + (1-\alpha)\left[\alpha y_{t-1} + (1-\alpha) S_{t-2}^{(1)}\right]$$
$$= \alpha y_t + \alpha(1-\alpha) y_{t-1} + (1-\alpha)^2 S_{t-2}^{(1)}$$
$$\cdots$$
$$= \alpha y_t + \alpha(1-\alpha) y_{t-1} + (1-\alpha)^2 y_{t-2} + \cdots + (1-\alpha)^t S_0^{(1)}$$
$$= \alpha \sum_{j=0}^{t-1} (1-\alpha)^j y_{t-j} + (1-\alpha)^t S_0^{(1)}$$

由于 $0 < \alpha < 1$，当 t 趋向无穷大时 $(1-\alpha)^t$ 趋向于零，于是式（5-12）变为：

$$S_t^{(1)} = \alpha \sum_{j=0}^{\infty} (1-\alpha)^j y_{t-j} \tag{5-13}$$

由此可见 $S_t^{(1)}$ 实际上为 y_t，y_{t-1}，…，y_{t-j}，…的加权平均。加权系数分别是 α，$\alpha(1-\alpha)$，$\alpha(1-\alpha)^2$，…按几何级数衰减，越近的数据，权数越大，越远的数据，权数越小，且权数之和为 1。由于加权系数符合指数规律，又具有平滑数据的功能，故称为指数平滑。以这种平滑值进行预测，就是一次指数平滑法。预测模型为：

$$\hat{y}_{t+1} = S_t^{(1)}$$

即：

$$\hat{y}_{t+1} = \alpha y_t + (1-\alpha) \hat{y}_t \tag{5-14}$$

也就是以第 t 期指数平滑值作为 $t+1$ 期预测值。

由式（5-14）可以看出，只要知道当期的实际值和上一期的指数平滑值，则可用 α 和 $(1-\alpha)$ 加权求和，得出当期的指数平滑值。由此可见，利用指数平滑法不需要很多的时间序列数据，而且也不需要确定几个权重，只要寻找一个值 α 即可。下面介绍如何进行权重的选择。

（2）加权系数的选择　在进行指数平滑时，加权系数的选择是很重要的。由式（5-14）可以看出，α 的大小规定了在新预测值中新数据和原预测值所占的比重。α 值越大，新数据所占的比重就越大，原预测值所占的比重就越小，反之则相反。若把式（5-14）改写为：

$$\hat{y}_{t+1} = \hat{y}_t + \alpha(y_t - \hat{y}_t) \tag{5-15}$$

从式（5-15）可看出，新预测值是根据预测误差对原预测值进行修正而得到的。α 的大小则体现了修正的幅度，α 值越大，修正幅度越大；α 值越小，修正幅度也越小。因此，α 值既代表预测模型对时间序列数据变化的反应速度，同时又决定了预测模型修匀误差的能力。若选取 $\alpha=0$，则 $\hat{y}_{t+1} = \hat{y}_t$，即下期预测值就等于本期预测值，在预测过程中不考虑任何新信息；若选取 $\alpha=1$，则 $\hat{y}_{t+1} = y_t$，即下期预测值就等于本期观测值，完全不相信过去的信息。这两种极端情况很难做出正确的预测。因此，α 值应根据时间序列的具体性质在 $0 \sim 1$ 选择。

具体如何选择一般可遵循下列原则。

① 如果时间序列波动不大，比较平稳，则 α 应取小一点，如 $0.1 \sim 0.3$，以减少修正幅度，使预测模型能包含较长时间序列的信息。

② 如果时间序列具有迅速且明显的变动倾向，则 α 应取大一点，如 $0.6 \sim 0.8$，使预测模型灵敏度高一些，以便迅速跟上数据的变化。

在实用中，类似于移动平均法，多取几个 α 值进行试算，看哪个预测误差较小，就采用哪个 α 值作为权重。

（3）初始值的确定　用一次指数平滑法进行预测，除了选择合适的 α 外，还要确定初始值 $S_0^{(1)}$。初始值是由预测者估计或指定的。当时间序列的数据较多，比如在 20 个以上时，初始值对以后的预测值影响很小，可选用第一期数据为初始值。如果时间序列的数据较少，在 20 个以下时，初始值对以后的预测值影响很大，这时，就必须认真研究如何正确确定初始值，一般以最初几期实际值的平均值作为初始值。

【例 5-3】　某企业利润如表 5-4 所示，试预测 2021 年该企业利润。

解：采用指数平滑法，并分别取 $\alpha=0.2$、0.5、0.8 进行计算，初始值：

$$S_0^{(1)} = \frac{y_1 + y_2}{2} = 219.1$$

即按预测模型：

$$\hat{y}_{t+1} = \alpha y_t + (1-\alpha)\hat{y}_t$$

$$\hat{y}_1 = S_0^{(1)} = 219.1$$

计算各预测值，列于表 5-4 中。

从表 5-4 可以看出，$\alpha=0.2$、0.5、0.8 时，预测值是很不同的。究竟 α 取何值为好，可以通过计算它们的方差 S^2，选取使 S^2 较小的那个 α 值。

当 $\alpha=0.2$ 时，$S^2 = \frac{1}{12}\sum_{t=1}^{12}(y_t - \hat{y}_t)^2 = 151.2$；当 $\alpha=0.5$ 时，$S^2 = 83.9$；当 $\alpha=0.8$ 时，$S^2 = 80.6$。

计算结果表明，$\alpha=0.8$ 时，S^2 较小，故选取 $\alpha=0.8$，预测 2021 年该企业的利润为：

$$\hat{y}_{2021} = 246.58 \text{（万元）}$$

表 5-4　某企业利润及平滑预测值计算　　　　　　　　单位：万元

年份	某企业利润 y_t	预测值 $\hat{y}_t(\alpha=0.2)$	预测值 $\hat{y}_t(\alpha=0.5)$	预测值 $\hat{y}_t(\alpha=0.8)$
2008	227.70	219.10	219.10	219.10
2009	210.50	220.82	223.40	225.98
2010	208.60	218.76	216.95	213.60
2011	224.80	216.72	212.78	209.60
2012	228.90	218.34	218.79	221.76
2013	236.70	220.45	223.84	227.27
2014	232.40	223.70	230.27	234.85
2015	243.60	225.44	231.34	232.89
2016	238.40	229.07	237.47	241.46
2017	251.20	230.94	237.93	239.01
2018	242.90	234.99	244.57	248.76
2019	248.60	236.57	243.73	244.07
2020	246.30	238.98	246.17	247.69

5.3.3.2　二次指数平滑法

一次指数平滑法虽然克服了移动平均法的两个缺点，但是，当时间序列的变动出现直线趋势时，用一次指数平滑法进行预测，仍存在明显的滞后偏差。因此，也必须加以修正。修正的方法与趋势移动平均法相同，即再做二次指数平滑，利用滞后偏差的规律建立直线趋势模型。这就是二次指数平滑法。其计算公式为：

$$S_t^{(1)} = \alpha y_t + (1-\alpha)S_{t-1}^{(1)} \tag{5-16}$$

$$S_t^{(2)} = \alpha S_t^{(1)} + (1-\alpha)S_{t-1}^{(2)}$$

式中　$S_t^{(1)}$——一次指数平滑值；

$\quad\quad S_t^{(2)}$——二次指数平滑值。

当时间序列 $\{y_t\}$ 从某时期开始具有直线趋势时，类似趋势移动平均法，可用直线趋势模型进行预测。

$$\hat{y}_{t+T} = a_t + b_t T, \quad T = 1, 2, 3, \cdots \tag{5-17}$$

$$\begin{cases} a_t = 2S_t^{(1)} - S_t^{(2)} \\[2mm] b_t = \dfrac{\alpha}{1-\alpha}\left[S_t^{(1)} - S_t^{(2)}\right] \end{cases} \tag{5-18}$$

下面，用矩量分析方法来证明式（5-18）。由式（5-13）可知：

$$S_t^{(1)} = \alpha \sum_{j=0}^{\infty} (1-\alpha)^j y_{t-j}$$

同理：

$$S_t^{(2)} = \alpha S_t^{(1)} + (1-\alpha)S_{t-1}^{(2)} = \alpha \sum_{j=0}^{\infty} (1-\alpha)^j S_{t-j}^{(1)}$$

而：

$$S_{t-j}^{(1)} = \alpha y_{t-j} + (1-\alpha)S_{t-j-1}^{(1)} = \alpha \sum_{i=0}^{\infty} (1-\alpha)^i y_{t-j-i}$$

所以：

$$E[S_t^{(1)}] = \alpha \sum_{j=0}^{\infty} (1-\alpha)^j E(y_{t-j}) = \alpha \sum_{j=0}^{\infty} (1-\alpha)^j (a_t - b_t j) = a_t - \frac{1-\alpha}{\alpha} b_t$$

其中：

$$\alpha \sum_{j=0}^{\infty} (1-\beta)^j = 1, \quad \alpha \sum_{j=0}^{\infty} (1-\alpha)^j j = \frac{1-\alpha}{\alpha}$$

$$E[S_{t-j}^{(1)}] = \alpha \sum_{i=0}^{\infty} (1-\alpha)^i E(y_{t-j-i}) = \alpha \sum_{i=0}^{\infty} (1-\alpha)^i [a_t - b_t(j+i)]$$

$$= a_t - b_t j - \frac{1-\alpha}{\alpha} b_t$$

$$E[S_t^{(2)}] = \alpha \sum_{j=0}^{\infty} (1-\alpha)^j E[S_{t-j}^{(1)}] = \alpha \sum_{j=0}^{\infty} (1-\alpha)^j \left(a_t - b_t j - \frac{1-\alpha}{\alpha} b_t \right)$$

$$= \alpha \sum_{j=0}^{\infty} (1-\alpha)^j \left(a_t - b_t j - \frac{1-\alpha}{\alpha} b_t \right) = a_t - \frac{2(1-\alpha)}{\alpha} b_t$$

因为随机变量的数学期望值是随机变量的最佳估计值，所以，可取：

$$\begin{cases} S_t^{(1)} = a_t - \dfrac{1-\alpha}{\alpha} b_t \\ S_t^{(2)} = a_t - \dfrac{2(1-\alpha)}{\alpha} b_t \end{cases} \tag{5-19}$$

由此可得解：

$$\begin{cases} a_t = 2S_t^{(1)} - S_t^{(2)} \\ b_t = \dfrac{\alpha}{1-\alpha} [S_t^{(1)} - S_t^{(2)}] \end{cases}$$

【例 5-4】 我国 1986—1997 年国内生产总值资料如表 5-5 所示。试用二次指数平滑法预测 1998 年和 1999 年的国内生产总值。

解：取 $\alpha = 0.3$，初始值 $S_0^{(1)}$ 和 $S_0^{(2)}$ 都取序列前两项的均值，即：

$$S_0^{(1)} = 11077.95, \quad S_0^{(2)} = 10946.47$$

计算 $S_t^{(1)}$ 和 $S_t^{(2)}$，列于表 5-5，得 $S_{11}^{(1)} = 47340.52$，$S_{11}^{(2)} = 27263.32$。

表 5-5 我国 1986—1997 年国内生产总值及一、二次指数平滑值计算   单位：亿元

年份	国内生产总值	一次指数平滑值	二次指数平滑值
1986	10201.40	11077.95	10946.47
1987	11954.50	10814.99	10985.91
1988	14922.30	11156.84	10934.63
1989	16917.80	12286.48	11001.30
1990	18598.40	13675.85	11386.85
1991	21662.50	15152.63	12073.56
1992	26651.90	17105.59	12997.28
1993	34560.50	19969.48	14229.77
1994	46670.00	24346.79	15951.69
1995	57494.90	31043.75	18470.22
1996	66850.50	38979.10	22242.28
1997	73142.70	47340.52	27263.32

由式 (5-18) 可得 $t=11$ 时：

$$a_{11}=2S_{11}^{(1)}-S_{11}^{(2)}=2\times47340.52-27263.32=67417.72$$

$$b_{11}=\frac{0.3}{1-0.3}\left[S_{11}^{(1)}-S_{11}^{(2)}\right]=\frac{0.3}{0.7}\times(47340.52-27263.32)=8604.51$$

于是，得 $t=11$ 时直线趋势方程为：

$$\hat{y}_{11+T}=67417.72+8604.51T$$

预测 1998 年和 1999 年的国内生产总值为：

$$\hat{y}_{1998}=\hat{y}_{12}=\hat{y}_{11+1}=67417.72+8604.51=76022.23\ （亿元）$$

$$\hat{y}_{1999}=\hat{y}_{13}=\hat{y}_{11+2}=67417.72+8604.51\times2=84626.74\ （亿元）$$

5.3.3.3 三次指数平滑法

当时间序列的变动表现为二次曲线趋势时，则需要用三次指数平滑法。三次指数平滑法是在二次指数平滑的基础上，再进行一次平滑，其计算公式为：

$$
\begin{aligned}
S_t^{(1)}&=\alpha y_t+(1-\alpha)S_{t-1}^{(1)}\\
S_t^{(2)}&=\alpha S_t^{(1)}+(1-\alpha)S_{t-1}^{(2)}\\
S_t^{(3)}&=\alpha S_t^{(2)}+(1-\alpha)S_{t-1}^{(3)}
\end{aligned}
\tag{5-20}
$$

式中　$S_t^{(3)}$——三次指数平滑值。

三次指数平滑法的预测模型为：

$$\hat{y}_{t+T}=a_t+b_t T+c_t T^2 \tag{5-21}$$

式中：

$$
\begin{cases}
a_t=3S_t^{(1)}-3S_t^{(2)}+S_t^{(3)}\\[2mm]
b_t=\dfrac{\alpha}{2(1-\alpha)^2}\left[(6-5\alpha)S_t^{(1)}-2(5-4\alpha)S_t^{(2)}+(4-3\alpha)S_t^{(3)}\right]\\[2mm]
c_t=\dfrac{\alpha^2}{2(1-\alpha)^2}\left[S_t^{(1)}-2S_t^{(2)}+S_t^{(3)}\right]
\end{cases}
\tag{5-22}
$$

【例 5-5】 全国 1990—2002 年全社会固定资产投资总额如表 5-6 和图 5-3 所示，试预测 2003 年和 2004 年全社会固定资产投资总额。

解：从图 5-3 可以看出，固定资产投资总额呈二次曲线上升，可用三次指数平滑法进行预测。取 $\alpha=0.3$，初始值：

$$S_0^{(1)}=S_0^{(2)}=S_0^{(3)}=\frac{y_1+y_2+y_3}{3}=6063.87$$

计算 $S_t^{(1)}$、$S_t^{(2)}$、$S_t^{(3)}$ 列于表 5-6 中，得到：

$$S_{12}^{(1)}=34021.32,S_{12}^{(2)}=26865.54,S_{12}^{(3)}=21033.88$$

$$a_{12}=3\times(34021.32-26865.54)+21033.88=42501.22$$

$$b_{12}=\frac{0.3}{2\times(1-0.3)^2}\times\left[\begin{matrix}(6-5\times0.3)\times34021.32-2\times(5-4\times0.3)\times\\26865.54+(4-3\times0.3)\times21033.88\end{matrix}\right]=4323.33$$

$$c_{12}=\frac{0.3^2}{2\times(1-0.3)^2}\times(34021.32-2\times26865.54+21033.88)=121.60$$

表 5-6　全国 1990—2002 年全社会固定资产总额及一、二、三次指数平滑值计算

单位：亿元

年份	投资总额 y_t	一次指数平滑值	二次指数平滑值	三次指数平滑值	y_{t+1} 的估值
1990	4517.00	6063.87	6063.87	6063.87	
1991	5594.50	5923.06	6021.62	6051.19	6227.59
1992	8080.10	6570.17	6189.19	6091.69	5801.35
1993	13072.30	8520.81	6886.57	6330.16	7886.90
1994	17042.10	11077.20	8143.76	6874.24	13285.14
1995	20019.30	13759.83	9828.58	7760.54	18962.69
1996	22913.50	16505.93	11831.79	8981.91	23549.95
1997	24941.10	19036.48	13993.19	10485.30	27352.04
1998	28406.20	21847.40	16349.45	12244.54	29888.73
1999	29854.70	24249.59	18719.49	14187.03	33134.53
2000	32917.70	26850.02	21158.65	16278.52	34840.57
2001	37213.50	29959.06	23798.78	18534.59	37361.22
2002	43499.90	34021.32	26865.54	21033.88	41397.32

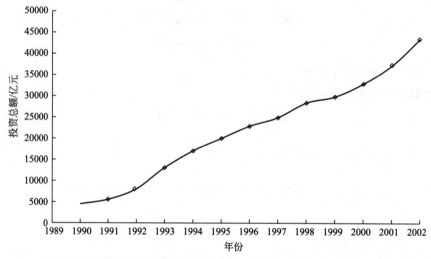

图 5-3　全国 1990—2002 年全社会固定资产投资总额

由式（5-22），可得预测模型为 $\hat{y}_{12+T}=42501.22+4323.33T+121.60T^2$，于是：

$$\hat{y}_{2003}=\hat{y}_{13}=\hat{y}_{12+1}=42501.22+4323.33+121.60=46946.15（亿元）$$

$$\hat{y}_{2004}=\hat{y}_{14}=\hat{y}_{12+2}=42501.22+4323.33\times2+121.60\times4=51634.28（亿元）$$

与二次指数平滑法一样，为了计算各期的追溯预测值，可将式（5-22）代入预测模型式（5-21），并令 $T=1$，则得：

$$\hat{y}_{t+1}=[3S_t^{(1)}-3S_t^{(2)}+S_t^{(3)}]+\frac{\alpha}{2(1-\alpha)^2}[6-5\alpha)S_t^{(1)}-2\times(5-4\alpha)S_t^{(2)}+$$

$$(4-3\alpha)S_t^{(3)}]+\frac{\alpha^2}{2(1-\alpha)^2}[S_t^{(1)}-2S_t^{(2)}+S_t^{(3)}]$$

即：

$$\hat{y}_{t+1}=\frac{3-3\alpha+\alpha^2}{(1-\alpha)^2}S_t^{(1)}-\frac{3-\alpha}{(1-\alpha)^2}S_t^{(2)}+\frac{1}{(1-\alpha)^2}S_t^{(3)}$$

或：

$$\hat{y}_{t+1} = \left[1 + \frac{1}{1-\alpha} + \frac{1}{(1-\alpha)^2}\right] S_t^{(1)} - \left[\frac{1}{1-\alpha} + \frac{2}{(1-\alpha)^2}\right] S_t^{(2)} + \frac{1}{(1-\alpha)^2} S_t^{(3)} \quad (5\text{-}23)$$

其中：

$$\frac{1}{1-\alpha} = \frac{1}{1-0.3} = 1.4286$$

$$\frac{1}{(1-\alpha)^2} = \frac{1}{0.49} = 2.0408$$

则：

$$1 + \frac{1}{1-\alpha} + \frac{1}{(1-\alpha)^2} = 4.4694$$

$$\frac{1}{1-\alpha} + \frac{2}{(1-\alpha)^2} = 5.5102$$

令 $t=1$，2，3，…，12，用式（5-23）可求出各期的追溯预测值（表5-6）。

5.4　回归分析法

事物的变化和发展都不是孤立的，而是与其他事物的发展变化存在着相互影响、相互制约的关系。经济现象之间的这种相互影响、相互制约的关系，往往不能用一个确定性的函数关系来描述，它们大多是随机的，要通过统计观察才能找出其中的规律。回归分析是研究某一随机变量（因变量）与其他一个或几个变量（自变量）间的数量变动关系，建立数学模型（回归模型），用以预测当一个或几个自变量变动时对应的因变量的未来值。根据自变量的个数，可以是一元回归，也可以是多元回归，根据所研究问题的性质，可以是线性回归，或是非线性回归。

下面分别对一元线性回归分析法和多元线性回归分析法做简单的介绍。

5.4.1　一元线性回归分析法

一元线性回归分析法用于预测对象主要受一个相关变量影响，而且二者之间又呈线性关系的预测问题。一元线性回归的工作步骤如下。

（1）建立一元回归模型　设有一组反映预测对象（因变量 y）与某变量（自变量 x）间的因果关系的数据。

$$x_1 x_2 \cdots x_i \cdots x_n$$
$$y_1 y_2 \cdots y_i \cdots y_n$$

通过作散点图观察分析，两者之间有线性相关关系，则建立一元线性方程，即：

$$y = a + bx$$

式中　a，b——回归系数。

（2）计算回归系数　由已知样本数据，根据最小二乘法原理求得回归系数，其计算公式为：

$$a = \frac{\sum\limits_{i=1}^{n} y_i - b \sum\limits_{i=1}^{n} x_i}{n} = \bar{y} - b\bar{x} \quad (5\text{-}24)$$

$$b = \frac{n \sum\limits_{i=1}^{n} x_i y_i - \sum\limits_{i=1}^{n} x_i \sum\limits_{i=1}^{n} y_i}{n \sum\limits_{i=1}^{n} x_i^2 - \left(\sum\limits_{i=1}^{n} x_i \right)^2} \tag{5-25}$$

式中　n——样本数；

x_i，y_i——样本数据。

样本数据应经过分析、筛选，去掉不可靠和不正常的数据。计算可用带统计功能的函数型计算器或用 Excel 表格向导来完成。

（3）计算相关系数，并进行检验　相关系数 r 的计算公式为：

$$r = \frac{n \sum\limits_{i=1}^{n} x_i y_i - \sum\limits_{i=1}^{n} x_i \sum\limits_{i=1}^{n} y_i}{\sqrt{\left[n \sum\limits_{i=1}^{n} x_i^2 - \left(\sum\limits_{i=1}^{n} x_i \right)^2 \right] \left[n \sum\limits_{i=1}^{n} y_i^2 - \left(\sum\limits_{i=1}^{n} y_i \right)^2 \right]}} \tag{5-26}$$

r 的绝对值在 0 和 1 之间，$|r|$ 越接近 1，说明 x 与 y 的相关性越大，预测结果的可信度就越高。$|r|$ 应当大到什么程度，回归预测模型才有意义呢？即要与临界相关系数 r_0 来比较判断，所以要进行相关性检验。拟订显著性水平 α（一般常用 $\alpha = 0.05$，即 95％的置信度），根据样本数据 n，计算出自由度 $= n - 2$，查相关系数临界值表 5-7 得到临界相关系数 $r_{n-2,\alpha}$ 值，只有当计算出的 $r \geqslant r_{n-2,\alpha}$，所得到的预测模型（回归方程）在统计意义上才具有显著性，y 与 x 在 α 显著水平相关，检验通过。

表 5-7　相关系数临界值

$n-2$ \ α	0.05	0.01	$n-2$ \ α	0.05	0.01
1	0.997	1.000	21	0.413	0.526
2	0.950	0.990	22	0.404	0.515
3	0.878	0.959	23	0.396	0.505
4	0.811	0.917	24	0.388	0.496
5	0.754	0.874	25	0.381	0.487
6	0.707	0.834	26	0.374	0.478
7	0.666	0.798	27	0.367	0.470
8	0.632	0.765	28	0.361	0.463
9	0.602	0.735	29	0.355	0.456
10	0.576	0.708	30	0.349	0.449
11	0.553	0.684	31	0.325	0.418
12	0.532	0.661	32	0.304	0.393
13	0.514	0.641	33	0.288	0.372
14	0.497	0.623	34	0.273	0.354
15	0.482	0.606	35	0.250	0.325
16	0.468	0.590	36	0.232	0.302
17	0.456	0.575	37	0.217	0.283
18	0.444	0.561	38	0.205	0.267
19	0.433	0.549	39	0.195	0.254
20	0.423	0.537	40	0.138	0.181

（4）求置信区间　在样本数为 n、置信度为 $1 - \alpha$ 的条件下，y_0 的置信区间为：

$$\hat{y}_0 \pm t_{a/2}(n-2)S_y \sqrt{1 + \frac{1}{n} + \frac{(x_0 - \bar{x})^2}{\sum\limits_{i=1}^{n}(x_0 - \bar{x})^2}} \qquad (5\text{-}27)$$

式中　S_y——经过修正的因变量 y 的标准差。

$$S_y = \sqrt{\frac{\sum\limits_{i=1}^{n}(y_i - \hat{y}_i)^2}{n-2}}$$

$\hat{y}_0$ 为与 x_0 正对应的由回归方程计算得出的 y_0 的估计值。

在实际预测工作中，如果样本数据足够大，式（5-27）中的根式近似等于 1。根据概率论中 3σ 原则，可以采取简便的置信区间近似解法。当置信度取 68.2% 时，置信区间近似为 $(\hat{y} - S_y, \hat{y} + S_y)$；当置信度取 99.54% 时，置信区间近似为 $(\hat{y}_0 - 2S_y, \hat{y}_0 + 2S_y)$；当置信度取 99.7% 时，置信区间近似为 $(\hat{y}_0 - 3S_y, \hat{y}_0 + 3S_y)$。

（5）分析并做出预测　回归方程是根据历史数据或截面数据建立的，它反映了预测对象与所选自变量的相关关系。这种关系未来有可能发生变化，同时其他环境因素也会对预测对象未来的变化有影响。所以，必须做认真的分析，必要时应对预测模型做适当修正，然后做出预测。

【例 5-6】　2000 年某地区镀锌钢板消费量为 15.32 万吨，主要用于家电业、轻工业和汽车工业等行业，1991—2000 年当地镀锌钢板消费量及同期第二产业产值如表 5-8 所示。按照该地区"十五"规划，"十五"期间地方第二产业增长速度预计为 12%。试用一元回归法预测 2005 年当地镀锌钢板需求量。

解：（1）建立回归模型

经过分析发现，该地区镀锌钢板消费量与第二产业产值之间存在线性关系，将镀锌钢板消费量设为因变量 y，第二产业产值设为自变量 x，建立一元回归模型为：

$$y = a + bx$$

表 5-8　1991—2000 年某地镀锌钢板消费量与同期第二产业产值

年份	镀锌钢板消费量 y/万吨	第二产业产值 x/亿元
1991	3.45	1003
1992	3.50	1119
1993	4.20	1260
1994	5.40	1450
1995	7.10	1527
1996	7.50	1681
1997	8.50	1886
1998	11.00	1900
1999	13.45	2028
2000	15.32	2274

（2）参数估计

采用最小二乘法，计算出相关参数：

$$b = \frac{n\sum\limits_{i=1}^{n} x_i y_i - \sum\limits_{i=1}^{n} x_i \sum\limits_{i=1}^{n} y_i}{n\sum\limits_{i=1}^{n} x_i^2 - \left(\sum\limits_{i=1}^{n} x_i\right)^2} = 0.01$$

$$a = \bar{y} - b\bar{x} = -7.61$$

由此可得回归模型为：

$$y = -7.61 + 0.01x$$

（3）相关检验

$$r = \frac{n\sum\limits_{i=1}^{n} x_i y_i - \sum\limits_{i=1}^{n} x_i \sum\limits_{i=1}^{n} y_i}{\sqrt{\left[n\sum\limits_{i=1}^{n} x_i^2 - \left(\sum\limits_{i=1}^{n} x_i\right)^2\right]\left[n\sum\limits_{i=1}^{n} y_i^2 - \left(\sum\limits_{i=1}^{n} y_i\right)^2\right]}} = 0.961$$

在 $\alpha = 0.05$ 时，自由度 $= n - 2 = 8$，查相关检验表，得 $r_{0.05} = 0.623$。

因为：

$$r = 0.961 > r_{0.05} = 0.623$$

故在 $\alpha = 0.05$ 的显著性检验水平上，检验通过，说明第二产业产值与镀锌钢板需求量线性关系合理。

（4）需求预测

根据地方规划，2005 年地区第二产业产值将达到：

$$x_{2005} = (1+i)^5 x_{2000} = (1+12\%)^5 \times 2274 = 4008(亿元)$$

于是，2005 年当地镀锌钢板需求量的点预测为：

$$\hat{y}_{2005} = a + bx_{2005} = -7.61 + 0.01 \times 4008 = 32.47(万吨)$$

2005 年当地镀锌钢板需求量的区间预测为：

$$S = \sqrt{\frac{\sum\limits_{i=1}^{n}(y_i - \hat{y}_i)^2}{n-2}} = \sqrt{\frac{11.89}{10-2}} = 1.219$$

于是，在 $\alpha = 0.05$ 的显著性检验水平上，2005 年镀锌钢板需求量的置信区间为：

$$\hat{y}_{2005} \pm 2 \times 1.219 = 32.47 \pm 2.438(万吨)$$

即得到 2005 年，当地镀锌钢板需求量有 95% 的可能性在（30.03，34.91）区间内。

5.4.2　多元线性回归分析法

在经济预测中，当预测的对象 y 受到多个因素 x_1，x_2，x_3，…，x_m 影响时，如果各个影响因素 x 与 y 的关系可以同时近似地以线性表示，则可建立多元线性回归模型来进行分析预测。

多元线性回归方程的一般形式为：

$$y = \beta_0 + \beta_1 x_1 + \beta_2 x_2 + \cdots + \beta_m x_m$$

式中，y 是预测对象（因变量）；x_1，x_2，x_3，…，x_m 为互不相关的子变量；β_0，β_1，β_2，…，β_m 为回归系数，其中 β_i（$i = 1$，2，…，m）是 y 对 x_1，x_2，x_3，…，x_m 的偏回归系数，其含义是当其他自变量保持不变时，x_i 变化一个单位所引起的 y 的变化量。

设有一组因变量 y 与 x_1，x_2，x_3，$\cdots$，x_m 相关关系数据组：

$$
\begin{matrix}
y_1 & y_2 & \cdots & y_m \\
x_{11} & x_{12} & \cdots & x_{1n} \\
x_{21} & x_{22} & \cdots & x_{2n} \\
\vdots & \vdots & \vdots & \vdots \\
x_{m1} & x_{m2} & \cdots & x_{mn}
\end{matrix}
$$

则可用矩阵形式写成：

$$Y = XB + U$$

$$
Y = \begin{bmatrix} y_1 \\ y_2 \\ \vdots \\ y_n \end{bmatrix}, X = \begin{bmatrix} 1 & x_{11} & x_{12} & \cdots & x_{1n} \\ 1 & x_{21} & x_{22} & \cdots & x_{2n} \\ \vdots & \vdots & \vdots & \cdots & \vdots \\ 1 & x_{m1} & x_{m2} & \cdots & x_{mn} \end{bmatrix}, B = \begin{bmatrix} \beta_1 \\ \beta_2 \\ \vdots \\ \beta_n \end{bmatrix}, U = \begin{bmatrix} \varepsilon_1 \\ \varepsilon_2 \\ \vdots \\ \varepsilon_n \end{bmatrix} \tag{5-28}
$$

式中，U 为随机误差向量，取 $U = 0$，则：

$$Y = XB$$

因为在 X 矩阵中，一般 $n \neq m$，故 X 无法求逆，为了求解 B，两边同时左乘 X 的转置矩阵 X^{T} 得：

$$X^{\mathrm{T}}Y = X^{\mathrm{T}}XB$$

这时 $X^{\mathrm{T}}X$ 为方阵，可求逆得：

$$B = (X^{\mathrm{T}}X)^{-1}X^{\mathrm{T}}Y \tag{5-29}$$

即可得多元线性回归模型的参数估计值。也需要对多元线性回归模型进行检验，这里就不再做介绍，有需要时，可自行参阅有关回归分析专著。

5.5　其他预测方法

我们在本章 5.3 节和 5.4 节讨论的都是定量预测方法，下面介绍几种常用定性预测方法。

5.5.1　专家预测法

专家预测法以专家为索取信息的对象，组织各种领域专家运用专业方面的经验和知识，通过对过去和现在发生的问题进行直观综合分析，从中找出规律，对发展远景做出判断。组织专家预测属于直观预测范畴，直观预测法简单易行，是应用历史比较悠久的一种方法，至今为止在各类预测方法中仍占有重要地位。直观预测法的最大优点是在缺乏足够统计数据和原始资料的情况下，可以做出定量估价，得到文献上还未反映的信息。特别是对技术发展的预测，在很大程度上取决于政策和专家的努力，而不完全取决于现实技术基础。这时，采用直观预测法能得到更为准确的结果。

（1）头脑风暴法　在诸多专家预测方法中，头脑风暴法占有重要地位。20 世纪 50 年代，头脑风暴法作为一种创造性的思维方法在预测中得到广泛运用，并日趋普及。从 20 世纪 60 年代末期到 70 年代中期，实际应用中头脑风暴法在各类预测方法中所占的比重由 6.2% 增加到 8.1%。头脑风暴法主要是通过组织专家会议，激励全体与会专家参加积极的创造性思维。

采用头脑风暴法组织专家会议时，应遵循如下原则。

① 就所论问题提出一些具体要求，并严格规定提出设想时所用术语，以便限制所讨论问题的范围，使参加者把注意力集中于所讨论的问题。

② 不能对别人的意见提出怀疑，不能放弃和终止讨论任何一个设想，而不管这种设想是否适当和可行。

③ 鼓励参加者对已经提出的设想进行改进和综合，为准备修改自己设想的人提供优先发言权。

④ 支持和鼓励参加者解除思想顾虑，创造一种自由的气氛，激发参加的积极性。

⑤ 发言要精练，不需要详细论述。展开发言将拉长时间，并有碍于一种富有成效的创造性气氛的产生。

⑥ 不允许参加者宣读事先准备的建议一览表。

实践经验证明，利用头脑风暴法从事预测，通过专家之间直接交换信息，充分发挥创造性思维，有可能在比较短的时间内得到富有成效的创造性成果。为提供一个创造性思维环境，必须选定小组的最佳人数和会议的进行时间。小组规模以 10～15 人为宜，会议时间一般为 20～60 分钟。

预测的组织者要对预测的问题做如下说明：问题产生的原因，原因的分析和可能的结果（最好把结果进行夸张描述，以便使参加者感到矛盾必须解决）；分析解决这类问题的国内外成功经验；也可以指出解决这一问题的若干种可能途径；以中心问题及其子问题，形成需要解决的问题（问题的内部结构应当简单，问题的面比较窄将有助于发挥头脑风暴的效果）。

通常头脑风暴的组织工作都委托给预测学专家负责。因为预测学专家对所提的问题和从事科学辩论有充分的经验，同时他们熟悉运用头脑风暴法进行预测的程序和方法。如果所讨论的问题专业面很窄，则应邀请所论问题的专家和预测学专家共同负责预测组织工作。头脑风暴小组通常由以下人员组成：方法学者——预测学领域的专家；设想产生者——所讨论问题领域专家；分析者——所讨论问题领域的高级专家，他们应当追溯过去，并及时估价对象的现状和发展趋势；演绎者——对所讨论问题具有发达的推断思维能力的专家。

所有头脑风暴参加者都应具有发达的联想思维能力。在进行头脑风暴时应尽可能提供一个有助于把注意力高度集中于所讨论问题的创造性环境。有时某个人提出的设想，可能是其他准备发言的人已经思考过的设想。所有头脑风暴法产生的结果，应当认为是全组集体创造的成果。

会议提出的设想应记录下来，以便不放过任何一个设想，并使其系统化，以备下一阶段使用。由分析小组对会议产生的设想，按如下程序系统化：①就所有提出的设想编制名称一览表；②用通用术语说明每一设想；③明确重复的和互为补充的设想，并在此基础上形成综合设想；④提出对设想进行综合的准则；⑤分组编制设想一览表。

（2）德尔菲法　德尔菲法（Delphi method）是美国"兰德"公司于 20 世纪 40 年代首先用于技术预测的。德尔菲是古希腊传说中的神谕之地，城中有座阿波罗神殿可以预卜未来，因而借用其名。

德尔菲法是专家会议预测法的一种发展。它以匿名方式通过几轮函询，征求专家们的意见。预测领导小组对每一轮的意见都进行汇总整理，作为参考资料再发给每个专家，供他们分析判断，提出新的论证。如此多次反复，专家的意见渐趋一致，结论的可靠性越来越大。

德尔菲法是"系统分析"方法在意见和价值判断领域内的一种有益的延伸。它突破了传统的数量分析限制，为更合理、更有效地进行决策提供了支撑、依据。基于对未来发展中的各种可能出现和期待出现之前景的概率评价，德尔菲法能够为决策提供可供选择的多种方案。其他方法则很难获得像这样以概率表示的明确答案。此法的具体步骤如下。

① 拟订调查提纲　内容包括预测什么问题、预测多长期限、希望达到什么要求等。

② 选择专家　这里所讲的"专家"是指那些对所要预测的问题具有一定的专门知识，能为解决预测问题提供较为深刻见解的人员，而并不是专指那些有一定的地位或职称的人员。所邀请的专家以 15～50 人为宜。

③ 设计调查表　调查表没有固定的格式，应根据预测所研究的问题而灵活设计。

④ 请专家做出判断　将设计好的调查表和有关问题寄发给各专家，请专家在互不通气的情况下对所提问题做出自己的判断，并按规定期限寄回调查表。预测人员将各位专家的意见加以综合整理，并请身份类似的专家写出文字说明，然后再以书面形式寄发给各专家，请专家做出第二次判断，并按期寄回调查表。如此反复多次，直到专家不再修改自己的意见为止。

⑤ 提出预测报告　如果专家意见一致，则可将该意见作为预测结果加以报告。如果专家意见不一致，则可运用算术平均法求其平均数，以平均数作为预测值。

德尔菲法虽然广泛应用于各个领域的预测，但只有合理、科学地操作，并注意扬长避短，才能够得出可靠的预测结果。

5.5.2　主观概率预测法

主观概率预测法是对市场调查预测法或专家预测法得到的定量估计结果进行集中整理的常用方法。主观概率是预测者对某一事件在未来发生或不发生可能性的估计，反映个人对未来事件的主观判断和信任程度。经济预测的主观概率预测法是指利用主观概率对各种预测意见进行集中整理，得出综合性预测结果的方法。在运用专家预测法和德尔菲法进行预测时，可采用主观概率预测法来综合专家的意见。主观概率和客观概率不同，客观概率是指某一随机事件经过反复试验后，出现的频数，也就是对某一随机事件发生的可能性大小的客观估量。客观概率与主观概率的根本区别在于，客观概率具有可检验性，主观概率则不具有这种可检验性。

在有些现象无法通过试验确定其客观概率，或由于资料不完备无法计算客观概率时，常常采用主观概率预测法进行预测。常用的主观概率预测法又分为两种。

(1) 算术平均法　当参加预测的专家水平相当，则把各位专家预测结果的重要程度同等对待，其计算公式如下：

$$\bar{Q} = \frac{\sum\limits_{i=1}^{n} Q_i}{n}$$

$$(5\text{-}30)$$

式中　$\bar{Q}$——预测未来事件的平均值；

Q_i——第 i 位专家的预测值；

n——参加预测的专家人数。

（2）加权平均法　当各位专家的专业水平和经验相差较大时，对各位专家的预测结果就不能平均看待，因此要对各位专家给予不同的权数。换句话说，加权平均法是以主观概率为权数，通过对各种预测意见进行加权平均，计算出综合性预测结果的方法。其计算公式如下：

$$\overline{Q} = \frac{\sum_{i=1}^{n} Q_i W_i}{n} \tag{5-31}$$

式中　W_i——第 i 位专家的权数；

$\overline{Q}$——预测未来事件的平均值；

Q_i——第 i 位专家的预测值；

n——参加预测的专家人数。

思考题

1. 为什么说预测是决策的依据？

2. 按照不同的角度，工程技术经济预测的分类有哪些？

3. 工程技术经济预测的步骤是什么？

4. 市场调查的内容和方法有哪些？

5. 德尔菲法的主要程序是什么？

6. 某类房屋建筑安装工程单方造价在 1995—2002 年各年的价格情况如表 5-9 所示，试用一元线性回归法预测 2003 年的建安工程单方造价。

表 5-9　某类房屋建筑安装工程单方造价在 1995—2002 年各年的价格情况

年份	单方造价 y_i/(元/m²)
1995	253
1996	280
1997	312
1998	360
1999	410
2000	456
2001	509
2002	564

7. 若某地区 1995—2004 年房屋竣工建筑面积如表 5-10 所示，试用时间序列预测法和回归分析预测 2005 年房屋竣工建筑面积。

表 5-10　某地区 1995—2004 年房屋竣工建筑面积

年份	1995	1996	1997	1998	1999	2000	2001	2002	2003	2004
房屋竣工建筑面积/m²	1153.7	2000.4	1900.2	2010.8	2050.4	2305.6	2206.9	2511.7	2609.3	2457.2

8. 某建筑公司 2004 年 2~8 月份计划完成产值和实际完成产值如表 5-11 所示，如果2004 年 9 月份和 10 月份计划完成产值分别为 200 万元和 300 万元，试建立回归模型，分别

预测 9、10 月份的实际完成的产值。

表 5-11　计划完成产值和实际完成产值　　　　　　　单位：万元

月份	2	3	4	5	6	7	8
计划完成 x_i	179	142	219	260	335	385	300
实际完成 y_i	198	174	222	245	29	323	271

9. 已知某房地产开发公司过去 24 个月的商品房销售收入数据如表 5-12 所示。

问题：（1）试计算其一次移动平均值、二次移动平均值（$n=3$）。

（2）试建立线性预测模型，并预测第 30 个月的产值。

（3）试计算其一次指数平滑值、二次指数平滑值（取平滑系数 $\alpha=0.2$）。

（4）试运用二次指数平滑法预测第 30 个月的产值。

表 5-12　某房地产开发公司过去 24 个月的商品房销售收入数据

周期数 t/月	销售收入/万元	周期数 t/月	销售收入/万元
1	5000	13	4900
2	4500	14	4300
3	6000	15	5200
4	5200	16	8500
5	4500	17	9800
6	5100	18	9000
7	6000	19	9700
8	4300	20	8600
9	5700	21	9100
10	4000	22	8300
11	5600	23	9700
12	8700	24	9600

第6章

环境工程项目融资与资金成本

融资是指为项目筹集资金。融资方案研究是在已确定建设方案并完成投资估算的基础上，结合项目实施组织和建设进度计划，构造融资方案，进行融资结构、融资成本和融资风险分析，优化融资方案，并作为融资后财务分析的基础。本章介绍环境工程项目的融资机制与融资方案优化。

6.1 融资概述

6.1.1 融资和投资

6.1.1.1 项目融资主体

研究制订融资方案必须首先确立项目的融资主体，据以拟订相应的投资产权结构和融资组织形式。项目的融资主体是进行项目融资活动并承担融资责任和风险的经济实体。国有单位经营性基本建设大中型项目在建设阶段必须组建项目法人，由项目法人对项目的策划、资金筹措、建设实施、生产经营、债务偿还和资产的保值增值，实行全过程负责。按是否依托于项目组建新的项目法人实体划分，项目的融资主体分为新设法人和既有法人。

(1) 新设法人融资　新设法人融资是指为了实施新项目，由项目的发起人及其他投资人出资，建立新的独立承担民事责任的法人（公司法人或事业法人），承担项目的融资及运营。其特点，一是项目投资由新设法人筹集的资本金和债务资金构成；二是由新设法人承担融资责任和风险；三是以项目投产后的经济效益考察偿债能力。

(2) 既有法人融资　既有法人融资是指在实施项目时，由发起人公司——既有法人（包括企业、事业单位等）负责筹集资金，投资于新项目，不组建新的独立法人，负债由既有法人承担。其特点，一是拟建项目不组建新的项目法人，由既有法人组织融资活动并承担融资责任和风险；二是拟建项目一般是在既有法人资产和信用的基础上进行的，并形成增量资产；三是一般从既有法人的财务整体状况考察融资后的偿债能力。采取既有法人融资方式，项目的融资方案需要与既有法人公司的总体财务安排相协调，将项目的融资方案作为公司理财的一部分考虑。所以既有法人融资又称公司融资或公司信用融资。

6.1.1.2　项目投资人

（1）项目法人与项目发起人及投资人的关系　投资和融资是对同一件事情从不同角度的两个提法。投资活动有一个组织发起的过程，为投资活动投入财力、人力、物力或信息的称为项目发起人或项目发起单位。项目发起人可以是项目的实际权益资金投资的出资人（项目投资人），也可以是项目产品或服务的用户或者提供者、项目业主等。项目发起人可以来自政府或民间。

项目投资人是作为项目权益投资的出资人，比如一家公司注册资本的出资人或者一家股份公司认购股份的出资人。权益投资人取得对项目或企业产权的所有权、控制权和收益权。

投资活动的发起人和投资人可以只有一家（一家发起，发起人同时也是唯一的权益投资的出资人），也可以有多家。因此，项目投资主体也可以分为两种情况，一是单一投资主体，二是多元投资主体。单一投资主体不涉及投资项目责、权、利在各主体之间的分配关系，可以自主决定其投资产权结构和项目法人的组织形式。多元投资主体则必须围绕投资项目的责、权、利在各主体之间的分配关系，恰当地选择合适的投资产权结构和项目法人的组织形式。

（2）投资产权结构　项目的投资产权结构是指项目投资形成的资产所有权结构，是指项目的权益投资人对项目资产的拥有和处置形式、收益分配关系。投资产权结构与投融资的组织形式联系密切。投资产权结构选择要服从项目实施目标的要求。商业性的投资人需要投资结构能够使权益投资人获取满意的投资收益。基础设施投资项目需要以低成本取得良好的服务效果，投资结构应当能够使得基础设施得以高效率运行。

① 股权式合资结构　依照《公司法》设立的有限责任公司、股份有限公司是股权式合资结构。在这种投资结构下，按照法律规定设立的公司是一个独立的法人，公司对其财产拥有产权。一般情况下，公司的股东依照股权比例来分配对于公司的控制权及收益。公司对其债务承担偿还的义务，公司的股东对于公司承担的责任以注册资本额为限。

② 契约式合资结构　契约式合资结构是公司的投资人（项目的发起人）为实现共同的目的，以合作协议的方式结合在一起的一种投资结构。在这种投资结构下，投资各方的权利和义务依照合作契约约定，可以不严格地按照出资比例分配，而是按契约约定分配项目风险和收益。这种投资结构在石油天然气勘探、开发，矿产开采，初级原材料加工行业使用较多。

③ 合伙制结构　合伙制结构是两个或两个以上合伙人共同从事某项投资活动建立起来的一种法律关系。依据《中华人民共和国合伙企业法》，合伙制企业有两种基本形式——普通合伙企业与有限合伙企业。普通合伙企业由普通合伙人组成，合伙人对合伙企业债务承担无限连带责任。有限合伙企业由普通合伙人和有限合伙人组成，普通合伙人对合伙企业债务承担无限连带责任，有限合伙人以其认缴的出资额为限对合伙企业债务承担责任。有限合伙制是风险投资常采用的一种产权结构形式。

6.1.2　环境基础设施项目融资渠道

6.1.2.1　投资者与参与者的利益驱动

（1）主要投资者　在城市环境基础设施领域中，充分合理地利用潜在投资主体的资金是解决城市水环境基础设施融资的关键，其中掌握各方的利益驱动特点是一个核心的问题。

① 政府　政府既可以是投资者，同时又是管制者。作为投资者，政府以税收和收费的形式，掌握一定的资金用于国民经济中特定领域的投资，但是投资能力受制于财政预算。作为管制者，政府希望能够尽快获得环境质量的改善，保证水质和水量的供应并维护社会公平。

② 居民　居民是消费者、潜在的投资和运行者。作为消费者，居民希望获得稳定、可靠、价格合理的清洁水和良好的水环境；同时，随着金融市场的不断完善和居民投资意识的提高，居民除了将收入用于消费和储蓄，越来越多的居民将资金用于投资，这时作为潜在投资者，居民希望尽可能降低风险，获得长期、稳定的资金回报。

③ 企业　生产企业是消费者、潜在投资者和潜在运营者。作为消费者，生产企业的目标类似居民消费者，只是不同的生产工艺对水质有不同要求，另外生产企业还应尽到废水达标排放的义务。作为潜在投资者，实体企业可将一部分资金用于投资，主要追求投资利润的最大化，金融机构（包括银行、信托公司、投资基金公司等）通常则取得既定的利率回报。作为潜在运营者，企业希望通过直接进入该行业获取满意回报并规避风险。

④ 国外资金　国外政府和国际多边机构的参与，主要是履行国际公约，并收取既定的费用。国外私人企业的参与，主要是为了开拓设备、服务的新市场，扩大利润。

(2) 博弈系统　向城市环境基础设施领域投资的上述四者之间相互作用，形成了一个由四方面行为主体参与的动态博弈系统，分别是：管制者——政府或专门机构；投资者——政府、企业、居民、国外资金；运营者——政府、企业、国外资金；消费者——居民、企业。

政府和市场的共同参与，形成了城市环境基础设施的多种融资机制与资金渠道。

6.1.2.2　融资机制与资金渠道

政府和企业，都可以是城市环境基础设施的融资和投资主体（图 6-1）。

(1) 财政渠道　长期以来，环境公用设施是一种由政府提供的社会福利，消费者为其支付很低的费用或是完全免费使用。这种以政府为融资主体，通过财政渠道获得资金的方式称

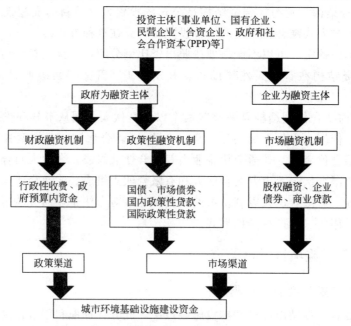

图 6-1　城市环境基础设施融资渠道

为财政融资。财政投资以不考虑资本收益、资金无偿使用、利润上缴财政、亏损由财政补贴为主要特征。财政渠道的资金主要来自预算内资金和行政性收费。预算内资金包括上级政府财政拨款、地方政府财政拨款和专项资金（城市建设维护税和公用事业附加）三个部分。行政性收费包括收缴的污水处理费、排污费、垃圾处理费等。

（2）**市场渠道**　政府也可以作为融资主体从市场渠道融资，主要是通过国债、国际政府间贷款等政策性融资方式筹集资金。以企业作为主体的融资机制只能从市场渠道融资，通过市场筹集商业性资金以及居民投资。虽然企业与政府都可以通过市场渠道融资，但是企业与政府在具体的融资方式选择上仍然存在较大的差异，比如企业可以通过上市融资、股权融资等方式。

综上，环境公用设施融资渠道可分为以政府为主体的财政渠道、以政府为主体的市场渠道（政策性融资）和以企业为主体的市场渠道。这三条资金渠道之间并没有绝对的优劣之分，项目融资方案往往是对这三者的不同选择与组合。如表 6-1 中的融资项目就同时利用了财政拨款、移民资金、世界银行贷款、全球环境资金赠款、企业自有资金和国内商业银行贷款。

表 6-1　佛山市珠江综合整治利用世行贷款项目（2006—2008 年）

项目名称	总投资/万元	其中						
		财政拨款/万元	世界银行贷款/万元	企业自有资金/万元	国内商业银行贷款/万元	全球环境资金赠款/万元	移民资金/万元	移民资金所占比例/%
汾江河北岸整治工程	46282.02	38005.52	8276.5				16458.29	35.56
汾江河环境疏浚及底泥处理	19822.99	10901.99	8921				1321.6	6.67
镇安污水处理系统三期扩建工程	26684.17	6468.17	4100		15000	1296	6940.98	26.01
南庄污泥处理厂	13600		5800	8803			355.24	2.61
小计	106389.18	55375.68	27097.5	8803	15000	1296	25076.11	23.57

6.2　融资类型

项目资金通常由资本金（权益资金）和债务资金两部分组成。相应地，资金筹措可以分为资本金筹措和债务资金筹措。

6.2.1　资本金筹措

项目资本金是指由项目权益投资人以获得项目财产权和控制权的方式投入的资金。投资人以资本金形式向项目或企业投入的资金称为权益投资。权益投资可视为是负债融资的一种信用基础，项目的资本金后于负债受偿，可以降低债权人债权的回收风险。

资本金可以用货币出资，也可以以实物、工业产权❶、非专利技术、土地使用权作价出

---

❶ 工业产权，是指人们依法对应用于商品生产和流通中的创造发明和显著标记等智力成果，在一定地区和期限内享有的专有权，包括发明、实用新型、外观设计、商标、服务标记、厂商名称、货源标记、原产地名称以及制止不正当竞争的权利。

资。以货币认缴的资本金，其资金来源主要是各级政府资金、企业所有者权益及从资本市场上筹措的资金、社会个人合法所有的资金。对于环境基础设施建设项目，政府资金往往是一种主要或者重要的融资来源。

6.2.1.1 新设法人资本金筹措

新设法人项目的资本金由新设法人负责筹集。通常，投资人或项目的发起人认缴或筹集足够的资本金提供给新法人，以注册资本的方式投入。至于投资人或项目发起人如何筹措这笔资本金，是投资人或项目发起人的自身内部事务。有些情况下，项目最初的投资人或项目发起人对投资项目的资本金并没有安排到位，而是要通过初期设立的项目法人进一步进行资本金筹措活动。

项目发起人和投资人的身份不同（如政府职能部门或国有控股公司、民营或外资企业等），其用于资本金投资的资金来源也多种多样，主要筹集形式有以下几种。

(1) 合资合作 通过寻求新的投资者，由初期设立的项目法人与新的投资者以合资合作等多种形式，重新组建新的法人，或者由设立初期项目法人的发起人和投资人与新的投资者进行资本整合，重新设立新的法人，使重新设立的新法人拥有的资本达到或满足项目资本金投资的额度要求。采用这一方式，新法人往往需要重新进行公司注册或变更登记。

(2) 在资本市场募集股本资金 在资本市场募集股本资金可以采取两种基本方式——私募与公开募集。私募是指将股票直接出售给少数特定的投资者，不通过公开市场销售；公开募集是指企业通过在证券市场上市公开发行股票，如国中水务 (600187)、武汉控股 (600168)、洪城水业 (600461)、城投控股 (600649)、江南水务 (601199) 等。在证券市场上公开发行股票，需要取得证券监管机关的批准，需要通过证券公司或投资银行向社会推销，需要提供详细的文件，保证公司的信息披露，保证公司的经营及财务透明度，筹资费用较高，筹资时间较长。私募程序可相对简化，但在信息披露方面仍必须满足投资者的要求。

6.2.1.2 既有法人资本金筹措

既有法人项目的资本金由既有法人负责筹集。既有法人可用于项目资本金的资金来源分为内、外两个方面。

(1) 内部筹集 内部资金来源主要是既有法人的自有资金，主要有以下四种形式。

① 企业的现金。

② 未来生产经营中获得的可用于项目的资金。

③ 企业资产变现。通常包括短期投资、长期投资、固定资产、无形资产和流动资产的变现。

④ 企业产权转让。企业可以将原拥有的产权部分或全部转让给他人，换取资金用于新项目的资本金投资。

产权转让与资产变现的不同之处在于：资产变现表现为一个企业资产总额构成的变化，即非现金资产的减少，现金资产的增加，而资产总额并没有发生变化；产权转让则是企业资产控制权或产权结构发生变化，对于原有的产权人，经转让后其控制的企业原有资产的资产总量会减少。

【例 6-1】 2004 年深圳水务集团正式挂牌成立，企业由一家国有独资企业转变为中外合资企业，深圳市国资委持股 55%，北京首创—威立雅水务投资公司持股 40%，通用水务投资公司持股 5%（图 6-2）。该项目交易额达 4 亿美元，是当时国内水务行业最大的并购案。

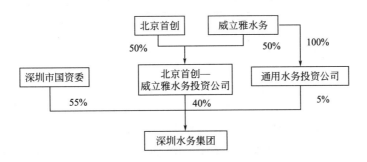

图 6-2　深圳水务集团股权结构

（2）外部筹集　如果企业不具备足够的资金能力，或者不愿意失掉原有的资产权益，或者不愿意使其自身的资金运用过于紧张，就应该设计外部资金来源的资本金筹集方案。外部资金筹集主要是既有法人通过在资本市场发行股票和企业增资扩股，以及一些准资本金手段（如优先股）来获取外部投资人的权益资金投入，用于新上项目的资本金。

① 企业增资扩股。企业可以通过原有股东增资扩股以及吸收新股东增资扩股，包括国家股、企业法人股、个人股和外资股的增资扩股。

② 优先股。优先股是一种介于股本资金与负债之间的融资方式，优先股股东不参与公司的经营管理，没有公司的控制权。发行优先股通常不需要还本，但要支付固定股息，固定的股息通常要高于银行贷款利息。优先股相对于其他借款融资通常处于较后的受偿顺序，对于项目公司的其他债权人来说可以视为项目的资本金。而对于普通股股东来说，优先股通常要优先受偿，更接近于一种负债。

6.2.2　债务资金筹措

债务资金是项目投资中除权益资金外，以负债方式取得的资金。债务融资的优点是资金成本一般低于权益资金（股本资金），且不会分散投资者对企业的控制权；缺点是无论融资主体经营效果好坏，均需按期还本付息，成为企业的财务负担。

研究债务融资比例的另一个重要方面，是负债比例对资本金收益率具有的缩放作用，称为财务杠杆效应。项目资本金收益率不仅与项目收益率有关，也与负债比例密切相关。负债比例是指项目所使用的债务资金与资本金的数量比率。设项目总投资为 K，资本金为 K_0，借款为 K_L，项目总投资收益率为 R，借款利率为 R_L，资本金利润率为 R_0，由资本金利润率公式可得：

$$K = K_0 + K_L$$

$$R_0 = \frac{K \times R - K_L \times R_L}{K_0} = \frac{(K_0 + K_L) \times R - K_L \times R_L}{K_0} = R + \frac{K_L}{K_0}(R - R_L)$$

由式可知：当 $R > R_L$ 时，$R_0 > R$；当 $R < R_L$ 时，$R_0 < R$。而且，资本金利润率与总投资收益率的差别被负债比例所放大或缩小。

【例 6-2】　某项工程有三种方案（A、B、C），总投资收益率 R 分别为 6%、10% 和 15%，借款利率为 10%，试比较负债比例分别为 0、1 和 4 时的资本金利润率。

解：根据杠杆效应计算公式得结果见表 6-2。

表 6-2　不同负债比例下的资本金利润率

方案 ＼ K_L/K_0	0	1	4
A	6%	2%	−10%
B	10%	10%	10%
C	15%	20%	35%

由表可见：方案 A，$R<R_L$，负债比例越大，资本金利润率 R_0 越低甚至为负值；方案 B，$R=R_L$，R_0 不随负债比例改变；方案 C，$R>R_L$，负债比例越大，R_0 越高。

由此可见，选择不同的负债比例对投资者的收益会产生很大的影响。因此，项目建设资金的权益资金和债务资金结构，是融资方案制订中必须考虑的一个重要方面。

(1) 信贷方式融资

① 政策性银行贷款/开发性金融机构　为了支持一些特殊的生产、贸易、基础设施建设项目，国家政策性银行可以提供政策性银行贷款。政策性银行贷款利率通常比商业银行贷款低。我国的政策性银行有中国进出口银行和中国农业发展银行，此外，国家开发银行也曾是政策性银行。

2008 年 12 月，国家开发银行整体改制为国家开发银行股份有限公司。完成商业化转型后，国家开发银行不再称政策性银行，而叫开发性金融机构。改制后，国家开发银行以商业化的机制、手段和工具，为实现国家中长期的发展战略提供融资服务和开发性金融服务。因此，侧重于中长期的金融服务是国家开发银行与一般商业银行的一个主要区别。国家开发银行是我国支持市政公共基础设施领域唯一的政策性金融机构/开发性金融机构，2012 年国家开发银行将 20.56% 的贷款余额投放到了公共基础设施领域。此外，国家开发银行积极开展绿色信贷，加大对循环经济、流域治理、污水处理、生态环境保护、工业节能技改、清洁及可再生能源利用等重点领域建设，推动低碳城市建设，截至 2012 年末，环保及节能减排贷款余额 8453 亿元，与 2011 年相比，同比增长 28%。

② 外国政府贷款　项目使用外国政府贷款需要得到我国政府的安排与支持。外国政府贷款通常具有经济援助性质，利率低，一般为 2%～4%，甚至无息；期限长，一般为 20～30 年，甚至长达 50 年；有时候，贷款的赠与比例达到 50%～70%。但是，外国政府贷款通常有限制性条件，如限制贷款必须用于采购贷款国的设备。由于贷款使用受到限制，设备进口只能在较小的范围内选择，设备价格可能较高。

③ 国际金融机构贷款　向我国提供项目贷款的主要国际金融机构有世界银行、亚洲开发银行等全球性或地区性金融机构。国际金融机构的贷款通常有一定的优惠性，期限长，利率低，但贷款往往需要国内提供一定的配套资金。国际金融机构贷款的手续严密，耗时较长，需 1～2 年时间。这种融资方式在许多发展中国家得到应用。

④ 商业银行贷款　按照贷款年限，商业银行的贷款分为短期贷款、中期贷款和长期贷款。贷款期限在 1 年以内的为短期贷款，1～3 年的为中期贷款，3 年以上期限的为长期贷款。商业银行贷款通常不超过 10 年，超过 10 年期限，需要特别报经人民银行备案。

从事市政公用设施投资的项目公司，以少量资金启动，注册项目公司，然后通过资产抵押、收益权抵押以及第三方担保等方式从商业银行取得贷款解决大部分资金问题，这是我国重大市政工程项目资金来源的惯常模式。

(2) 债券方式融资

① 企业债券　企业债券是指企业依照法定程序在资本市场上公开发行或以私募方式发

行，约定在一定期限内还本付息的有价证券。企业债券融资的资金成本相对于权益融资和一般商业贷款要低，且债券融资不涉及股权结构的变更，债券持有者无权参与企业的经营管理。但同时，企业债券的发行对发行企业的发债资格要求较高，且发债企业存在按期还本付息的财务压力。

② 可转换债券　可转换债券是企业发行的一种特殊形式的债券。在预先约定的期限内，可转换债券的持有人有权选择按照预先规定的条件将债权转换为发行人公司的股权。在公司经营业绩变好时，股票价值上升，可转换债券的持有人倾向于将债权转换为股权；而当公司业绩下滑或者没有达到预期效益时，股票价值下降，则倾向于兑付本息。

可转换债券作为股票的一个衍生品种，纳入股票上市规则管理。可转换债券的发行条件与一般企业债券类似，但由于附加有可转换为股权的权利，通常可转换债券的利率较低。

（3）融资方式租赁　融资租赁是于20世纪50年代产生于美国的一种新型交易方式，由于它适应了现代经济发展的要求，所以在20世纪60—70年代迅速在全世界发展起来，当今已成为企业更新设备的主要融资手段之一，被誉为"朝阳产业"。

融资租赁是指出租人根据承租人对租赁物件的特定要求和对供货人的选择，出资购买租赁物件并租给承租人使用，承租人分期向出租人支付租金。在租赁期内租赁物件的所有权属于出租人所有，承租人拥有租赁物件的使用权；租期届满，租金支付完毕并且承租人根据融资租赁合同的规定履行完全部义务后，根据对资产所有权的约定，租赁物件可以转移也可以不转移给承租人。

传统融资方式和融资租赁方式的区别见图6-3。某用户拟向一家环保公司采购其生产的水处理设备，该用户自有资金不足需要进行融资。按照传统融资方式，用户从贷款机构取得贷款，购买、安装设备并获得产权，然后以分期付款的方式偿还贷款；贷款机构为采购提供资金，获得利息回报。按照融资租赁方式，环保公司根据用户需求生产、安装设备，设备产权仍属于环保公司，用户向其支付租金，租赁期结束根据约定安排设备产权归属；环保公司为采购提供资金和设备，同时获得利息和租金回报。

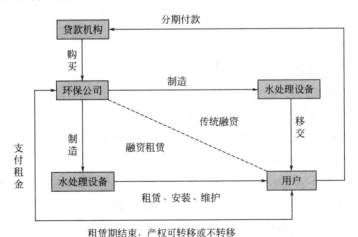

图6-3　传统融资方式和融资租赁方式的区别

从租赁的角度来讲，融资租赁和传统租赁的区别在于，传统租赁以承租人租赁使用物件的时间计算租金，而融资租赁以承租人占用租赁物件购置融资的时间计算租金。

由于融资租赁具有融资与融物相结合的特点，出现问题时租赁公司可以回收、处理租赁物,因而在办理融资时对企业资信和担保的要求不高,所以非常适合中小企业融资。

6.3 融资模式

项目的融资模式是指融资所采取的基本方式。融资主体、投资产权结构、融资组织形式以及资金来源渠道的选择不同,会形成不同的融资模式。

6.3.1 公司融资和项目融资

项目的融资模式可有不同的分类:一种是根据融资主体分为新设法人融资和既有法人融资;另一种是传统的分法——公司融资(corporate financing)和项目融资(project financing)。

公司融资是以已经存在的公司本身的资信对外进行融资,取得资金用于投资与经营。这类融资可以不依赖项目投资形成的资产,不依赖项目未来的收益和权益,而是依赖于已经存在的公司本身的资信。这是一种传统的融资模式,外部的资金投入者(包括公司股票、公司债券的投资者,贷款银行等)在决定是否对该公司投资或者为该公司提供贷款时的主要依据是该公司作为一个整体的资产负债、利润及现金流量的情况。

在这种融资方式下,贷款和其他债务资金虽然实际上是用于项目,但是承担债务偿还责任的还是公司。项目的投资运营是公司经营的一部分,项目未来的现金流是公司现金流的一部分,项目的财产是公司财产的一部分,而不是全部。作为项目发起人或投资人的公司,要承担借款偿还的完全责任。

项目融资是一种无追索权或有限追索权的融资模式,可以理解为是通过该项目的期望收益或现金流量、资产和合同权益来融资的活动。项目的经济强度从两个方面来测度:一方面是项目未来的可用于偿还贷款的净现金流量;另一方面是项目本身的资产价值(在项目最初资产基础上,随着项目建设进程不断形成项目新的资产)。如果项目的经济强度不足以支撑在最坏情况下的贷款偿还,那么贷款人就可能要求项目借款人以直接担保、间接担保或其他形式给予项目附加的信用支持。因此,一个项目的经济强度,加上项目投资人(借款人)和其他与该项目有关的各个方面对项目所做出的有限承诺,就构成了项目融资的基础。

6.3.2 环境基础设施特许经营项目融资

特许经营项目融资是项目融资的一种,其特点是由国家和地方政府将基础设施项目的投资和经营权通过法定的程序,有偿或者无偿地交给选定的投资人投资经营。特许经营是一种项目运作(包括建设、运营、移交等)方式,也是一种融资方式。典型的特许经营项目融资本质上属于项目融资的范畴,具体方式如 BOT、TOT,此外还有政府和社会合作资本(公私合作,public private partnership,PPP)、民间主动融资(private finance initiative,PFI)、资产抵押债券(asset-backed securities,ABS)等。

(1)一般的工程项目管理模式 在学习特许经营项目融资模式之前,先了解一般的工程项目管理模式覆盖的服务范围,见图 6-4。图中包括了下面四种一般的工程项目管理模式。

① 传统的发包模式(design bid build,DBB) 指项目发起人将设计、施工分别委托不同单位承担。

② 设计—建造模式(design build,DB) 指工程总承包企业按照合同约定,承担工程项目的设计和施工,以及大多数材料和工程设备的采购,但业主可能保留对部分重要工程设

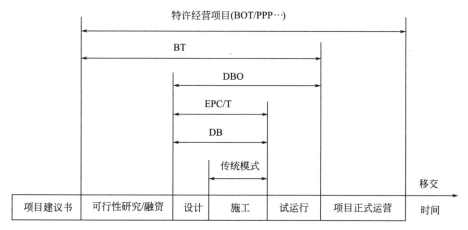

图 6-4　不同项目管理模式所涵盖的服务范围

备和特殊材料的采购权。

③ 交钥匙模式（engineer procurement construction/turnkey，EPC/T）　指工程总承包企业按照合同约定，承担工程项目的设计、采购、施工、试运行服务等工作，并对承包工程的质量、安全、工期、造价全面负责，使业主获得一个现成的工程，由业主"转动钥匙"就可以运行。

④ 设计—施工—运营模式（design build operate，DBO）　指由一个承包商设计并建设一个公共设施或基础设施，并且在移交给业主之前的一段时间内运营该设施，满足在工程试用期间公共部门的运作要求。承包商负责该时期设施的维修保养，以及更换在合同期内已经超过其使用期的资产。

一般的工程项目管理模式不涉及项目融资。即便是 DBO 模式也不涉及项目融资，承包商收回成本的唯一途径就是公共部门的付款，项目所有权始终归公共部门所有。政府除了支付项目建设总投资外，还向承包商支付运营期间的运营服务付费。

（2）BOT 融资模式　BOT 模式是对建设—经营—移交（build operate transfer）的缩写，指项目发起人从政府获得某项基础设施的特许建造经营权，然后独立或者联合其他各方组建项目公司，负责整个项目的融资、设计、建造和正式运营（图 6-4）。

在整个特许期内，项目公司通过项目的运营获得利润，有时地方政府考虑到公共设施的运营收费不能太高，可能给项目公司一些优惠条件（如土地划拨），使项目公司降低其运营收费标准。项目公司以运营和经营所得偿还债务以及向股东分红。在特许期满时，整个项目由项目公司无偿或以极低的名义价格移交给当地政府。BOT 融资模式的典型结构框架如图 6-5 所示。

BOT 是一种有限追索权的项目融资模式，债权人只能对项目发起人（项目公司）在一个规定的范围、时间和金额上实现追索，即只能以项目自身的资产和运行时的现金流作为偿还贷款的来源，而不能追索到项目以外或相关担保以外的资产，如项目发起人母公司的资产。

【例 6-3】　2002 年 6 月，上海友联企业发展公司、华金信息产业投资公司和上海建工集团共同出资组建项目公司——上海竹园友联第一污水处理有限公司。2002 年 6 月 5 日，上海市人民政府授权上海市水务局与上海竹园友联第一污水处理有限公司签署特许权协议；由上海市排水公司与上海竹园友联第一污水处理有限公司签署排水服务协议（图 6-6）。上海

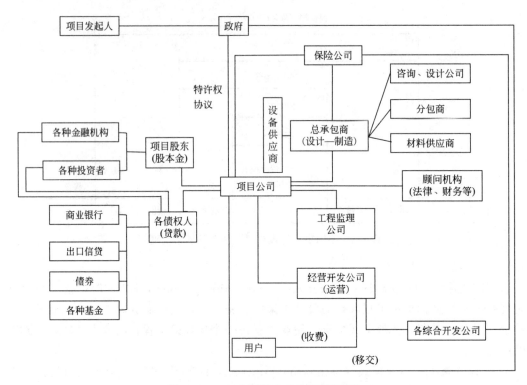

图 6-5　BOT 融资模式的典型结构框架

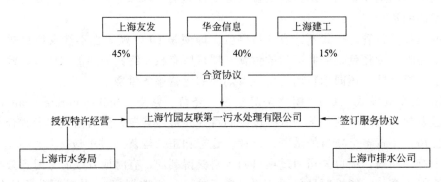

图 6-6　上海竹园友联第一污水处理有限公司的特许经营模式

竹园友联第一污水处理有限公司的前期由上海市水务资产经营发展有限公司负责，并承担前期费用（约 2.4 亿元），土地无偿划拨使用。项目自有资金占 35%，其他向银行借款。

BT（build transfer）模式是 BOT 模式的一种衍生形式，指项目总承包商负责项目融资、设计、建设并验收合格后移交给业主，业主向总承包商支付项目总投资加上合理回报（图 6-4）。采用 BT 模式筹集建设资金是项目融资的一种比较新的模式。

（3）TOT 融资模式　TOT 是对转让—运营—转让（transfer operate transfer）的缩写，指政府通过出让基础设施（如污水处理厂）一定期限的产权或经营权，吸引社会资本投资市政设施。项目投资者在规定经营期限内经营并收取运营费用，并在经营期结束后将项目资产或经营权无偿移交给当地政府。

【例 6-4】　2004 年，柏林水务国际股份有限公司与东华工程科技股份有限公司组建的项目公司——合肥市王小郢污水处理有限公司，以 4.8 亿元中标原王小郢污水处理厂 TOT 项目。转让金额中 35％为企业自有资金，其余 65％为银行贷款。项目公司与合肥市建委、合肥市污水处理管理处和合肥市城市投资国有控股有限公司分别签署了特许经营协议、污水处理服务协议和资产转让协议（图 6-7）。特许经营期 23 年。

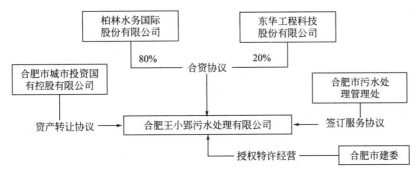

图 6-7　合肥市王小郢污水处理有限公司 TOT 模式

【例 6-5】　2005 年，深圳水务集团中标常州城北污水处理有限公司 TOT 项目，特许经营期 20 年。根据特许经营协议规定，深圳水务集团派员前往常州组建项目公司——常州城北污水处理有限公司。项目公司与常州市建设集团（招商方）签署经营权转让协议，与常州市排水管理处（常州市建设局下属事业单位）签署污水处理服务协议，由其向项目公司支付污水处理费。根据特许经营协议规定，项目公司在特许经营期内承担重置投资（图 6-8）。项目交易金额 1.68 亿元，其中 30％为企业自有。

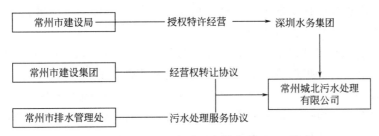

图 6-8　常州城北污水处理有限公司 TOT 模式

6.4　融资方案设计

项目的融资方案研究是在投资估算的基础上进行的，其任务一是调查项目的融资环境、融资形式、融资结构、融资成本、融资风险，拟订出一套或几套可行的融资方案；二是经过比选优化，推荐资金来源可靠、资金结构合理、融资成本低、融资风险小的方案。

6.4.1　编制融资方案

通过对项目融资方案的系统研究，要编制出一套完整的项目资金筹措方案。资金筹措方案是对资金来源、资金筹措方式、融资结构和数量等做出的整体安排。这一方案应当在项目分年投资计划基础之上编制。项目的资金筹措需要满足项目投资资金使用的要求。完整的项目资金筹措方案由项目资金来源计划表和总投资使用计划与资金筹措表两部分内容构成。

（1）项目资金来源计划表　项目资金来源计划表主要反映项目资本金及债务资金来源的

构成。每一项资金来源的融资条件和融资可信程度在表中要加以说明和描述，或放在表的附注当中。

（2）总投资使用计划与资金筹措表　总投资使用计划与资金筹措表是根据项目资金来源计划表反映的各项资金来源和条件，按照项目投资的使用要求所进行的规划与安排。该表是投资估算和融资方案两部分的衔接点。项目总投资使用计划与资金筹措表编制时应注意以下两个问题。

① 各年度的资金平衡　项目实施的各年度中，资金来源必须满足投资使用的要求，即编制的总投资使用计划与资金筹措表应做到资金的需求与筹措在时序、数量两方面都能平衡。资金来源的数量规模最好略大于投资使用的要求。

② 建设期利息　建设期利息要按照与建设投资用款计划相匹配的筹资方案来计算。根据债务融资条件的不同，建设期利息的计算主要分为三种情况。一是在建设期内只计不付（统一在还款期内偿付），这时可将建设期利息复利计算后计入债务融资总额当中，将建设期利息视为新的负债；二是在建设期内采用项目资本金按约定偿付（如按年、按季度付息），这时债务融资总额不包括建设期利息在内；三是若使用债务资金偿还同种债务资金的建设期利息，等于增加债务融资的本金总额。

6.4.2　资金成本分析

6.4.2.1　资金成本的构成

资金成本是指项目使用资金所付出的代价，由资金占用费和资金筹集费两部分组成。资金占用费是指使用资金过程中发生的向资金提供者支付的代价，包括借款利息、债券利息、优先股股息、普通股红利及权益收益等。

资金筹集费是指筹集过程中所发生的各种费用，包括律师费、资信评价费、公证费、证券印刷费、发行手续费、担保费、承诺费、银行贷款管理费等。

资金成本通常用资金成本率表示。资金成本率是指使筹得的资金与筹资期间及使用期间发生的各种付款支出（包括向资金提供者支付的各种代价）等值时的收益率或贴现率。不同来源资金的资金成本率的计算方法不尽相同，但理论上均可用下式表示：

$$\sum_{t=0}^{n} \frac{F_t - C_t}{(1+i)^t} = 0$$

式中　F_t——各年实际筹措资金流入额；

C_t——各年实际资金筹集费和对资金提供者的各种付款，包括贷款、债券等本金的偿还；

i——资金成本率；

n——资金占用年限。

6.4.2.2　权益资金成本分析

（1）优先股资金成本　优先股有固定的股息，优先股股息用税后净利润支付，这一点与贷款、债券利息等的支付不同。此外，股票一般是不还本的，故可将它视为永续年金。优先股资金成本计算公式为：

优先股资金成本＝优先股股息/（优先股发行价格－发行成本）

这一公式可由前述理论上的通用公式推导得出，在这里资金占用期限 n 为∞。

【例 6-6】 某优先股面值 100 元，发行价格 98 元，发行成本 3%，每年付息 1 次，固定股息率 5%。计算该优先股资金成本。

解：该优先股的资金成本为：

$$资金成本 = 5/(98-3) = 5.26\%$$

该项优先股的资金成本率约为 5.26%。

（2）普通股资金成本　普通股资金成本可以按照股东要求的投资收益率确定。如果股东要求项目评价人员提出建议，普通股资金成本可采用资本资产定价模型法、税前债务成本加风险溢价法和股利增长模型法等方法进行估算，也可参照既有法人的净资产收益率。

① 采用资本资产定价模型法（CAPM）　按照资本资产定价模型法，普通股资金成本的计算公式为：

$$K_s = R_f + \beta(R_m - R_f)$$

式中　K_s——权益资金成本（普通股资金成本）；

R_f——无风险投资收益率；

R_m——市场投资组合预期收益率；

β——项目的投资风险系数。

投资风险系数是反映行业特点与风险的重要数值，应在行业内抽取有代表性的企业样本，以若干年企业财务报表数据为基础数据，进行行业风险系数测算。

【例 6-7】 设社会无风险投资收益率为 3%（长期国债利率），市场投资组合预期收益率为 12%，某项目的投资风险系数为 1.2，采用资本资产定价模型计算普通股资金成本。

解：普通股资金成本为：

$$K_s = R_f + \beta(R_m - R_f) = 3\% + 1.2(12\% - 3\%) = 13.8\%$$

权益资金成本实际上就是权益资金要求的收益率。对于城市水务行业来说，其投资收益率应该在政府认可、社会和居民可承受、水务企业可接受的合理限度内，同时考虑到水务企业的财务持续性。根据我国 8 家涉及水务的上市公司的 2018 年年报和 2019 年中报数据，采用资本资产定价模型法可得到城市水务行业投资收益率的合理范围为 8.8%～12%。城市水务投资收益率水平虽然不高，但收益较为稳定，能够准确预期，具有特殊的资产配置价值。

② 采用税前债务成本加风险溢价法　根据"投资风险越大，要求的报酬率越高"的原理，投资者的投资风险大于提供债务融资的债权人，因而会在债权人要求的收益率上再要求一定的风险溢价。据此，普通股资金成本的计算公式为：

$$K_s = K_b + RP_c$$

式中　K_s——权益资金成本；

K_b——所得税前债务资金成本；

RP_c——投资者比债权人承担更大风险所要求的风险溢价。

风险溢价是凭借经验估计的。一般认为，某企业普通股风险溢价对其自己发行的债券来讲，在 3%～5% 之间。当市场利率达到历史性高点时，风险溢价较低，在 3% 左右；当市场利率处于历史性低点时，风险溢价较高，在 5% 左右；通常情况下，一般采用 4% 的平均风险溢价（特殊情况除外）。

③ 采用股利增长模型法　股利增长模型法是依照股票投资的收益率不断提高的思路来计算普通股资金成本的方法。一般假定收益以固定的增长率递增，其普通股资金成本的计算公式为：

$$K_s = \frac{D_1}{P_0} + G$$

式中　K_s——权益资金成本；

　　　D_1——预期年股利额；

　　　P_0——普通股市价；

　　　G——普通股利年增长率。

【例 6-8】 某上市公司普通股目前市价为 16 元，预期年末每股发放股利 0.8 元，股利年增长率为 6%，计算该普通股资金成本。

解： 该普通股资金成本为：

$$K_s = \frac{D_1}{P_0} + G = \frac{0.8}{16} + 6\% = 5\% + 6\% = 11\%$$

6.4.2.3　债务资金成本分析

（1）所得税前分析

① 借款资金成本计算　向银行及其他各类金融机构以借贷方式筹措资金时，应分析各种可能的借款利率水平、利率计算方式（固定利率或者浮动利率）、计息（单利、复利）和付息方式，以及偿还期和宽限期，计算借款资金成本，并进行不同方案比选。借款资金成本的计算举例如下。

【例 6-9】 期初向银行借款 100 万元，年利率为 6%，按年付息，期限 3 年，到期一次还清借款，资金筹集费为借款额的 5%。计算该借款资金成本。

解： 按筹得的资金同筹资期间及使用期间发生的各种费用等值的原理计算：

$$100 - 100 \times 5\% - 100[6\% \times (1+i)^{-1} - 6\% \times (1+i)^{-2} - 6\% \times (1+i)^{-3} - (1+i)^{-3}] = 0$$

用人工试算法计算：

$$i = 7.94\%$$

② 债券资金成本计算　债券的发行价格有三种，即溢价发行、折价发行、等价发行。溢价发行以高于债券票面金额的价格发行；折价发行以低于债券票面金额的价格发行；等价发行按债券票面金额的价格发行。调整发行价格可以平衡票面利率与购买债券收益之间的差距。债券资金成本的计算与借款资金成本的计算类似。

【例 6-10】 面值 100 元债券，发行价格 100 元，票面年利率 4%，3 年期，到期一次还本付息，发行费 0.5%，在债券发行时支付，兑付手续费 0.5%。计算债券资金成本。

解： 按筹得的资金同筹资期间及使用期间发生的各种费用等值的原理计算：

$$100 - 100 \times 0.5\% - 100(1 + 3 \times 4\%)(1+i)^{-3} - 100 \times 0.5\% \times (1+i)^{-3} = 0$$

用人工试算法计算：

$$i = 4.18\%$$

③ 融资租赁资金成本计算　采取融资租赁方式所支付的租赁费一般包括类似于借贷融资的资金占用费和对本金的分期偿还额。其资金成本的计算举例如下。

【例 6-11】 融资租赁公司提供的设备融资额为 100 万元，年租赁费费率为 15%，按年支付，租赁期限 10 年，到期设备归承租方，忽略设备余值的影响，资金筹集费为融资额的 5%，计算融资租赁资金成本。

解：按筹得的资金同筹资期间及使用期间发生的各种费用等值的原理计算：

$$100-100\times5\%-100\times15\%\times(P/A,i,10)=0$$

用人工试算法计算：

$$i=9.3\%$$

（2）所得税后分析　借贷、债券等的筹资费用和利息支出均在缴纳所得税前支付，对于股权投资方，可以取得所得费抵减的好处。

① 借贷、债券等融资所得税后资金成本　常用简化计算公式为：

$$所得税后资金成本＝所得税前资金成本\times(1-所得税税率)$$

【例6-12】 采用【例6-9】的数据，计算所得税后资金成本。

解：如所得税税率为 25%，则税后资金成本为 $7.94\%\times(1-25\%)=5.96\%$。

② 考虑利息和本金的不同抵税作用后的税后资金成本　对资金提供者的各种付款不是都能取得所得税抵减的好处，如利息在税前支付，具有抵税作用，而借款本金偿还要在所得税后支付。考虑利息和本金的不同抵税作用后，其税后资金成本的计算如下。

【例6-13】 采用【例6-9】数据，只考虑利息的抵税作用，计算税后借款资金成本。

解：如所得税税率为 25%，按筹得的资金同筹资期间及使用期间发生的各种费用等值的原理计算：

$$100(1-5\%)-100\times6\%\times(1-25\%)[(1+i)^{-1}-(1+i)^{-2}-(1+i)^{-3}]-100(1+i)^{-3}=0$$

用人工试算法计算：

$$i=6.38\%$$

③ 考虑免征所得税年份的影响后的税后资金成本　在计算所得税后债务资金成本时，还应注意在项目建设期和项目运营期内的免征所得税年份，利息支付并不具有抵税作用。因此，含筹资费用的所得税后债务资金成本可按下式采用人工试算法计算：

$$P_0(1-F)=\sum_{i=1}^{n}\frac{P_i+I_i(1-T)}{(1+K_d)^i}$$

式中　P_0——债券发行额或长期借款金额，即债务的现值；

P_i——约定的第 i 期末偿还的债务本金；

F——债务资金筹资费用率；

n——债务期限，通常以年表示；

I_i——约定的第 i 期末支付的债务利息；

T——所得税税率；

K_d——所得税后债务资金成本。

式中，等号左边是债务人的实际现金流入，等号右边为债务引起的未来现金流出的现值总额。该公式中忽略未计债券兑付手续费。

使用该公式时，应根据项目具体情况确定债务期限内各年的利息是否应乘以 $(1-T)$，如前所述，在项目的建设期内不应乘以 $(1-T)$，在项目运营期内的免征所得税年份也不应乘以 $(1-T)$。

【例6-14】 某废旧资源利用项目，建设期 1 年，投产当年即可盈利，按有关规定可免征所得税 1 年，投产第 2 年起，所得税税率为 25%。该项目在建设期期初向银行借款 1000 万元，筹资费用率为 0.5%，年利率为 6%，按年付息，期限 3 年，到期一次还清借款，计算该借款的所得税后资金成本。

解： $1000\times(1-0.5\%)=\dfrac{1000\times6\%}{1+K_d}+\dfrac{1000\times6\%}{(1+K_d)^2}+\dfrac{1000+1000\times6\%\times(1-25\%)}{(1+K_d)^3}$

用人工试算和线性插值法计算：

$$K_d=5.72\%$$

6.4.2.4 扣除通货膨胀影响的资金成本分析

借贷资金利息等，通常包含通货膨胀因素的影响，这种影响既来自近期实际通货膨胀，也来自未来预期通货膨胀。扣除通货膨胀影响的资金成本可按下式计算：

$$\text{扣除通货膨胀影响的资金成本}=\dfrac{1+\text{未扣除通货膨胀影响的资金成本}}{1+\text{通货膨胀率}}-1$$

【例 6-15】 续【例 6-9】和【例 6-13】，如果通货膨胀率为 -1%（即存在通货紧缩），试计算扣除通货膨胀后的资金成本。

解： 税前：

$$[(1+7.94\%)/(1-1\%)]-1=9.03\%$$

税后：

$$[(1+6.38\%)/(1-1\%)]-1=7.45\%$$

在计算扣除通货膨胀影响的资金成本时，应当先计算扣除所得税的影响，然后扣除通货膨胀的影响，次序不能颠倒，否则会得到错误结果。这是因为所得税也受到通货膨胀的影响。上例中，如果先扣除通货膨胀影响，税前资金成本为 9.03%，再扣除所得税抵减，税后扣除通货膨胀的资金成本为 $9.03\%\times(1-25\%)=6.77\%$，与 7.45% 相比产生显著偏差。

6.4.2.5 加权平均资金成本分析

加权平均资金成本（weighted average cost of capital，WACC）以各种资金占全部资金的比重为权数，对个别资金成本进行加权平均确定的，其计算公式为：

$$K_w=\sum_{j=1}^{n}K_jW_j$$

式中　K_w——加权平均资金成本（WACC）；

K_j——第 j 种个别资金成本；

W_j——第 j 种个别资金成本占全部资金的比重（权数），$\sum\limits_{j=1}^{n}W_j=1$；

n——各类资金来源（融资类型）的个数。

6.4.3 融资结构比选

（1）比较资金成本法　比较资金成本法是指在适度财务风险的条件下，测算可供选择的不同资金结构或融资组合方案的加权平均资金成本率，并以此为标准相互比较，确定最佳资金结构的方法。

（2）息税前利润-每股利润分析法　息税前利润-每股利润（EBIT-EPS）分析法是利用息税前利润和每股利润之间的关系来确定最优资金结构的方法，也即利用每股利润无差别点来进行资金结构决策的方法。每股利润无差别点的计算公式如下：

$$\dfrac{(\text{EBIT}-I_1)(1-T)-D_{P_1}}{N_1}=\dfrac{(\text{EBIT}-I_2)(1-T)-D_{P_2}}{N_2}$$

式中 EBIT——息税前利润平衡点，即每股利润无差别点；

I_1，I_2——两种增资方式下的长期债务年利息；

D_{p_1}，D_{p_2}——两种增资方式下的优先股年股利；

N_1，N_2——两种增资方式下的普通股股数；

T——所得税税率。

当息税前利润大于每股利润无差别点时，增加长期债务的方案要比增发普通股的方案有利，而息税前利润小于每股利润无差别点时，增加长期债务则不利。因此，这种分析方法的实质是寻找不同融资方案之间的每股利润相等时的息税前利润点，亦称息税前利润平衡点或融资无差别点，进而找出对股东最为有利的资金结构。

【例6-16】 某公司拥有长期资金17000万元，其资金结构为：长期债务2000万元，普通股15000万元。现准备追加融资3000万元，有三种融资方案可供选择：增发普通股、增加长期债务、发行优先股。企业适用所得税税率为25%。公司目前和追加融资后的资金结构见表6-3，判断哪种融资方案更优。

表6-3 某公司目前和追加融资后的资金结构资料

资金种类	目前资金结构		追加融资后的资金结构					
			增发普通股		增加长期债务		发行优先股	
	金额/万元	比例	金额/万元	比例	金额/万元	比例	金额/万元	比例
长期债务	2000	0.12	2000	0.1	5000	0.25	2000	0.10
优先股							3000	0.15
普通股	15000	0.88	18000	0.90	15000	0.75	15000	0.75
资金总额	17000	1.00	20000	1.00	20000	1.00	20000	1.00
其他资料								
年债务利息额/万元	180		180		540		180	
年优先股股利额/万元							300	
普通股股数/万股	2000		2600		2000		2000	

解：（1）增发普通股与增加长期债务两种增资方式下的每股利润无差别点为：

$$\frac{(EBIT-180)(1-25\%)}{2600}=\frac{(EBIT-540)(1-25\%)}{2000}$$

$$EBIT=1740（万元）$$

因此，当息税前利润大于1740万元时，采用增加长期债务的方式融资更优；反之，则采用增发普通股的方式融资更优。

（2）增发普通股与发行优先股两种增资方式下的每股利润无差别点为：

$$\frac{(EBIT-180)(1-25\%)}{2600}=\frac{(EBIT-180)(1-25\%)-300}{2000}$$

$$EBIT=1913（万元）$$

因此，当息税前利润大于1913万元时，采用发行优先股的方式融资更优；反之，则采用增发普通股的方式融资更优。

 思考题

1. 什么是契约式合资结构？项目融资与公司融资的方式有什么特点？

2. 某投资项目的银行借款的税前资金成本为 7.94%，所得税税率为 25%，期间通货膨胀率为 3%，则税后扣除通货膨胀因素影响的资金成本是多少？

3. 某股份有限公司拟投资项目的融资方案为：金融机构贷款 2000 万元，税后资金成本为 5%；发行优先股 500 万元，资金成本为 10%；企业通过证券市场配股筹集 1500 万元，资金成本为 15%。该融资方案的税后加权平均资金成本是多少？

4. 某上市公司普通股目前市价为 15 元，预期每股年股利额为 0.7 元，股利年期望增长率为 7%，该普通股资金成本为多少？

5. 某污水处理项目，建设期 2 年，投入运行后的第 2 年生产负荷将达到设计负荷。项目的资金使用（建设投资和流动资金占用）计划见表 6-4；资金来源中，资本金占项目总投资的 35%，其余为贷款。长期贷款年利率 6.12%，流动资金借款年利率 5.8%。请完成表 6-4 中的资金筹措部分。

表 6-4　项目总投资使用计划与资金筹措表 　　　　　单位：万元

序号	项目	合计	年份			
			1	2	3	4
1	投资计划					
1.1	建设投资		15000	9000		
1.2	建设期利息					
1.3	流动资金				350	60
2	资金筹措					
2.1	资本金					
2.1.1	用于建设投资					
2.1.2	用于支付建设期利息					
2.1.3	用于流动资金					
2.2	长期贷款					
2.2.1	期初余额					
2.2.2	本期贷款					
2.2.3	本期偿还本金					
2.2.4	期末余额					
2.2.5	可资本化利息					
2.3	流动资金借款					
2.3.1	期初余额					
2.3.2	本期贷款					
2.3.3	本期偿还本金					
2.3.4	期末余额					
2.3.5	可资本化利息					

第7章

环境工程项目财务分析

财务分析是在财务效益与费用估算的基础上，编制财务报表，然后计算财务分析指标，考察和分析项目的盈利能力、偿债能力和财务生存能力，判断项目的财务可行性，明确项目对财务主体的价值以及对投资者的贡献，为投资决策、融资决策以及银行审贷提供依据。本章介绍环境工程项目财务分析的内容、价格体系以及财务分析要点。

7.1 商业活动与现金流量

在构成财务报表的交易行为的框架内，讨论商业活动中的交易行为产生的现金流对财务报表的影响。了解现金流和财务报表之间的关系，有助于判别项目财务可行性与项目投资对公司可能产生的影响。

7.1.1 交易的双重性质

（1）公司的发起　一家公司或一个项目在成立之初，其实是一无所有的。只有当资金账户中注入启动资金后，公司（项目）才能开始运作。资金的需求者和持有者之间的资金融通和交易行为，会使他们持有的现金、资产、负债和权益发生变化，下面举例说明。

A 公司从他的投资者那里收集到的资金，称为股份资本（shared capital）。比如，A 公司从投资者 B 那里得到 100 万元人民币用于建设生产设施，这笔钱就是 A 公司的股份资本或者股权资本（equity capital），B 出资人（或者出资公司）就拥有了 A 公司的股份。如果B 是唯一的投资者，那么 B 就拥有 A 公司的所有股份，成为 A 公司的所有者（owner）。

A 公司还可以进一步通过借贷、债券和抵押等方式得到资本。比如，A 公司还需要 100 万元才能开始生产，那么他可以向 C 银行借钱，这种形式得到的资本称为债务资本（debt capital）。

A 公司利用融资活动得到的资金，建立起生产设施使生产线开始运转。这些投入包括了以下三种不同的形式。

① 产品生产所需的厂房和设备。

② 行政和经营所需的建筑和设备。

③ 用于产品制造的原材料库存。

第①和②项形成固定资产（fixed capital），第③项形成流动资产（working capital）。因

此，A 公司为了开始经营，把融资得到的资本投入到了固定资产和流动资产中。

（2）交易的双重性质　A 公司所进行的每一项最初的交易都具有双重性质。比如，A 公司从投资者 B 那里得到 100 万元的注册资本；投资者 B 提供 100 万元现金，换得对公司所有权的分享。这项交易完成后，A 公司有了 100 万元的现金资产，投资者 B 成了 A 公司的所有者，并享有与其出资额相当的股本，见图 7-1（a）。

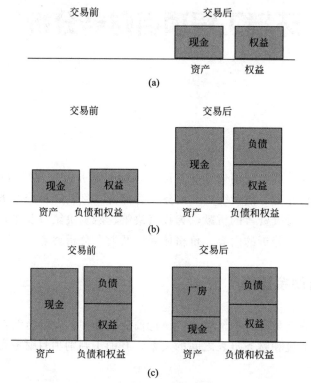

图 7-1　交易的双重性质

（a）公司的第一笔交易：从所有者那里收集资金为执行公司的商业计划打下基础；

（b）第二笔交易：从债权人那里收集资金为执行公司的商业计划打下基础；

（c）第三笔交易：购买生产设施和设备执行公司的商业计划

A 公司从 C 银行那里通过借贷协议得到了 100 万元资金。这项交易使 A 公司现金资产又增加了 100 万元，但是也增加了公司对外的债务❶，见图 7-1（b）。

在接下来的交易中，A 公司把从所有者 B 和债权人 C 那里得到的资金用于购买设备。这一系列的交易减少了 A 公司的现金资产，但是也增加了与减少的现金资产等值的物质资产，见图 7-1（c）。

这三种交易每一个都有双重性质。如果公司从所有者那里获得资金开始经营活动，那么所有者对公司资产的声索权就会等价地增加；如果公司用现金购买设备，那么公司持有现金量就会下降，同时持有的固定资产就会等价地增加。

交易的双重性质引出了会计等式的重要原则，用下面公式表示：

$$资产-负债=权益$$

---

❶ 债务（debt）指偿债义务，也指所欠的债，在本书中指以信贷、债券等方式得到的债务资金。负债（liability）指欠人钱财，不一定是欠银行的借款，也可以是其他对损失、伤害或者资金支付所承担的责任，包括各类应付款项，并构成资产负债表中的一方。

这个公式也可以写成：

$$资产＝权益＋负债$$

公司既拥有资产，也欠下债务，两者之差称为股东权益（shareholders'equity）。会计等式就是实现公司资产和公司负债的平衡。

这个会计等式表达的概念是公司的资产既属于其所有者，也是欠债权人的；或者说，资产既包括所有人对资产的声索权，也包括了负债。如果某一天公司的经营活动结束了，所有的资产被出售，那么出售所得应归于公司的债权人和所有者。会计等式和交易双重性，是编制财务报表中资产平衡表的基础。

7.1.2 商业活动中的现金流量

7.1.2.1 商业活动与交易

公司从发起到经营的各个环节，可以归结为融资活动、投资活动和经营活动这三类商业活动及其涉及的七类商业交易（表 7-1）。在商业交易中发生的以货币表示的收入和支付，就是现金流量（current flow，CF）。

表 7-1 商业活动与现金流动

公司活动	收入	支出
融资活动	资本金注入 债务资金注入 资产回收	
投资活动		初期投资 资产修复
经营活动	经营收入	经营成本(O&M)

7.1.2.2 利润循环

某个财务报告期的商业活动和商业交易可以用图 7-2 来表示，它包含了表 7-1 中的三类公司活动和七类商业交易，能说明资本、经营和利润之间的关系。此外，图 7-2 还给出的一个重要信息——利润是一个如图 7-2 所示可反馈的循环。

图 7-2 是从资金账户（1）开始的。资金账户的流入代表了资本的增加，或者股东权益资本的增加，或者从债权人那里得到的债务资本的增加。这些资本被用来投资于固定资产、无形资产和流动资产（2）。

资产用于公司生产经营过程，如图中点（3）所示。经营成本发生自购入原材料、燃料动力，支付人员报酬、修理费和其他开销，公司以高于成本的价格对外销售产品和服务，由此产生利润。下面看看 2.6 节中提到的四种利润和净现金流入分别是如何产生的。

（1）利润

① 毛利润 销售收入扣除营业税金及附加和经营成本之后的值，计算公式如下：

$$毛利润＝s_t－c_t \tag{7-1}$$

式中 s_t——销售收入，已扣除营业税金及附加；

c_t——经营成本；

t——会计报告期。

② 息税前利润 大多数国家的税务系统都允许从毛利润中扣除折旧。这种扣除减少了

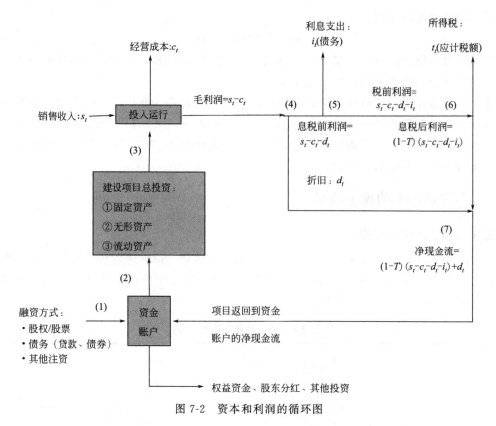

图 7-2　资本和利润的循环图

应计税收入，目的是鼓励固定资产投资。折旧不是一种经营成本，也不反映设备更新的实际费用，但允许避税。

从毛利润中扣除折旧以后的部分是息税前利润（earnings before interest and taxation，EBIT），如图中点（4）所示，计算公式如下：

$$息税前利润 = s_t - c_t - d_t \qquad (7\text{-}2)$$

式中，d_t 为折旧。

③ 税前利润　除了折旧以外，贷款利息支付也可以从毛利润中扣除，如图中点（5）所示。扣除利息后的部分是税前利润，用下面公式计算：

$$税前利润 = s_t - c_t - d_t - i_t \qquad (7\text{-}3)$$

式中，i_t 为贷款利息支付。

④ 税后利润　也称会计利润、净利润。如果可计税收入为负（即亏损），不计算所得税。如果公司盈利，所得税可用下面公式计算：

$$所得税 = T(s_t - c_t - d_t - i_t) \qquad (7\text{-}4)$$

式中，T 为向政府支付所得税的税率。

税后利润如图中点（6）所示，可用下面公式计算：

$$税后利润 = (1-T)(s_t - c_t - d_t - i_t) \qquad (7\text{-}5)$$

税后利润就是会计利润，或者说是报表周期内的净利润。

（2）净现金流入　有必要强调一下，净利润不是现金，因为它包含了折旧，而折旧是为了计算所得税从利润中扣除的非现金补贴。为了计算报表周期内产生的净现金流入，需要把折旧加到税后利润中去，用下面公式计算：

$$净现金流入＝(1-T)(s_t-c_t-d_t-i_t)+d_t \tag{7-6}$$

产生的净现金流入，如图中点（7）所示，将被加到流程开始的地方——资金账户中去。公司能利用资金账户中的资源，向股东支付红利，向债权人支付利息，或者投资其他的商业机会。

7.2　公司财务报表

7.2.1　财务报表概述

公司商业活动需要记录所有的交易行为并加以整理，这样管理者才能做出正确的生产、财务和战略决定；才能正确计算应交税款；才能使股东和其他利益相关方如潜在客户和供应商能够正确评价公司经营状况。

会计就是要收集这些数据并整理到财务报表（financial statement）中。财务报表的三个类型是：利润表（income statement），也称为损益表，反映公司的收入、成本和利润状况，用于分析盈利能力和偿债能力；现金流量表（cash flow statement），反映公司现金流入、流出状况，也就是公司的资金链状况，用于分析生存能力；资产负债表（balance sheet），也称为资产平衡表，描述公司资产状态，用于分析公司价值。

利润表和现金流量表用于评价经营状况，计算会计周期结余；资产负债表用于评价财富状况，计算公司整个生命周期的资产结余。

图 7-2 中表示的资本和利润的相互关系，是构建资产负债表和利润表的基础。资产负债表和利润表涉及的内容或者区域，见图 7-3。

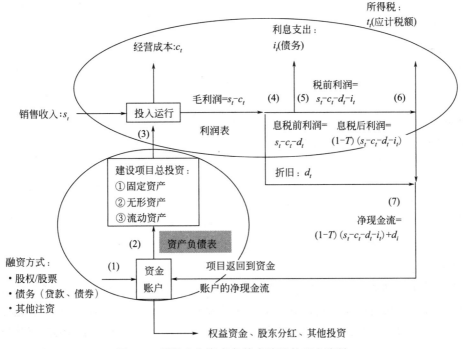

图 7-3　利润表和资产负债表涉及的现金流量

7.2.1.1 利润表

（1）利润表的计算　商业经营的目的是创造利润。利润表报告企业在某个报表周期内盈利的多少，简单地说就是总收入减去总花费的值：

$$报表周期利润(亏损)＝总收入－总花费 \tag{7-7}$$

如果值为负，花费超过收入，就会亏损；反之则会盈利。

利润表的格式根据当地政府的要求而定，表 7-2 给出了一种形式。通常同时列出当前报表周期的数据和前一个周期的数据，以便比较公司在不同时期的经营表现。

表 7-2　某 IT 公司按季度利润表（公布未审计）　　　　　　　单位：千美元

报告日期	2013 年 3 月 31 日	2012 年 12 月 31 日	2012 年 3 月 31 日
收入			
在线广告	116289	120756	82650
在线游戏	167421	158159	125968
无线业务	13773	12632	13351
其他	10113	7945	4680
收入合计	307596	299492	226604
成本			
在线广告	65670	57436	50020
在线游戏	22650	21875	15831
无线业务	9271	8358	8853
其他	5938	5874	4818
成本合计	103529	93543	79522
毛利润	204067	205949	147082
营业费用			
产品支出	51819	52432	38593
销售及市场推广	58723	68833	38654
管理费用	22589	20275	17794
营业费用合计	133131	141540	95041
税前利润			
营业利润	70936	64409	52041
其他收入/费用	2531	2102	1613
利息收入	6701	5585	6495
汇兑损益	－1985	－704	－643
税前利润合计	78183	71392	59506
所得税的费用	20018	20290	18687
净利润	58165	51102	40819

利润表的内容通常都应归属到下列四大类之下。

① 第一类是营业收入，指提供商品或服务而换取的收入，这个收入原则上应符合营利事业登记的项目，故出售固定资产并不能视为营业收入。另外销货退回与折让，通常在营业收入大类中，是用退回与折让的科目作为营业收入的减项，以了解营业活动的异常状况。

② 第二类是营业成本，指因为得到营业收入，所提供"对应"商品或服务的费用的归集，所谓"对应"是指如没有这个营业收入，便不会产生的成本。有时候买卖业忽略了商品以外的其他对应支出（如运费支出），这时就有毛利润失真的现象。

③ 第三类是营业费用，也称为其他费用，泛指为维持企业活动所必须支出的费用，这个费用通常与某一特定的营业收入无关，因此是共同费用性质。

④ 第四类是营业外收支，指与营业宗旨无关的收入或支出。

利润表可以按照图 7-3 编制，各条目的顺序也可以参照图 7-3。因此，利润表编制可从项目生产开始到净利润结束，见表 7-3。

表 7-3　利润表的计算

结算条目	报表周期内的值
销售收入(已扣除营业税金及附加) 经营成本	s_t c_t
毛利润 营业费用 折旧	$s_t - c_t$ sga_t① d_t
经营利润 EBIT 利息支出 所得税	$s_t - c_t - sga_t - d_t$ i_t $T(s_t - c_t - sga_t - d_t - i_t)$
净利润	$(1-T)(s_t - c_t - sga_t - d_t - i_t)$

① sga_t 是销售支出、一般性支出及行政支出。

净利润是利润表的最后一项，用来衡量公司的经营效果。利润越大，公司经营越好。利润表每年结账一次，所谓结账，是指所有利润表上的科目在结账后都归零了，其差额转入资产负债表的资本项中。

(2) 利润表的评价　根据利润表中的利润并结合其他报表，可以计算下面指标以评价公司的盈利能力和偿债能力。下面结合图 7-2 来说明这些指标。

① 总投资收益率　表示总投资的盈利水平，指年息税前利润或运营期内年平均息税前利润（EBIT）与项目总投资（TI）的比率，其计算公式为：

$$ROI = \frac{EBIT}{TI} \times 100\% \tag{7-8}$$

式中　ROI——总投资收益率；

　　EBIT——项目正常年份的年息税前利润或运营期内年平均息税前利润；

　　　　TI——项目总投资。

② 项目资本金净利润率　表示资本金的盈利水平，指年净利润或运营期内年平均净利润（NP）与项目资本金（EC）的比率，其计算公式为：

$$ROE = \frac{NP}{EC} \times 100\% \tag{7-9}$$

式中　ROE——资本金净利润率；

　　　NP——项目正常年份的年净利润或运营期内年平均净利润；

　　　EC——项目资本金。

③ 利息备付率　利息备付率是指在借款偿还期内的息税前利润（EBIT）与应付利息（PI）的比值，它从付息资金来源的充裕性角度反映项目偿付债务利息的保障程度。其计算公式为：

$$ICR = \frac{EBIT}{PI} \tag{7-10}$$

式中　ICR——利息备付率；

　　　EBIT——息税前利润；

　　　　PI——计入总成本费用的全部利息。

在做项目经济分析时，利息备付率应分年计算，利息备付率至少应大于1，一般不宜低于2，并根据以往经验结合行业特点来判断，或是根据债权人的要求确定。

④ 偿债备付率　偿债备付率是指在借款偿还期内，用于计算还本付息的资金（EBIT-DA$-T_{AX}$）与应还本付息金额（PD）的比值，它表示可用于计算还本付息的资金偿还借款本息的保障程度。其计算公式为：

$$DSCR = \frac{EBITDA - T_{AX}}{PD} \tag{7-11}$$

式中　DSCR——偿债备付率；

　　EBITDA——息税前利润加折旧和摊销；

　　　T_{AX}——企业所得税；

　　　　PD——应还本付息金额，包括还本金额和计入总成本费用的全部利息，融资租赁费用可视同借款本金偿还，运营期内的短期借款本息也应纳入计算。

如果项目在运营期内有维持运营的投资，可用于还本付息的资金应扣除维持运营的投资。

在做项目经济分析时，偿债备付率应分年计算。偿债备付率应大于1，并结合债权人的要求确定。

7.2.1.2　现金流量表

利润表提供的商业评价是从收入和开销的计算中得到的，而不是从现金的收付中得到的。这种计算方法称为权责发生制，或称应计制会计制度❶。这时，利润和现金之间可能没有一对一的关系。有时候，一家本来盈利的公司会因为现金短缺破产了。实际上，现金短缺不能偿还债务是最常见的公司破产原因，也就是常说的资金链断裂。

现金流量表反映的是会计报告周期内的现金收付，包括经营中的现金流入流出及外部投资和融资活动。表7-4给出现金流量表的一种形式。

表 7-4　某 IT 公司按季度现金流量表（公布未审计）　　　　　单位：千美元

报告期	2013 年 3 月 31 日	2012 年 3 月 31 日
经营活动现金流		
净收入	58165	40819
调整净收入为经营活动净现金流	26789	30110
资产和负债变化	−38186	2 363
经营活动净现金流合计	46768	73292
投资活动现金流		
投资活动净现金流合计	−103380	−35181

❶ 相对于现金制会计制度而言。

续表

报告日期	2013 年 3 月 31 日	2012 年 3 月 31 日
融资活动净现金流		
融资活动净现金流合计	17185	−10755
汇率变动对等值现金的影响	4222	1481
等值现金		
期初	833535	732607
期末	798330	761444

（1）现金流量计算

① 经营活动　经营现金流反映的是从消费者那里得到的现金流入和支付给供应商和员工的现金流出。计算经营现金流有直接和间接两种办法。

直接办法是把所有现金交易中与经营相关的部分单列出来计算经营现金流；间接办法是根据利润表中得到的净利润来计算现金流。间接办法是实践中最常采用的方法，计算时调整净利润中非现金流（比如折旧）和流动资金变化两个方面。

如前所述，净利润的计算公式为：

$$净利润＝(1−T)(s_t−c_t−sga_t−d_t−i_t) \tag{7-12}$$

由于折旧不是现金流，所以先把折旧加到净利润中，计算公式如下：

$$净利润计算的现金流＝(1−T)(s_t−c_t−sga_t−d_t−i_t)+d_t \tag{7-13}$$

库存的变化，负债、债权数量，也会改变公司现金流状态。由于这些变化属流动资金变化，是经营活动的结果，所以也应该把它们列到经营现金流中去。流动资金的计算公式为：

$$流动资金＝流动资产−流动负债 \tag{7-14}$$

$$\Delta(WC)_t＝当期流动资金−前一期流动资金 \tag{7-15}$$

式中，$\Delta(WC)_t$ 为会计报告周期内流动资金的变化。

根据资产负债表，能够计算出流动资金变化。把流动资金变化也加到经营活动现金流量的计算式中去，得到：

$$经营活动的现金流＝(1−T)(s_t−c_t−sga_t−d_t−i_t)+d_t−\Delta(WC)_t \tag{7-16}$$

② 投资活动　投资活动是指公司对固定资产的购买和处置，它反映在资产负债表上就是当期固定资产和上一期比较的变化，用下式表示：

$$投资活动现金流＝A_t \tag{7-17}$$

式中，A_t 为固定资产投资或非现金资产的变化。

③ 融资活动　融资活动是指公司通过出让权益和贷款的组合方式筹集资金的活动。这两种融资活动的结果表现为长、短期贷款的变化以及权益资本的变化（不包括未分配利润）。此外，公司向股东发放现金红利时，公司现金资产将减少，这一变化也在这个部分来反映。某一会计报告周期 t 融资活动现金流的计算公式如下：

$$融资活动现金流＝L_t＋E_t−Div_t \tag{7-18}$$

式中　L_t——增加的贷款；

　　　E_t——增加的权益；

　　Div_t——发放的红利。

（2）公司现金状态　会计报告周期的净现金流是经营现金流、投资现金流和融资现金流的总和，用下式表示：

$$净现金流 = CF(经营现金流) + CF(投资现金流) + CF(融资现金流) \qquad (7\text{-}19)$$

式中，CF 为现金流。

把式 (7-19) 中每一部分的计算公式代入，则可写为：

$$净现金流 = (1-T)(s_t - c_t - sga_t - d_t - i_t) + d_t - \Delta(WC)_t - A_t + L_t + E_t - Div_t \qquad (7\text{-}20)$$

式 (7-20) 综合反映了影响公司现金状态的主要因素。公司现金流量表上最后得到的这个数据，就是对公司现金状态的归纳。

7.2.1.3 资产负债表

(1) 资产负债表的编制 利润表衡量企业在会计周期的经营效果，资产负债表则报告某个时点公司的价值。资产负债表不仅细化公司财富的形式，而且罗列每一种形式财富的多少。资产负债表是对会计等式的贯彻。表中反映公司负债和股东权益两种形式。表 7-5 给出资产负债表的一种形式。

表 7-5 某 IT 公司按季度资产负债表 (公布未审计)　　　　单位：千美元

报告日期	2013 年 3 月 31 日	2012 年 12 月 31 日
资产		
流动资产	1246132	1231778
固定资产	319027	178951
商誉	159551	159215
无形资产净值	70818	70054
限定用途定期存款	170831	130699
预付非流动资产	167872	291643
其他资产	13224	13792
资产合计	2147455	2076132
负债		
流动负债	527926	552070
长期负债	176567	147035
负债合计	704493	699105
中间权益[①]	72606	61810
所有者权益		
归于该公司的所有者权益	1119551	1084223
归于少数股东[②]的权益	250805	230994
所有者权益合计	1370356	1315217
负债、中间权益和所有者权益合计	2147455	2076132

① 中间权益或称夹层资本，是收益和风险介于企业债务资本和股权资本之间的资本形态，如优先股。

② 少数股东也称为少数股权，指对公司没有控制权的其他股东。

资产是公司拥有的具有金钱价值的资源。资产通常被分成固定资产和流动资产。在资产负债表上，固定资产的价值是"账面价值"，它等于资产购置时的原始价值减去累计折旧值。

债务产生于借贷或者信用交易。债务一旦发生，在它被偿清以前，它就成为公司的一种义务。债务可以分成长期贷款（也叫长期债务）和流动负债。长期贷款的时间通常超过 1 年，形式以贷款为主；流动负债的时间通常不到 1 年，形式以信用交易或者透支为主。

权益是公司属于其所有者或股东的那个部分。权益的产生有两种方式。

① 公司成立时从股东或者所有者那里得到的股本金。

② 公司经营所得还没有分配给股东的净利润。

公司所有者或者股东对公司的投资，在资产负债表上称为股本。保留在公司没有分配给股东的未分配利润称为准备金或者公积金。因此，准备金等于公司经营历史上的全部净利润减去已经分配给股东的红利后，剩下的那部分。

根据会计等式，这三者的关系是：

$$资产 = 权益 + 债务 \tag{7-21}$$

由于资产由固定资产和流动资产组成，债务由长期贷款和流动负债组成，会计等式也可写成如下形式：

$$流动资产 + 固定资产 = 长期贷款 + 流动负债 + 权益 \tag{7-22}$$

根据式 (7-22) 可以编制资产负债表。式 (7-22) 还可以写成：

$$固定资产 + 流动资产 - 流动负债 = 长期贷款 + 权益 \tag{7-23}$$

式 (7-23) 中，流动资产减去流动负债的部分就是流动资金（流动资本）。

(2) 资产负债率评价　资产负债率是指负债总额（TL）同资产总额（TA）的比率。其计算公式为：

$$\text{LOAR} = \frac{\text{TL}}{\text{TA}} \times 100\% \tag{7-24}$$

式中　LOAR——资产负债率；

　　　　TL——期末负债总额；

　　　　TA——期末资产总额。

适度的资产负债率，表明企业经营安全、稳健，具有较强的筹资能力，也表明企业和债权人的风险较小。在做项目经济分析时，在长期债务还清后，可不再计算资产负债率。

7.2.2　财务报表之间的关系

三种财务报表是从三种角度对公司财务状况的分析，它们是关联的，一个变化，其他两个也会变化。为了更好理解它们之间的关系，下面做进一步的分析。

(1) 现金流量表与资产负债表　资产平衡是会计等式的基础：

$$资产 = 负债 + 权益 \tag{7-25}$$

用 A 表示资产，L 表示负债，E 表示权益，上式可以写为：

$$A = L + E \tag{7-26}$$

资产和负债可以分为现金形式和非现金形式。那么，会计等式可以写成：

$$\text{CA} + \text{NCA} = \text{CL} + \text{NCL} + E \tag{7-27}$$

式中　CA——流动资产；

　NCA——固定资产；

　　CL——流动负债；

　NCL——长期债务。

因为有：

$$CA = C + S + D \tag{7-28}$$

式中 C——现金（current）；

  S——库存（inventory or stock）；

  D——债权（debtor），包括应收账款和预付账款。

将此代入式（7-27）得：

$$C + S + D + NCA = CL + NCL + E \tag{7-29}$$

移项可得：

$$C = CL + NCL + E - S - D + NCA \tag{7-30}$$

式（7-30）把现金状态和资产负债表上的各项联系起来了，因而实际上是把现金流量表和资产负债表关联起来了。

由式（7-30）可以看出，如果公司要增加或者筹集现金，可以通过增加流动负债、增加非流动负债、增加权益，减少库存、减少债权、出售固定资产等方式。其中，增加流动负债的办法，可以是推迟向供应商的付款，或者增加短期借款（比如向银行透支）；增加非流动负债的办法，是吸收长期贷款；增加所有者权益的办法，可以是让股东增资，或者减少红利发放。

（2）利润表与资产负债表 利润表和资产负债表主要是通过未分配利润联系起来的，这一点从图 7-3 可以看出。因为股东权益是由股本、往年累积盈余、当年未分配利润组成的，所以 $A = L + E$ 可以写为：

$$A = L + SC + AE + RE \tag{7-31}$$

式中 SC——股本（shared capital）；

  AE——往年累积盈余（accumulated earnings）；

  RE——当年未分配利润（retained earnings）。

某一年的未分配利润是和当年的净利润成比例的，这样式（7-31）可以进一步写成：

$$A = L + SC + AE + \alpha_t \times NI_t \tag{7-32}$$

式中 NI_t——净利润；

  α_t——公司提取未分配利润或称准备金或公积金的比例。如果不保留利润，那么 $\alpha_t = 0$；如果利润全部保留不分配，那么 $\alpha_t = 1$。

这个公式表明，净利润越大、准备金提取比例越高，公司就越富有，越有价值。

前面分析了净利润的 NI_t 计算公式：

$$NI_t = (1 - T)(s_t - c_t - sga_t - d_t - i_t) \tag{7-33}$$

将此代入式（7-32）后可得：

$$A = L + SC + AE + \alpha_t(1 - T)(s_t - c_t - sga_t - d_t - i_t) \tag{7-34}$$

这个公式就把资产负债表和利润表关联起来了。由该公式可见，增加销售，或者减少产品成本、减少管理费用和减少利息支付，都能增加公司资产。

（3）折旧与财务报表 折旧的变化会同时影响三个表。一方面，折旧能增加利润和现金流；另一方面，折旧在会计报告周期内使资产价值降低。资产价值的计算公式为：

$$资产价值 = 期初资产 + 当期新增资产 - 折旧 \tag{7-35}$$

因此，增加折旧尽管会增加利润和现金流，但是会使资产价值减少。

7.3　环境工程项目财务分析

财务分析包括盈利能力分析、偿债能力分析和财务生存能力分析三方面内容。盈利能力分析考察项目本身获得利润的能力、项目给资本金（权益资本）带来的收益水平、项目持有给权益资本的各方带来的收益水平。偿债能力分析考察项目能否有按期偿还借款的能力。财务生存能力分析其实就是资金平衡分析，由是否有足够的净现金流量维持经营、年末累计盈余资金不出现负值两个方面来判断财务生存能力。

7.3.1　财务分析的步骤和内容

7.3.1.1　财务分析步骤

财务分析的步骤及各部分的关系，见图 7-4。

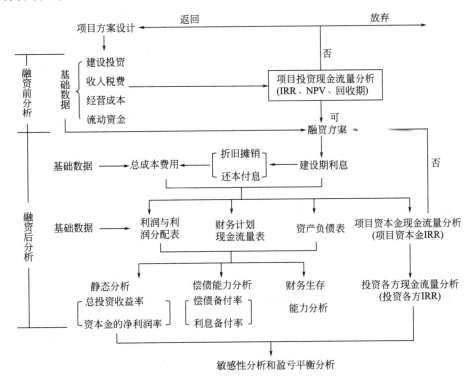

图 7-4　财务分析的步骤及各部分的关系

财务分析的阶段可分为融资前分析和融资后分析。一般宜先进行融资前分析，在融资前分析结论满足要求的情况下，初步设定融资方案，再进行融资后分析。在项目的初期研究阶段，可只进行融资前分析。

融资前分析是指在不考虑债务融资条件下进行的财务分析。融资前分析只进行盈利能力分析，并以项目投资折现现金流量分析为主，计算项目投资财务内部收益率（IRR、FIRR）和财务净现值（NPV、FNPV）指标，也可计算投资回收期指标。

融资后分析应以融资前分析和初步融资方案为基础，考察项目在拟定的融资条件下的盈利能力、偿债能力和财务生存能力，判断项目方案在融资条件下的可行性。融资后分析主要进行项目资本金折现现金流量分析和投资各方折现现金流量分析，计算项目资本金 FIRR、投资各方 FIRR 指标，以及项目资本金净利润率、总投资收益率等静态指标。融资后分析是比选融资方案、进行融资决策和投资者最终决定出资的依据。

7.3.1.2 财务分析内容

（1）盈利能力分析

① 动态评价　动态分析采用现金流量分析方法，在项目计算期内，以相关财务效益费用数据为现金流量，编制现金流量表，考虑资金时间价值，采用折现方法计算 FNPV、FIRR 等指标，用以分析考察项目投资盈利能力。现金流量分析又可分为项目投资现金流量分析、项目资本金现金流量分析和投资各方现金流量分析三个层次。

项目投资现金流量分析，是从融资前的角度，即在不考虑债务融资的情况下，确定现金流入和现金流出，编制项目投资现金流量表，计算项目投资 FNPV 和 FIRR 等指标，进行项目投资盈利能力分析，考察项目对财务主体和投资者总体的价值贡献。根据需要，可从所得税前和（或）所得税后两个角度进行考察，计算所得税前和（或）所得税后财务分析指标。

项目资本金现金流量分析是融资后分析，在拟订的融资方案下，从项目资本金出资者整体的角度，确定其现金流入和现金流出，编制项目资本金现金流量表，计算项目资本金 FIRR 指标，考察项目资本金整体可获得的收益水平。

投资各方现金流量分析，是从投资各方实际收入和支出的角度，确定现金流入和现金流出，分别编制投资各方财务现金流量表，计算投资各方 FIRR 指标，考察投资各方可能获得的收益水平。在仅按股本比例分配时，投资各方的利益是均等的，可不进行投资各方现金流量分析。否则，应分别计算投资各方 FIRR，以此判断投资各方收益的非均衡性是否在一个合理的水平上，这会有助于促成投资各方在合作谈判中达成平等互利的协议。

② 静态评价　静态评价又称非折现方式，是指不采取折现处理数据，主要依据利润与利润分配表，并借助现金流量表计算相关盈利能力指标，包括项目总投资收益率（ROI）、资本金净利润率（ROE）以及静态投资回收期等。

（2）偿债能力分析　偿债能力分析应通过计算利息备付率（ICR）、偿债备付率（DSCR）和资产负债率（LOAR）等指标，分析判断财务主体的偿债能力。

（3）财务生存能力分析　财务生存能力分析，应在财务分析辅助表和利润与利润分配表的基础上编制财务计划现金流量表，通过考察项目计算期内的投资、融资和经营活动所产生的各项现金流入和现金流出，计算净现金流量和累计盈余资金，分析项目是否有足够的净现金流量维持正常运营，以实现财务可持续性。

财务可持续性应首先体现在有足够大的经营活动净现金流量，其次各年累计盈余资金不应出现负值。若出现负值，应进行短期（临时）借款，同时分析该短期借款的年份长短和数额大小，进一步判断项目的财务生存能力。短期借款应体现在财务计划现金流量表中，其利息应计入财务费用。为维持项目正常运营，还应分析短期借款的可靠性。通常项目运营期初的还本付息负担较重，应特别注重运营期前期的财务生存能力分析。

财务生存能力分析亦应结合偿债能力分析进行，如果拟安排的还款期过短，致使还本付息负担过重，导致为维持资金平衡必须筹借的短期借款过多，可以调整还款期，以减轻各年还款负担。

财务生存能力分析亦可用于资金结构分析，通过调整项目资本金与债务资金结构或资本金内部结构等，使得财务计划现金流量表中不出现或少出现短期借款。

财务生存能力分析还可用于政府对项目补贴的测算。如项目产出直接使用现行价格时运营期长年发生短期借款，表明现行价格无法满足项目生存，项目本身无能力实现自身的资金平衡，则需要测算项目预期财务价格，两种价格之差即为需要政府提供给项目的补贴或需企业内部调剂的资金；如项目产出使用现行价格时仅在运营期初出现短期借款，则表明使用现行价格项目可以具备持续发展的能力。如产出使用项目预期财务价格，因该价格按照保本微利的原则确定，则运营期通常不应出现短期借款，项目也不需要政府补贴。

7.3.1.3　财务报表与指标汇总

盈利能力分析、偿债能力分析和财务生存能力分析需要编制的财务报表主要有以下七种形式，具体形式可以参考建设部发布的《建设项目经济评价方法与参数》，它们分别对应的分析内容和评价指标汇总于表 7-6。

表 7-6　财务分析报表与评价指标

评价内容	基本报表	静态指标	动态指标
盈利能力分析	项目投资现金流量表	静态投资回收期	财务内部收益率 财务净现值 动态投资回收期
	项目资本金现金流量表		财务内部收益率
	投资各方现金流量表		财务内部收益率
	利润与利润分配表	总投资收益率 资本金净利润率	
偿债能力分析	借款还本付息计划表 资产负债表	利息备付率 资产负债率 偿债备付率	
财务生存能力分析	财务计划现金流量表	累计盈余资金	

（1）项目投资现金流量表　用于计算项目投资 FNPV、FIRR 和财务投资回收期等。

（2）项目资本金现金流量表　用于计算项目资本金 FIRR。

（3）投资各方现金流量表　用于计算投资各方 FIRR。

（4）利润与利润分配表　反映项目计算期内各年营业收入、总成本费用、利润总额以及所得税后利润的分配等情况，用于计算总投资收益率、项目资本金净利润率等。

（5）财务计划现金流量表　反映项目计算期各年的投资、融资及经营活动的现金流入和流出，用于计算累计盈余资金，分析项目的财务生存能力。

（6）借款还本付息计划表　反映项目计算期内各年借款本金偿还和利息支付情况，用于计算偿债备付率和利息备付率指标。

（7）资产负债表　用于综合反映项目计算期内各年年末资产、负债和所有者权益的增减变化及对应关系，计算资产负债率。另外，资产负债表还可以用于分析公司的财富状态。

7.3.2　财务分析的价格体系

7.3.2.1　影响价格变动的因素

影响价格变动的因素很多，可归纳为相对价格变动因素和绝对价格变动因素两类。

相对价格是指商品之间的比价关系。导致商品相对价格变化的因素很复杂，例如供应量的变化、价格政策的变化、劳动生产率变化等可能引起商品间比价的改变；消费水平变化、消费习惯改变、可替代产品的出现等引起供求关系发生变化，从而使供求均衡价格发生变化，引起商品间比价的改变等。

绝对价格是指用货币单位表示的商品价格水平。绝对价格变动一般表现为物价总水平的变化，即因货币贬值（通货膨胀）引起的所有商品价格普遍上涨，或因货币升值（通货紧缩）引起的所有商品价格普遍下降。

7.3.2.2 财务分析涉及的三种价格及其关系

在项目财务分析中，要对项目整个计算期内的价格进行预测，涉及如何处理价格变动的问题。在计算期的若干年内，是采用同一个固定价格，还是各年都变动以及如何变动，即投资项目的财务分析采用什么价格体系。财务分析涉及的价格有固定价格（或称基价）、实价和时价三种。

（1）基价 基价（base year price）是指以基年价格水平表示的，不考虑其后价格变动的价格，也称固定价格（constant price）。如果采用基价，项目计算期内各年价格都是相同的。一般选择评价工作进行的年份为基年，也有选择预计的开始建设年份的。如某项目财务分析在 2012 年进行，一般选择 2012 年为基年，假定某货物 A 在 2012 年的价格为 100 元，则其基价为 100 元，是以 2012 年价格水平表示的。基价是确定项目涉及的各种货物预测价格的基础，也是估算建设投资的基础。

（2）时价 时价（current price）是指任何时候的当时市场价格。它包含了相对价格变动和绝对价格变动的影响，以当时的价格水平表示。以基价为基础，按照预计的各种货物的不同价格上涨率（可称为时价上涨率）分别求出它们在计算期内任何一年的时价，计算公式为：

$$P_{cn} = P_b(1+c_1) \cdots (1+c_i) \cdots (1+c_n) \tag{7-36}$$

式中　P_{cn}——第 n 年的时价；

　　P_b——基价；

　　c_i——第 i 年的时价变化率。

若各年 c_i 相同，$c_i = c$ 则有：

$$P_{cn} = P_b(1+c)^n \tag{7-37}$$

（3）实价 实价（real price）是以基年价格水平表示的，只反映相对价格变动因素影响的价格。可以由时价中扣除物价总水平变动的影响来求得实价。若货物 A 在 2011 年的价格是 100 元，2012 年时价是 102 元，当年物价总水平上涨率 3.5714%，那么 2012 年货物 A 的实价为：

$$\frac{102}{1+3.5714\%} = 98.48(元)$$

这说明，虽然看起来 2012 年货物 A 的价格比 2011 年上涨了 2%，但扣除物价总水平上涨影响后，货物 A 的实际价格反而比 2012 年降低了，这是由于某种原因所导致的相对价格变动所致。如果把实际价格的变化率称为实价上涨率，那么货物 A 的实价上涨率为：

$$\frac{1+2\%}{1+3.5714\%} - 1 = -1.52\%$$

只有当时价上涨率大于物价总水平上涨率时，该货物的实价上涨率才会大于零，此时说明该货物价格上涨超过物价总水平的上涨。设第 i 年的实价上涨率为 r_i，物价总水平上涨率为 f_i，则有：

$$r_i = \frac{(1+c_i)^i}{(1+f_i)^i} - 1 \tag{7-38}$$

如果货物之间的相对价格保持不变，即实价上涨率为零，那么实价就等于基价，同时意味着各种货物的时价上涨率相同，也即各种货物的时价上涨率等于物价总水平上涨率。

7.3.2.3　财务分析的取价原则

（1）财务分析应采用预测价格　财务分析是估算拟建项目未来数年或更长年份的效益与费用，因投入物和产出物的未来价格会发生变化，为了合理反映项目的效益和财务状况，财务分析应采用预测价格。预测价格应是在选定的基年价格基础上测算，一般选择评价当年为基年。至于采用上述何种价格体系，要视具体情况决定。

（2）现金流量分析原则上采用实价体系　采用实价计算净现值和内部收益率进行现金流量分析是国际上比较通行的做法。这样做，便于投资者考察投资的实际盈利能力。因为实价排除了通货膨胀因素的影响，消除了因通货膨胀（物价总水平上涨）带来的"浮肿现金流量"，能够相对真实地反映投资的盈利能力。

如果采用含通货膨胀因素的时价进行盈利能力分析，特别是当对产出物采用的时价上涨率大于或等于对投入物采用的时价上涨率时，就有可能使未来收益增加，因此形成"浮肿利润"，夸大项目的盈利能力。

（3）偿债能力分析和财务生存能力分析原则上采用时价体系　用时价进行财务预测，编制利润和利润分配表、财务计划现金流量表及资产负债表，有利于描述项目计算期内各年当时的财务状况，能相对合理地进行偿债能力分析和财务生存能力分析，这也是国际上比较通行的做法。

为了满足实际投资的需要，在投资估算中应同时包含两类价格变动因素引起投资增长的部分，一般通过计算涨价预备费来体现。同样，在融资计划中也应考虑这部分费用，在投入运营后的还款计划中自然包括该部分费用的偿还。因此，只有采用既包括了相对价格变化，又包含通货膨胀因素影响在内的时价价格表示的投资费用、融资数额进行计算，才能真实反映项目的偿债能力和财务生存能力。

（4）对财务分析采用价格体系的简化　在实践中，并不要求对所有项目或在所有情况下，都必须同时采用上述价格体系进行财务分析，有时允许根据具体情况适当简化，可以归纳为以下几点。

① 一般在建设期间既要考虑通货膨胀因素，又要考虑相对价格变化，包括对建设投资的估算和对运营期投入产出价格的预测。

② 项目运营期内，一般情况下盈利能力分析和偿债能力分析可以采用同一套价格，即预测的运营期价格。

③ 项目运营期内，可根据项目和产出的具体情况，选用固定价格（项目运营期内各年价格不变）或实价，即考虑相对价格变化的变动价格（项目运营期内各年价格不同，或某些年份价格不同）。

④ 当有要求或通货膨胀严重时，项目偿债能力分析和财务生存能力分析要采用时价价格体系。

7.3.3 环境基础设施项目财务分析要点

7.3.3.1 不同经济性质项目的分析重点

不同性质的项目，其财务分析的内容和重点是不一样的。环境基础设施项目根据其收费覆盖成本的程度，可以分为以下三类，它们的财务分析重点见图7-5。

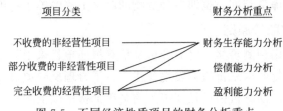

图 7-5　不同经济性质项目的财务分析重点

（1）不收费的非经营性项目　这类项目全部由政府投资建设，并给予长期运行补贴。由于没有营业收入，该类项目不进行盈利能力分析，主要进行财务生存能力分析，估算项目运营期各年所需政府补贴数额，进行资金预算平衡分析，并进行政府补贴能力的可靠性分析。对使用债务资金的项目，还需要结合借款偿还要求进行分析。

（2）部分收费的非经营性项目　这类项目因政策性原因造成价格（收费标准）不到位，难以补偿项目运营成本、回收投资，需要政府在一定时期给予运营补贴。项目财务分析的重点是生存能力和偿债能力，应根据项目收入抵补支出的程度区别对待。收入补偿费用的顺序应为：补偿生产经营耗费、缴纳流转税、偿还借款利息、偿还借款本金。由于项目运营期内需要政府给予补贴或优惠政策扶持，应估算项目各年所需的政府补贴数额，并进行政府提供补贴的可靠性分析。

（3）完全收费的经营性项目　这类项目实行自主经营、自负盈亏，包括采用特许经营模式的项目。项目的营业收入足以补偿成本，表明项目有财务生存能力并可能有盈利能力，其财务分析应在生存能力分析的基础上进行偿债能力分析和盈利能力分析。盈利能力分析应在政府的价格政策导向和合理利润的前提下进行。特许经营项目的财务分析要受特许权协议内容的制约，其分析应从政府和投资方不同角度进行。

7.3.3.2 基准收益率的取值

基准收益率是企业或行业或投资者以动态的观点所确定的投资方案最低标准收益水平。它表明投资决策者对项目资金时间价值的估价，是投资资金应当获得的最低盈利率水平，是评价和判断投资方案在经济上是否可行的依据，是一个重要的经济参数。

（1）非经营性项目　环境基础设施项目具有公共物品属性，现金流长期稳定，投资风险相对较低，项目总体收益水平应相对较低，不宜按投资者在其他领域的投资收益率水平来确定其在环境工程项目中的投资收益率。通常，对于政府投资的非经营性项目，采用由国家组织测定并发布的行业基准收益率。由于环境基础设施项目的属地差别以及其价格（收费标准）确定机制的特殊性，行业基准收益率只具有参考性质，不作为判别项目在财务上可否接受的唯一依据，通常可作为测算项目预期财务价格，反映价格（收费标准）水平的基本参数。主要环境工程项目的财务基准收益率（融资前税前）的参考值为：供水项目6%，污水项目5%，垃圾焚烧项目5%，垃圾堆肥、填埋及综合处理项目4%。

在基准收益率确定以后，如果财务计划现金流量表中不长期出现短期借款，就可判断非经营性项目在财务生存能力上是可以接受的。

（2）经营性项目　对于不同的现金流以及盈利性指标，应使用不同的基准收益率。

① 融资前税前对应的基准收益率　对应融资前税前的基准收益率，由投资者自行确定，一般以行业的平均收益率为基础，同时综合考虑资金成本（机会成本）、投资风险、通货膨胀以及资金限制等影响因素确定。具体方法包括以下几种。

a. 代数和法　计算公式为：

$$i_c = (1+i_1)(1+i_2)(1+f) - 1 \approx i_1 + i_2 + f \tag{7-39}$$

式中　i_1——资金机会成本；

　　　i_2——风险贴补率；

　　　f——通货膨胀率。

近似计算的前提条件是 i_1、i_2、f 都为较小的数。

若项目的现金流量是按基年不变价格预测估算的，即预测结果已经排除通货膨胀的影响，那么估算基准收益率时就不能再重复考虑通货膨胀因素，写为：

$$i_c = (1+i_1)(1+i_2) - 1 \approx i_1 + i_2 \tag{7-40}$$

b. 德尔菲专家调查法　采用德尔菲（Delphi）专家调查法测算行业财务基准收益率，应统一设计调查问卷，征求一定数量的熟悉本行业情况的专家，依据系统的程序，采用匿名发表意见的方式，通过多轮次调查专家对本行业建设项目财务基准收益率取值的意见，逐步形成专家的集中意见；以此为参照，考虑项目类型、风险水平、属地条件等相关因素，对行业基准收益率进行适当调整后，将其作为项目的融资前税前基准收益率。

② 融资前税后对应的基准收益率　对应于融资前税后分析，应采用各资金来源的所得税后加权平均资金成本（WACC），WACC 可作为融资前税后全投资收益率（不考虑融资成本的项目整体收益率）的下限。

③ 融资后对应的基准收益率　项目资本金 FIRR 的基准收益率应为权益投资者最低可接受收益率，投资各方 FIRR 的基准收益率应为投资各方最低可接受收益率。

④ 价格测算对应的基准收益率　一般以融资前税前或融资前税后基准收益率为主测算项目的产出价格。此基准收益率作为测算政府投资项目产出价格的上限。有要求时，也可根据项目的具体情况与投资方的要求，选用其他基准收益率测算产出价格。

（3）其他应注意的问题

① 在设定基准收益率时是否考虑价格总水平变动因素，应与指标计算时对价格总水平变动因素的处理相一致。在项目投资现金流量表的编制中，运营期一般不考虑价格总水平变动因素，在基准收益率的设定中通常要剔除价格总水平变动因素的影响。

② 财务分析中，一般将内部收益率的判别基准（i_c）和计算 FNPV 的折现率采用同一数值，可使 FIRR $\geqslant i_c$ 对项目效益的判断和采用 i_c 计算的 FNPV $\geqslant 0$ 对项目效益的判断结果一致。

③ 项目的投资目标、投资者的偏好（期望收益）、项目隶属行业的投资风险对确定基准收益率或折现率有重要影响。折现率的取值应谨慎，依据不充分或可变因素较多时，可取几个不同的折现率，计算多个 FNPV，给决策者提供全面的信息参考。

④ 非折现指标的判别。非折现指标应分别设定对应的基准值（可采用企业或行业的对比值），当非折现指标满足其对应的判别基准时，可认为从该指标看项目的盈利能力能够满足要求。若得出的判断结论相反，则应通过分析找出原因，得出合理结论。

7.3.3.3 不同立场分析的重点

（1）从政府角度分析的重点　政府是否应为项目出资，出资的比例及出资额度。政府是否在资金、建设用地、税收等方面给予必要的扶持和优惠政策。如果项目需要政府长期补贴才能维持运营，应测算各年度政府补贴额，并分析政府补贴的支付能力。

采用特许经营模式的项目，以政府收（指政府或代理机构从用户收缴的费用）支（指政府或代理机构向特许经营商支付的费用）平衡为原则，合理确定付费量及付费价格，防止居民与财政长期负担过重，影响当地社会经济发展。有条件时，可以从政府为项目的支出和从项目得到的财务收益角度，进行政府财务现金流分析。防止投资中的短期行为对资源造成破坏性开发，促进节约资源与能源、保护环境、安全生产的资金优先进入。

（2）从社会投资者角度分析的重点　合理估算项目的收益缺口，提出补贴要求和政策建议。合理安排还贷计划与利润分配方式（如还贷期间可不分红等），保障项目财务生存能力。

案例 1　股权合资废水过滤项目财务分析

1.背景

有一家地下采矿企业需要将矿井水从矿井中泵出。矿井水中悬浮物含量比较高，悬浮物来自爆破产生的粉尘。目前的处理方式是，将水泵到地面沉淀池，细颗粒物质在其中沉淀，水蒸发。该采矿企业对细颗粒物质的检测分析表明，其中含有大量稀有贵金属，比如铂、钯和金。

于是，该采矿企业发了一个招标声明，要求在两个矿井底部建设两个过滤站，将矿井水泵到沉淀池之前以连续运行的方式分离其中的细颗粒物质，收集到的固体物质送到一家资源回收企业进行回收处理。投标方拥有这两个过滤站的资产，并负责运营；该采矿企业按照待定的价格支付处理费，支付期限为收到账单后的 90 天内。承包期为 10 年，到期投标方应将资产无偿转移给采矿企业。采矿企业实际上采用了融资租赁模式，来启动矿井水处理项目。

一家销售过滤设备的公司（以下简称过滤公司）有兴趣参与投标，但是不想承担运营，于是找到了在附近有业务的另一家环保公司，建议双方联合投标并拥有和运营矿井内的固液分离设备。由过滤公司和环保公司组成的联合体到矿井现场进行考察的时候，发现至少有其他 20 家公司对这个项目感兴趣。为了成功竞标，他们必须给出最有竞争力的价格。

在现场调查后，过滤公司的项目经理要为这两个过滤站定价，同时，还要为一家工程公司给这两台过滤器报价，这家公司也想投标这个项目并且也想用过滤公司的设备，或许其只是想了解竞争对手的出价。这不是一件轻松的事情。过滤公司的项目经理向你咨询，是否应组成"过滤公司＋环保公司"的联合体投标该项目，以及在这两家公司之间采用什么样的资本结构和其他商业安排。

2.基础数据

该项目财务基础数据在引自文献的基础上，做了调整和重新计算。财务基础数据见表7-7，具体说明如下。

（1）建设投资

过滤公司在销售过滤设备时，通常按照以下方式确定售价：

$$销售价＝成本价(1＋提价比例)$$

表 7-7　财务基础数据（投产第 1 年）

建设投资估算/元		耗材年费估算/元	
项目	金额	化学和消耗品	金额
土方	178695	化学消耗品	44015
结构	845910	液压油	700
电力和器械	352824	合计	44715
过滤器	801417	人员年费估计/元	
工程设计	87154	员工	金额
项目管理	108942	领班	56000
预备费	108942	工人	294066
合计	2483884	合计	350066
设备备件年费估算/元		行政和管理年费估计/元	
过滤备件	95000	条目	金额
附属设备备件	60000	管理	48000
泵备件	5000	行政	24000
管材备件	7500	合计	72000
电力设备备件	7500	折旧	
程序控制器备件	5000	折旧方法	直线法
合计	180000	折旧年限	10 年
维护年费估算/元		残值率	0
现场服务	31200	流动资金周转天数/天	
电力和器械服务	3200	应收账款	90
附属设备服务	28800	存款	90
合计	63200	现金	45
两个过滤站间的运输年费估算/元		应付账款	30
		营业收入/万元	
交通工具租金	3675	合计	144
汽油	3251	基准收益率	12.0%
保险	410	银行贷款利率	7.2%
合计	7336		

正常情况下，提价比例为 55%；本项目中由于过滤公司参加了投资，为促使竞标成功，过滤公司和环保公司达成协议，由过滤公司以折扣价提供过滤设备，提价比例为 35%，过滤公司提供折扣的利润损失将从今后过滤站的运营中补偿，如何补偿将在后面讨论。一家土建承包商提供了过滤站的土方和结构工程造价，过滤公司根据在其他项目上的经验估算了电力和器械费用。工程设计费按照建设投资的 4% 估算，项目管理费和不可预见费分别按建设投资的 5% 估算。

（2）运行费用

直接运行费用有五项，包括过滤设备的备件费、耗材费、维护保养费、两个过滤站之间的交通运输费、人员费。固定资产采用平均年限法折旧，由于项目到期后资产无偿转移，固定资产残值为零。此外，行政管理费估计为7.2万元/年。各项运行费用均以5%的通货膨胀率逐年增长，劳动工资以10%的增长率逐年增长。

（3）收入和税金

采矿公司发出的招标声明中建议了两种付费方式：第一种是以包月不变价付费；第二种是根据得到的滤渣量付费。第一种方式的好处是收入不变，这使运营财务的管理变得容易，缺点是如果滤渣量增加，成本就会增加，而收入却不增加。第二种方式的优点是如果滤渣量增加，收入也会增加，能够覆盖成本。但是，如果滤渣量下降，收入也会下降，给运营财务管理造成压力。

过滤公司倾向于第一种包月付费的方式，第一年的价格为12万元/月，年收入144万元，之后按每年5%的通货膨胀率逐年递增。

该项目属于资源回收范围，不征收营业税、增值税减免。企业所得税按25%征收。

3.融资前分析

融资前分析判断项目本身的财务可行性，步骤如下。

第一步，计算融资前固定资产折旧（表7-8）。

表7-8　融资前折旧表　　　　　　　　　　　单位：万元

序号	项目	计算期										
		0	1年	2年	3年	4年	5年	6年	7年	8年	9年	10年
		融资前										
1	建设投资	248.39										
2	折旧		24.84	24.84	24.84	24.84	24.84	24.84	24.84	24.84	24.84	24.84
3	账面残值	248.39	223.55	198.71	173.89	149.03	124.19	99.36	74.52	49.68	24.84	0.00
		融资后										
1	建设投资	248.39										
2	折旧		25.46	25.46	25.46	25.46	25.46	25.46	25.46	25.46	25.46	25.46
3	账面残值	254.65	229.18	203.72	178.25	152.79	127.32	101.86	76.39	50.93	25.46	0.00

第二步，估算融资前成本（表7-9）。

表7-9　融资前成本估算表　　　　　　　　　单位：万元

序号	项目	计算期										
		0	1年	2年	3年	4年	5年	6年	7年	8年	9年	10年
1	变动成本		23.21	24.37	25.58	26.86	28.21	29.62	31.10	32.65	34.28	36.00
1.1	设备备件		18.00	18.90	19.85	20.84	21.88	22.97	24.12	25.33	26.59	27.92
1.2	耗材		4.47	4.70	4.93	5.18	5.44	5.71	5.99	6.29	6.61	6.94
1.3	运输费		0.73	0.77	0.81	0.85	0.89	0.94	0.98	1.03	1.08	1.14
2	付现固定成本		48.53	52.70	57.26	62.24	67.69	73.63	80.13	87.24	95.01	103.52
2.1	人员费		35.01	38.51	42.36	46.59	51.25	56.38	62.02	68.22	75.04	82.54

序号	项目	计算期										
		0	1 年	2 年	3 年	4 年	5 年	6 年	7 年	8 年	9 年	10 年
2.2	维护费		6.32	6.64	6.97	7.32	7.68	8.07	8.47	8.89	9.34	9.80
2.3	其他费用		7.20	7.56	7.94	8.33	8.75	9.19	9.65	10.13	10.64	11.17
3	经营成本		71.73	77.07	82.85	89.11	95.89	103.25	111.23	119.89	129.30	139.52
4	非付现固定成本		24.84	24.84	24.84	24.84	24.84	24.84	24.84	24.84	24.84	24.84
4.1	折旧费		24.84	24.84	24.84	24.84	24.84	24.84	24.84	24.84	24.84	24.84
4.2	摊销费											
5	总成本		96.57	101.91	107.69	113.95	120.73	128.09	136.07	144.73	154.14	164.36

第三步，编制流动资金估算表（表 7-10），估算流动资金投入。

表 7-10　流动资金估算表　　　　　　　　单位：万元

序号	项目	计算期										
		0	1 年	2 年	3 年	4 年	5 年	6 年	7 年	8 年	9 年	10 年
1	流动资产											
1.1	应收账款	0	17.60	19.00	20.43	21.97	23.64	25.46	27.43	29.56	31.88	34.40
1.2	存款		5.72	6.01	6.31	6.62	6.95	7.30	7.67	8.05	8.45	8.88
1.3	现金		5.98	6.50	7.06	7.67	8.34	9.08	9.88	10.76	11.71	12.76
2	流动负债											
2.1	应付账款	0	1.91	2.00	2.10	2.21	2.32	2.43	2.56	2.68	2.82	2.96
3	流动资金	0	15.78	17.00	18.33	19.76	21.33	23.02	24.87	26.88	29.06	31.44
4	流动资金增加额	0	15.78	1.22	1.32	1.44	1.56	1.70	1.85	2.01	2.19	2.38

注：应收账款=年经营成本/应收账款年周转次数；外购材料、燃料动力=变动成本/存货年周转次数；现金=付现固定成本/现金年周转次数；应付账款=变动成本/应付账款年周转次数。

流动资金增加额是一种必需的附加资本投入，就算是因为消费者还没有及时付款，企业也不能为此停止运行。由表 7-10 可见，第一年的流动资金投入是最显著的，之后各年由于通货膨胀仍需要追加投入流动资金。到这里，估算项目投资净现金流所需的各项数据就都齐全了。

第四步，编制融资前项目投资现金流量表（表 7-11），计算盈利能力动态评价指标。

项目投资税前净现金流量和累计税前净现金流量如图 7-6 所示。计算内部收益率、净现值和静态投资回收期，结果如下：

$$IRR=26.55\% > 基准收益率=12\%$$

$$NPV=180（万元）> 0$$

$$静态投资回收期=3.6（年）$$

根据以上指标评价结果，项目整体盈利能力可行。

表 7-11　融资前项目投资现金流量表　　　　　　　　　单位：万元

序号	项目	计算期										
		0	1 年	2 年	3 年	4 年	5 年	6 年	7 年	8 年	9 年	10 年
1	现金流入	0.0	144.0	151.2	158.8	166.7	175.0	183.9	193.0	202.6	212.8	254.8
1.1	营业收入		144.0	151.2	158.8	166.7	175.0	183.9	193.0	202.6	212.8	223.4
1.2	回收固定资产											
1.3	回收流动资金											31.4
2	现金流出	248.4	87.5	78.3	84.2	90.5	97.5	104.9	113.1	121.9	131.5	141.9
2.1	建设投资	248.4										
2.2	流动资金占用		15.8	1.2	1.3	1.4	1.6	1.7	1.8	2.0	2.2	2.4
2.3	经营成本		71.7	77.1	82.8	89.1	95.9	103.3	111.2	119.9	129.3	139.5
2.4	营业税金及附加											
3	所得税前 NCF	−248.4	56.5	72.9	74.6	76.2	77.6	78.8	79.9	80.7	81.3	112.9
4	累计所得税前 NCF	−248.4	−191.9	−119.0	−44.4	31.8	109.3	188.2	268.1	348.8	430.0	543.0

注：NPV＝180（万元）；IRR＝26.55%；静态投资回收期＝3.6（年）。

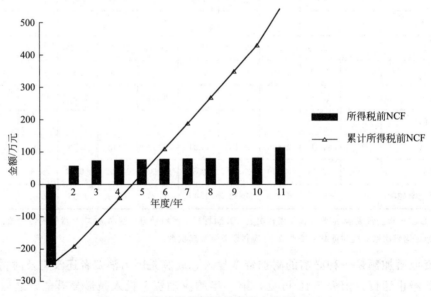

图 7-6　融资前税前项目投资现金流量（NCF）

4.融资后分析

融资后分析判断项目在融资条件下的可行性。

（1）融资方案设计

①产权结构　计算到这里，有三个问题摆在了项目发起人——过滤公司的面前，一是如何安排其与环保公司在这个项目中的法律关系？二是如何安排他们对这个项目的持股比例？三是如何为项目融资。这些关系可用图 7-7 来表示。

过滤公司和环保公司可以有很多选择来形成他们的关系，例如这样三种。

第一种是一般的合作。采用这种方式时，由项目发起公司承担项目的运作和债务，参与公司只是作为供应商进行配合。

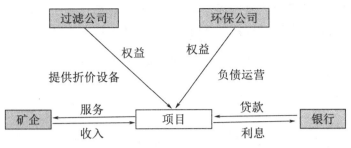

图 7-7　项目不同参与方之间的关系

第二种是成立合伙制企业，双方联合投资。采用这种方式时，利润是投资双方共享的。这个联合体不是一个独立的法人实体，不用承担有限责任。这种方式的优点是从项目中得到的税收优惠可以用来补偿公司其他业务的税负。

第三种是组成一家新的项目公司，以项目融资模式向银行融资，参股股东共同承担有限责任并享受收益。

对于过滤公司来说，最好的选择是成立一家独立的项目公司，由项目公司来建设、拥有和运营这个项目，这个项目公司可以称为矿井过滤站（项目）公司。

② 持股比例　第二个问题是如何安排这个项目的持股比例。

过滤公司不大可能说服环保公司接受低于 50% 的股份。然而，过滤公司作为项目发起人，必须确保其在这个项目中的股权收益至少要和单独销售设备的利润相当。过滤公司的销售利润等于提价的部分。

利润＝销售价－成本价＝成本价×提价比例

过滤公司按 35% 的提价比例销售过滤设备的价格是 801417 元（表 7-7），那么过滤公司的既得销售利润和按 55% 的提价比例销售过滤设备应得利润分别为：

$$既得销售利润＝\frac{801417}{1.35}×0.35＝207775（元）$$

$$应得销售利润＝\frac{801417}{1.35}×0.55＝326503（元）$$

$$应得销售利润－既得销售利润＝118728（元）$$

因此，过滤公司从矿井过滤站（项目）公司获得的利润分配（红利）的 NPV 至少应等于 11.8 万元。为了精确计算红利，需要确定项目融资方式。两家公司的持股比例，还需要进一步分析才能确定。

③ 债务比例　第三个问题是项目融资方式。由于该项目与采矿企业有服务合同，能承受的债务比例可以比较高，非常适合采用项目融资模式由矿井过滤站（项目）公司进行融资。项目发起人和贷款银行商议后，确定债务不能超过项目投入的 70%，即，项目公司自筹资本金承担建设投资及第一年流动资金投资的 30%，其余不足资金由银行提供贷款，按等额本金方式偿还。

（2）融资后盈利能力分析

第一步，编制融资后投资计划和还款计划表（表 7-12），计算资本金投入和项目总投资。

由表 7-12 可以计算静态的项目资本金和项目总投资，写为：

项目资本金（EC）＝74.52＋4.72＝79.25（万元）

项目总投资（TI）＝建设投资＋建设期利息＋流动资金＝286.09（万元）

资本金以外所需资金向银行贷款，分别估算每一期的还本、付息金额并列于表中。

表 7-12　融资后投资计划和还款计划表　　　　　　　　　单位：万元

序号	项目	计算期										
		0	1年	2年	3年	4年	5年	6年	7年	8年	9年	10年
1	投资计划											
1.1	建设投资	248.39										
1.2	建设期利息	6.26										
1.3	流动资金占用		15.78	1.22	1.32	1.44	1.56	1.70	1.85	2.01	2.19	2.38
2	资本金投入											
2.1	用于建设投资	74.52										
2.2	用于流动资金		4.73										
3	建设资金借款											
3.1	期初余额		180.13	162.12	144.11	126.09	108.08	90.07	72.05	54.04	36.03	18.01
3.2	本期贷款	173.87										
3.3	本期偿还本金		18.01	18.01	18.01	18.01	18.01	18.01	18.01	18.01	18.01	18.01
3.4	期末余额		162.12	144.11	126.09	108.08	90.07	72.05	54.04	36.03	18.01	0.00
3.5	利息支出		12.97	11.67	10.38	9.08	7.78	6.48	5.19	3.89	2.59	1.30
3.6	可资本化利息	6.26										
4	流动资金借款											
4.1	期初余额		0.00	0.00	0.00	0.00	0.00	0.00	0.00	0.00	0.00	0.00
4.2	本期贷款		11.05	12.27	13.59	15.03	16.59	18.29	20.14	22.15	24.33	26.71
4.3	本期偿还本金		11.05	12.27	13.59	15.03	16.59	18.29	20.14	22.15	24.33	26.71
4.4	期末余额		0.00	0.00	0.00	0.00	0.00	0.00	0.00	0.00	0.00	0.00
4.5	利息支出		0.80	0.88	0.98	1.08	1.19	1.32	1.45	1.59	1.75	1.92
4.6	可资本化利息											
5	本期还款合计											
5.1	本金偿还	0.00	29.06	30.28	31.60	33.04	34.61	36.30	38.15	40.16	42.34	44.72
5.2	利息偿还	0.00	13.76	12.56	11.35	10.16	8.98	7.80	6.64	5.49	4.35	3.22

　　第二步，编制融资后利润及利润分配表（表 7-13），计算盈利能力静态评价指标和偿债能力指标。

　　在编制利润及利润分配表之前，应先重新计算折旧。这是因为融资后产生的建设期利息 6.26 万元，将作为资本化利息并入固定资产，所以固定资产原值和各期折旧额都将相应变化（表 7-8），进一步还将影响到企业所得税纳税额。

　　表 7-13 是融资后利润及利润分配表。根据《公司法》要求，企业应在利润分配前提取两种盈余公积金。一是法定盈余公积金，在其金额累计达到注册资本的 50% 以前，按照可供分配的净利润的 10% 提取，达到注册资本的 50%，可以不再提取；二是法定公益金，按可供分配的净利润的 5% 提取。表 7-13 中，每年都需提取法定盈余公积金和法定公益金，假

定一年期银行存款利率 3.15%，矿井过滤站（项目）公司至计算期末的盈余公积金累计余额为 26.2 万元，未达到注册资本的 50%（39.63 万元）。

表 7-13　融资后利润及利润分配表　　　　　　　　单位：万元

序号	项目	计算期										
		0	1 年	2 年	3 年	4 年	5 年	6 年	7 年	8 年	9 年	10 年
1	运营收入		144.0	151.2	158.8	166.7	175.0	183.8	193.0	202.6	212.8	223.4
	增值税											
	减：销售税金及附加											
2	经营成本		71.1	77.1	82.8	89.1	95.9	103.3	111.2	119.9	129.3	139.5
3	毛利润		72.3	74.1	75.9	77.6	79.1	80.5	81.7	82.7	83.5	83.9
4	减：非付现固定成本		25.5	25.5	25.5	25.5	25.5	25.5	25.5	25.5	25.5	25.5
5	息税前利润（EBIT）		46.8	48.7	50.4	52.1	53.7	55.1	56.3	57.3	58.0	58.4
6	减：财务费用		13.8	12.6	11.4	10.2	9.0	7.8	6.6	5.5	4.3	3.2
7	利润总额		33.0	36.1	39.1	42.0	44.7	47.3	49.6	51.8	53.6	55.2
8	减：所得税		8.3	9.0	9.8	10.5	11.2	11.8	12.4	12.9	13.4	13.8
9	净利润		24.8	27.1	29.3	31.5	33.5	35.5	37.2	38.8	40.2	41.4
10	提：法定盈余公积金		2.5	2.7	2.9	3.1	3.4	3.5	3.7	3.9	4.0	4.1
	公积金余额（含息）		1.6	4.4	7.4	10.8	14.5	18.5	22.8	27.4	32.3	37.5
11	法定公益金		1.2	1.4	1.5	1.6	1.7	1.8	1.9	1.9	2.0	2.1
12	分配利润		21.1	23.0	24.9	26.8	28.5	30.1	31.6	33.0	34.2	35.2
	总投资收益率（ROI）		16%	17%	18%	18%	19%	19%	20%	20%	20%	20%
	资本金净利润率（ROE）		31%	34%	37%	40%	42%	45%	47%	49%	51%	52%
	利息备付率（ICR）		3.4	3.9	4.4	5.1	6.0	7.1	8.5	10.4	13.3	18.1
	偿债备付率（DSCR）		1.5	1.5	1.5	1.5	1.5	1.5	1.5	1.5	1.5	1.4
	分配利润 NPV＝154.64											
	分配利润 NPV－资本金 NPV＝75.90											

矿井过滤站（项目）公司每年都是盈利的，总投资收益率从投产第一年的 16% 起逐年递增，资本金净利润率从投产第一年的 31% 起逐年递增。另外，利息备付率和偿债备付率评价结果表明项目清偿债务的能力好。

由于没有偿债压力，将可分配利润作为红利全部分配给股东，因为把现金保留在项目公司是没有意义的，没有其他值得追逐的商业机会。而项目的股东，即过滤公司和环保公司，能够把分到的红利投资到其他商业机会中去。假定过滤公司和环保公司对等股份，那么每家公司从利润分配中获得的净收益为：

$$净收益 = \frac{1}{2}(分配利润\ NPV - 资本金\ NPV)$$

$$= \frac{154.64 - 74.52 - 4.73(P/F, 12\%, 1)}{2} = 37.95（万元）$$

在对等股份的情形下，过滤公司在本项目中的净收益大于其折价提供过滤设备的折扣金额 11.8 万元，意味着过滤公司发起本项目的收益高于它作为供货商出售过滤设备的收益；另外，过滤公司还可以从矿井过滤站（项目）公司今后的增值中获得回报。因此，过滤公司作为项目发起人，可以接受对等股份。

对于环保公司而言，它没有出让任何利益，但是将承担矿井过滤站的运营管理。

总的来说，对等股份的产权安排对于双方都是可以接受的。

第三步，编制资本金投资现金流量表（表 7-14），计算盈利能力动态评价指标。

表 7-14　资本金投资现金流量表　　　　　　单位：万元

序号	项目	计算期										
		0	1 年	2 年	3 年	4 年	5 年	6 年	7 年	8 年	9 年	10 年
1	现金流入	0.0	144.0	151.2	158.8	166.7	175.0	183.8	193.0	202.6	212.8	254.8
1.1	营业收入		144.0	151.2	158.8	166.7	175.0	183.8	193.0	202.6	212.8	223.4
1.2	回收固定资产											
1.3	回收流动资金											31.4
2	现金流出	74.5	127.5	128.9	135.6	142.8	150.6	159.2	168.4	178.5	189.4	201.3
2.1	资本金	74.5	4.7									
2.2	借款本金偿还	0.0	29.1	30.3	31.6	33.0	34.6	36.3	38.2	40.2	42.3	44.7
2.3	借款利息支付	0.0	13.8	12.6	11.4	10.2	9.0	7.8	6.6	5.5	4.3	3.2
2.4	经营成本		71.7	77.1	82.8	89.1	95.9	103.3	111.2	119.9	129.3	139.5
2.5	销售税金及附加											
2.6	所得税		8.3	9.0	9.8	10.5	11.2	11.8	12.4	12.9	13.4	13.8
3	净现金流量	−74.5	16.5	22.3	23.2	23.9	24.4	24.6	24.5	24.1	23.4	53.6
4	累计净现金流量	−74.5	−58.1	−35.8	−12.6	11.3	35.7	60.3	84.8	109.0	132.3	185.9

注：NPV=62.4（万元）；IRR=27.7%；静态投资回收期=3.5（年）。

根据表 7-14，计算项目资本金投资现金流量的净现值、内部收益率和静态投资回收期，结果如下：

$$NPV = 62.4(万元) > 0$$

$$IRR = 27.7\% > 基准收益率 = 12\%$$

$$静态投资回收期 = 3.5(年)$$

根据以上指标评价结果，项目对于资本金的盈利能力可行。

因为项目公司的两个股东仅按股本比例平分利润，投资各方的利益是均等的，所以不进行投资各方现金流量分析。

第四步，编制财务计划现金流量表（表 7-15），计算盈利能力动态评价指标。

编制财务计划现金流量表，是为了了解公司每年的净现金流（图 7-2）。从编制结果表 7-15 可知，项目各年净现金流均为正，项目的财务生存能力好。

过滤公司将通过三条途径从这个项目中得到回报。

① 销售过滤器的利润。

② 矿井过滤站（项目）公司的利润（红利）分配。

③ 矿井过滤站（项目）公司增值，主要来自资金账户中积累的法定盈余公积金和盈余公益金。

表 7-15 融资后财务计划现金流量表 单位：万元

序号	项目	计算期										
		0	1 年	2 年	3 年	4 年	5 年	6 年	7 年	8 年	9 年	10 年
1	经营活动 NCF	0.0	64.0	65.1	66.1	67.1	68.0	68.7	69.3	69.8	70.0	70.1
1.1	现金流入	0.0	144.0	151.2	158.8	166.7	175.0	183.8	193.0	202.6	212.8	223.4
1.1.1	营业收入		144.0	151.2	158.8	166.7	175.0	183.8	193.0	202.3	212.8	223.4
1.2	现金流出	0.0	80.0	86.1	92.6	99.6	107.1	115.1	123.6	132.8	142.7	153.3
1.2.1	经营成本		71.7	77.1	82.8	89.1	95.9	103.3	111.2	119.9	129.3	139.5
1.2.2	所得税		8.3	9.0	9.8	10.5	11.2	11.8	12.4	12.9	13.4	13.8
2	投资活动 NCF	−248.4	−15.8	−1.2	−1.3	−1.4	−1.6	−1.7	−1.8	−2.0	−2.2	−2.4
2.1	现金流入											
2.2	现金流出	248.4	15.8	1.2	1.3	1.4	1.6	1.7	1.8	2.0	2.2	2.4
2.2.1	建设投资	248.4										
2.2.2	流动资金		15.8	1.2	1.3	1.4	1.6	1.7	1.8	2.0	2.2	2.4
3	筹资活动 NCF	248.4	−27.0	−30.6	−29.4	−28.2	−27.0	−25.8	−24.7	−23.5	−22.4	−21.2
3.1	现金流入	248.4	15.8	12.3	13.6	15.0	16.6	18.3	20.1	22.1	24.3	26.7
3.1.1	项目资本金投入	74.5	4.7									
3.1.2	建设投资借款	173.9										
3.1.3	流动资金借款		11.0	12.3	13.6	15.0	16.6	18.3	20.1	22.1	24.3	26.7
3.2	现金流出	0.0	42.8	42.8	43.0	43.2	43.6	44.1	44.8	45.6	46.7	47.9
3.2.1	各种利息支出		13.8	12.6	11.4	10.2	9.0	7.8	6.6	5.5	4.3	3.2
3.2.2	偿还债务本金		29.1	30.3	31.6	33.0	34.6	36.3	38.2	40.2	42.3	44.7
4	NCF(1+2+3)	0.0	21.2	33.3	35.4	37.5	39.4	41.2	42.8	44.3	45.5	46.5
5	累计盈余资金	0.0	21.2	54.5	89.9	127.4	166.8	208.1	250.9	295.2	340.7	387.1

5. 项目建议

本项目无论作为一个项目来操作，还是另外组建一家新的项目公司，都是一个盈利项目。建议过滤公司和环保公司采用对等股份组建一家新公司，投标该项目。建议标书中提议采矿公司采用包月固定付费方式，因为这种服务合同有利于项目公司获得银行贷款。

案例 2 污水处理厂 TOT 项目模拟投标

某市建成的一座污水处理厂，拟以 TOT 方式将其经营权向民间有资质的运营商转让，以便使政府从污水处理日常事务中退出，并套出转让费用于其他项目建设。

1. 基本假设

承包期为 10 年。污水处理厂日处理污水能力 $40×10^4$ t，假定最低污水处理量为 $20×10^4$ t/d，并随时间递增至 $40×10^4$ t/d（表 7-16）。如果污水处理量不足最低水量时，仍按 $20×10^4$ t/d 计算。政府支付给承让方的污水处理单价按 1 元/m^3 计算，假定收费价格恒定。

根据当前价格，估算满负荷时（$40×10^4$ t/d）的经营成本见表 7-17。

增值税及附加按污水处理费的 5.45% 征收，不征所得税。

2. 模拟竞标

（1）投标标底

投标标底是运营商购买该污水处理厂经营权的报价（一次支付）。为简化计算，不考虑融资，仅根据融资前分析结果进行投标。

（2）计算提示

可依据表 7-16、表 7-17 和表 7-18 测算报价。

表 7-16 经营收入及税费估算表

单位：万元

序号	项目	计算期									
		1 年	2 年	3 年	4 年	5 年	6 年	7 年	8 年	9 年	10 年
	污水处理量	20×10^4 t/d	25×10^4 t/d	30×10^4 t/d	35×10^4 t/d	40×10^4 t/d	40×10^4 t/d	40×10^4 t/d	40×10^4 t/d	40×10^4 t/d	40×10^4 t/d
1	经营收入/万元										
1.1	单价/(元/m^3)	1									
1.2	处理水量/10^4t										
2	增值税及附加/万元										

表 7-17 经营成本估算表

单位：万元

序号	项目	计算期									
		1 年	2 年	3 年	4 年	5 年	6 年	7 年	8 年	9 年	10 年
	污水处理量	20×10^4 t/d	25×10^4 t/d	30×10^4 t/d	35×10^4 t/d	40×10^4 t/d	40×10^4 t/d	40×10^4 t/d	40×10^4 t/d	40×10^4 t/d	40×10^4 t/d
1	药剂费					205.3					
2	燃料及动力费					1950.09					
3	污泥运费					81.76					
4	工资及福利					360					
5	修理费					800					
5.1	大修理费					550					
5.2	日常检修维护费					250					
6	管理费用及其他费用					500					
7	经营成本					3896.88					

单位：万元

表 7-18　项目投资资金流量表

序号	项目		计算期										
		0	1 年	2 年	3 年	4 年	5 年	6 年	7 年	8 年	9 年	10 年
	污水处理量		20×10^4 t/d	25×10^4 t/d	30×10^4 t/d	35×10^4 t/d	40×10^4 t/d	40×10^4 t/d	40×10^4 t/d	40×10^4 t/d	40×10^4 t/d	40×10^4 t/d
1	现金流入											
1.1	现金收入											
2	现金流出											
2.1	投资活动											
2.1.1	购买经营权											
2.2	经营活动											
2.2.1	经营成本											
2.2.2	增值税及附加											
3	年净现金流											
4	折现系数											
5	折现年净现金流											
6	累计折现净现金流											

评价指标：期望收益率＝
净现值 NPV＝
内部收益率 IRR＝

该项目只转让经营权，不转让资产，因此不考虑资产折旧和摊销。

经营成本的估算应根据满负荷时的参数，区别固定成本和变动成本分开进行。

计算的关键在于基准收益率的选择。作为参考，银行三年、五年的整存整取存款利率分别为 4.25% 和 4.75%。

（3）竞标程序

将同学分成若干个小组，假定他们是准备投标的运营商（承让方），并由他们对该项目进行模拟投标和竞标。模拟投标程序如下。

① 第一轮：报价，向各组公布报价结果。

② 第二轮：修正报价，并做出相关解释。

③ 最后：同学互评与教师点评。

 **思考题**

1.什么是建设项目财务分析？

2.项目全部投资在项目生产经营期获得收益的来源有哪些？

3.某项目某年计算的现金流量数据见表 7-19。该项目当年的经营活动净现金流量为多少？

表 7-19　某项目某年计算的现金流量　　　　　　　　单位：万元

项目	营业收入 （含销项税）	经营成本 （含进项税）	增值税	所得税	资本金投入	流动资金	利息支出
金额	415	255	35	21	41	10	5

4.什么是财务分析价格体系、财务基准收益率？

5.财务分析指标中，哪些属于融资前分析指标？

6.偿债能力分析指标有哪些？

7.某项目建设期利息 500 万元，投产第 2 年的利润总金额及应纳税所得额均为 1100 万元，折旧 700 万元，摊销 100 万元，所得税税率 25%，当年应还本金 800 万元，应还借款利息 330 万元，当年支出维持运营投资 300 万元，则当年的偿债备付率为多少？

8.项目财务评价参数变动对项目财务分析成本费用或指标有哪些影响？

9.解释财务分析中资产负债表及资产负债率的概念。

10.非经营性项目财务分析的目的是什么？

第8章

环境工程经济不确定性及风险分析

投资项目的不确定性与风险是客观存在的。实践证明，人们对投资项目的分析和预测不可能完全符合未来的情况和结果。因为，投资活动所处的环境、条件及其相关因素是变化发展的。而人们根据过去的资料和经验所做的预测很难完全符合未来事物发展的规律和实际情况，且时间距离越远，预测的误差也就越大。为了提高投资决策的可靠性，减少决策时所承担的风险，就必须对投资项目的不确定性和风险进行正确分析和评估。本章介绍不确定性分析中的敏感性分析和风险分析。

8.1 不确定性与风险的概念

工程项目的经济效果分析是建立在对未来的情况预测（项目的建设期、投产期、生产期、生产能力）的基础上，建立在已知的、确定的、未来现金流量和投资收益率上的，并且假定所采用的有关数据都是不变的，这就是确定性经济分析。但是，在一般情况下，诸如产量、价格、收入、支出、残值、寿命、投资等，都是随机变量，它们同将来实际发生的情况可能有相当大的出入，这就会给今后带来风险，即使项目产生了不确定性。从经济分析工作的实践来看，这种不确定性的存在几乎是不可避免的。一般来说，产生的原因是建设资金不足或工期延长、生产工艺的改进或技术装备的革新、生产能力发生变化、通货膨胀和价格的变动、政府政策和规定的变化、预测和估算的误差、管理水平对工程进度和质量的影响等。

由于这些原因，计算数据总是带有不同程度的不确定性，以此作为基础进行经济效果评价，也就不可避免地带有不确定性和风险性。因此，从投资决策的特点来看，对项目的不确定性、风险性进行正确的分析和评估有助于提高投资决策的正确性和科学性。对这些不确定因素进行的各种分析、研究，确定不确定因素的变化范围、对项目投资的影响程度和度量方法等工作，称为不确定性分析。

财务分析提供了一个确定性评价结果。确定性是指事件在决策涉及未来期间一定发生的或一定不发生，其关键特征是只有一种结果，如 NPV＝15（万元）、IRR＝21％这样的确定值。确定性评价结果的可靠性取决于基础数据的可靠性，实际上，保证财务分析的基础数据精确无误基本上是不可能的，其中任何一个参数的变动，都会对评价结果产生影响，甚至颠覆评价的结论。污水处理厂设计规模的确定，就是一个例子。美国佛罗里达州 Hillsborough

县曾经预测未来排水量会有较快增长，于是规划建设了一个很大的排水系统，可是，预期的增长没有实现，建设排水系统欠下的高额债务只能由当地居民承担，这个县财政信用评级因此几乎被降至垃圾股的级别，为此挣扎多年。

图 8-1 所示的是某个项目 NPV 的影响图（influence diagram），它描述了各种不确定因素对评价结果的影响。影响图比起 Microsoft Excel 财务分析表格来更加直观明了，常常用来反映各部分的关系及风险和不确定因素对评价指标的影响。图中 NPV 为评价指标，它由建设投资、经营现金流量、折现率确定，经营现金流量又由毛利润和折旧决定，毛利润又由收入和经营成本决定，以此类推逐步得到了一个完整的影响 NPV 的不确定因素图。尽管影响图是一个复杂的计算网络，但是真正使 NPV 值变得不确定的是"不确定"图框中的那些不确定因素。

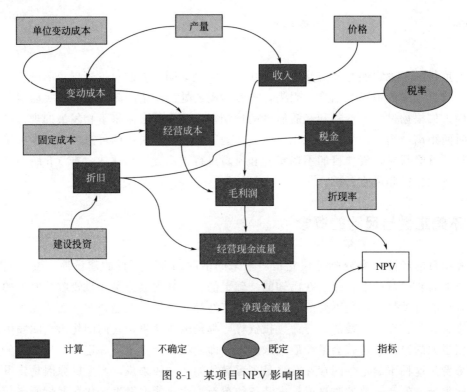

图 8-1　某项目 NPV 影响图

由此可知，仅仅依据基本方案的预期结果，如依据某项经济评价指标达到可接受水平来简单决策，就有可能蒙受损失。因此，在项目决策分析阶段应进行不确定性分析与风险分析，用财务评价或经济评价指标判断项目在变化条件下的可行性。

不确定性（uncertainty）与确定性（determinism）是一个相对的概念，某一事件、活动在未来可能发生，也可能不发生，其发生状况、时间及其结果的可能性或概率是未知的。风险基于不同的理解，目前存在多种定义。按照传统的理解，风险的本质是有害的或是不利的，如《现代汉语词典》将风险定义为"可能发生的危险"，这一定义，被称为狭义的风险，只反映风险的一个方面。风险的另一方面，即风险也可能是有利的和可以利用的，将给项目带来机会，被称为广义的风险。1921 年，美国经济学家弗兰克·奈特（Frank Knight）以《风险、不确定性和利润》一书，对风险进行了开拓性的研究。他首先将风险与不确定性区分开来，认为风险是介于确定性和不确定性之间的一种状态，其出现的可能性是可以知道的，而不确定性的概率是未知的。由此，出现了基于概率的风险分析以及未知概率的不确定分析两种决策分析方法。

不确定性与风险的区别体现在以下四个方面。

一是可否量化。风险是可以量化的，即其发生概率是已知的或通过努力可以知道的；而不确定性则是不可以量化的。风险分析可以采用概率分析方法，分析各种情况发生的概率及其影响；不确定性分析只能进行假设分析，假定某些因素发生后，分析不确定因素对项目的影响。

二是可否保险。风险是可以保险的，而不确定性是不可以保险的。由于风险概率是可以知道的，理论上保险公司就可以计算确定的保险收益，从而提供有关保险产品。

三是概率可获得性。风险的发生概率是可知的，或是可以测定的，可以用概率分布来描述。而不确定性的发生概率未知。

四是影响大小。不确定性代表不可知事件，因而有更大的影响。而如果同样事件可以量化风险，则其影响可以防范并得到有效的降低。

在投资项目分析与评价中，虽然对项目要进行全面的风险分析，但主要侧重于分析、评价风险带来的不利影响和防范对策，因此本章涉及的风险内容是狭义风险。

8.2　敏感性分析

不确定性分析是对投资项目受不确定因素的影响进行分析，并粗略地了解项目的抗风险能力，主要方法是敏感性分析（sensitivity analysis），国家发改委和建设部发布《建设项目经济评价方法与参数》将盈亏平衡分析也归为不确定性分析。

8.2.1　敏感性分析的作用和内容

敏感性分析是考察项目涉及的各种不确定因素对项目基本方案经济评价指标的影响，找出敏感因素，估计项目效益对它们的敏感程度，粗略预测项目可能承担的风险，为进一步的风险分析打下基础。

敏感性分析通常是改变一种或多种不确定因素的数值，计算其对项目效益指标的影响，通过技术敏感度系数和临界点，估计项目效益指标对它们的敏感程度，进而确定关键的敏感因素。通常将敏感性分析的结果汇总于敏感性分析表，也可通过绘制敏感性分析图显示各种因素的敏感程度并求得临界点。最后对敏感性分析的结果进行分析并提出减轻不确定因素影响的措施。

敏感性分析包括单因素敏感性分析和多因素敏感性分析。单因素敏感性分析是指每次只改变一个因素的数值来进行分析，估算单个因素的变化对项目效益产生的影响；多因素分析则是同时改变两个或两个以上因素进行分析，估算多因素同时发生变化的影响。为了找出关键的敏感性因素，通常进行单因素敏感性分析。

敏感性分析对项目财务分析与评价和经济分析与评价同样适用。

8.2.2　敏感性分析的方法

（1）选取不确定因素　敏感性分析通常对那些重要的且可能对项目效益影响较大的不确定因素进行分析。不确定因素的选取应根据行业和项目特点，结合经验判断，包括项目后评价的经验。经验表明，通常应予进行敏感性分析的因素包括建设投资、产出价格、主要投入物价格或可变成本、生产负荷、建设期等。

（2）确定不确定因素变化程度　一般是选择不确定因素变化的百分率，可以分别取 $\pm 5\%$、$\pm 10\%$、$\pm 15\%$、$\pm 20\%$ 等。对于那些不便用百分数表示的因素，如建设期，可采用延长一段时间表示，例如延长一年。

（3）选取分析指标　敏感性分析可选定项目经济评价指标体系中的一个或几个主要指标进行分析，最基本的分析指标是内部收益率，根据项目的实际情况也可选择净现值或投资回收期，必要时可同时对两个或两个以上的指标进行敏感性分析。

（4）计算敏感性分析指标

① 敏感度系数（S_{AF}）　敏感度系数（S_{AF}）是指项目评价指标变化的百分率与不确定因素变化的百分率之比，其计算公式为：

$$S_{AF} = \frac{\Delta A/A}{\Delta F/F} \tag{8-1}$$

式中　S_{AF}——评价指标 A（assessment）对于不确定因素 F（factor）的敏感度系数；

$\Delta A/A$——不确定因素 F 发生 ΔF 变化时，评价指标 A 的相应变化率；

$\Delta F/F$——不确定因素 F 的变化率。

$S_{AF} > 0$ 时，表示评价指标与不确定因素同方向变化；$S_{AF} < 0$ 时，表示评价指标与不确定因素反方向变化。$|S_{AF}|$ 较大者敏感度系数高。

② 临界点　临界点是指不确定因素的变化使项目由可行变为不可行的临界数值，一般采用不确定因素相对基本方案的变化率或其对应的具体数值来表示。

临界点可通过敏感性分析图得到近似值，但由于项目效益指标的变化与不确定因素变化之间不完全是直线关系，有时误差较大，因此最好采用试算法或函数求解。

（5）敏感性分析结果的表述

① 编制敏感性分析表　将敏感性分析的结果汇总于敏感性分析表，如表 8-1 所示。在敏感性分析表中应同时给出基本方案的指标数值、所考虑的不确定因素及其变化、在这些不确定因素变化的情况下项目效益指标的计算数值。在敏感性分析表的基础上，编制敏感度系数和临界点分析表。

② 绘制敏感性分析图　根据敏感性分析表中的数值可以绘制敏感性分析图。根据表 8-1 绘制敏感性分析图，如图 8-2 所示。横轴为不确定因素变化率，纵轴为项目效益指标。图中曲线能清晰表明项目效益指标变化受不确定因素变化的影响趋势。

表 8-1　某项目敏感性分析表

评价指标	变化范围				
	-10%	-5%	0	5%	10%
营业收入 /%	3.01	5.94	8.79	11.58	14.3
经营成本/%	11.12	9.96	8.79	7.61	6.42
建设投资/%	12.7	10.67	8.79	7.06	5.45

图 8-2 中项目基准收益率 $i_c = 8\%$，项目在图中虚线的区域不可行。由此可以求出使项目变得不可行的临界点。

（6）对敏感性分析结果进行分析　根据敏感性分析表和敏感性分析图，对不确定因素变

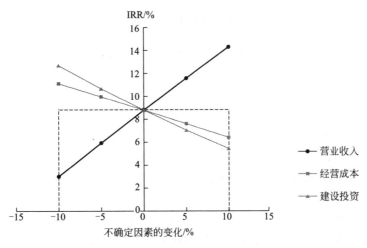

图 8-2 某项目敏感性分析图

化后计算的经济评价指标与基本方案评价指标进行对比分析，分析中应注重以下三个方面。

① 按不确定因素的敏感程度进行排序，找出哪些因素是较为敏感的不确定因素。

② 定性分析临界点所表示的不确定因素变化发生的可能性。以项目可行性研究报告的分析研究为基础，结合经验进行判断，说明所考察的某种不确定因素有否可能发生临界点所表示的变化，并做出风险的粗略估计。

③ 归纳敏感性分析的结论，指出最敏感的一个或几个关键因素，粗略预测项目可能的风险。对于不系统进行风险分析的项目，应根据敏感性分析结果提出相应的减轻不确定因素影响的措施，提请项目业主、投资者和有关各方在决策和实施中注意，以尽可能降低风险，实现预期效益。

8.2.3 环境工程项目敏感性分析

（1）排水项目 排水项目通常只进行单因素敏感性分析，对那些可能对项目效益影响较大的重要的不确定因素进行分析。

排水项目不确定因素一般包括建设投资、收费标准（价格）、收费水量、经营成本等，也可根据项目的具体情况选择其他因素。

敏感性分析通常是针对不确定因素的不利变化进行，为绘制敏感性分析图的需要也可考虑不确定因素的有利变化。一般是选择不确定因素的百分数变化，习惯上选取 ±5％、±10％、±15％、±20％。

投资项目经济评价有一整套指标体系，敏感性分析可选定其中一个或几个主要指标进行。通常排水项目财务评价敏感性分析以项目财务内部收益率（FIRR）为评价指标，根据项目的实际情况也可选择净现值或投资回收期，必要时可同时针对两个或两个以上的指标进行敏感性分析。

（2）垃圾处理项目 在垃圾处理项目经济评价中，通常采用单因素敏感性分析。

垃圾处理项目变动因素通常为单位垃圾处理费（包括销售产品的价格及政府补贴）、经营成本和建设投资。各主要参数或指标的浮动幅度一般为 ±5％、±10％、±15％、±20％。

通常，垃圾处理项目以财务内部收益率（FIRR）为评价指标，结果以敏感性分析表及分析图表示。

案例1 废水过滤项目融资前不确定性分析

延续第 7 章案例 1 的"股权合资废水过滤项目"的财务分析,对项目融资前税前现金流量进行敏感性分析。

1.选取敏感性因素及分析指标

选取敏感性因素及变化程度如下:水处理报价变化,−20%、−15%、−10%、0、10%、20%;过滤设备销售提价,0、35%、55%、100%、200%;采矿公司付款周期,30d、60d、90d、120d。

选取分析指标包括 NPV、FIRR、静态投资回收期。

2.敏感性分析结果

因为选取的 3 个敏感性因素的变化范围不同,所以不能在同一张敏感性分析表或同一幅敏感性分析图中表达,下面分别对这 3 个敏感性因素进行分析。

(1) 水处理报价的敏感性分析

这次竞标的主要变量是向采矿公司提出的水处理价格。图 8-3 给出了报价对累计融资前税前净现金流量的敏感性分析结果。

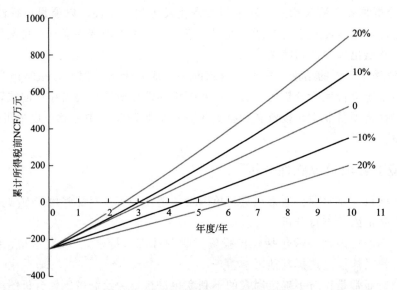

图 8-3 报价对累计融资前税前 NCF 的影响

在水处理服务报价变化±20%的情况下,项目融资前税前 FIRR 分别为:

报价变化=　−20%　−15%　−10%　　0　　10%　　20%
　FIRR=　10.5%　15.0%　19.0%　26.5%　33.4%　39.9%

项目报价下降20%时,项目融资前税前 FIRR 小于基准收益率 i_c。

平均敏感度计算:

$$\text{FIRR 对报价的平均敏感度} = \frac{(39.9-10.5)/26.5}{20\%-(-20\%)} = 2.77$$

报价变化−15%和−20%时的 FIRR 分别位于基准收益率 $i_c=12\%$ 的两侧,参照图 8-4 采用线性插值法计算临界点为:

$$\text{FIRR 对报价的临界点} = -20\% + \frac{-15\%-(-20\%)}{15.0\%-10.5\%} \times (12\%-10.5\%) = -18.3\%$$

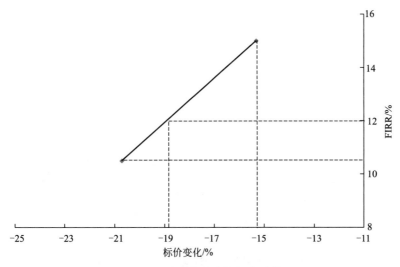

图 8-4　临界点的线性插值计算

（2）过滤设备定价影响

改变过滤器售价将影响建设投资，进而对项目财务盈利评价指标的影响见表 8-2。由表 8-2 可见，在 200% 的销售提价范围内，项目均是可行的。计算 FIRR 对过滤器销售提价的平均敏感度为：

$$FIRR 对过滤器销售提价的平均敏感度 = \frac{(17.1-29.3)/26.5}{200\%-0} = -0.23$$

表 8-2　过滤设备销售提价对项目融资前税前收益的影响

评价指标	变化范围				
	0	35%	55%	100%	200%
NPV/万元	200.8	180.0	168.2	141.4	82.1
FIRR/%	29.3	26.5	25.0	22.2	17.1
静态投资回收期/年	3.3	3.6	3.7	4.1	4.9

注：为简化计算，在计算时仅仅考虑过滤设备价格变化，不考虑设计费、管理费等随之发生的变化。

可知该项目 FIRR 随过滤设备销售提价的增加而下降，但是并不敏感。

（3）应收账款周期

矿井过滤站公司的收款周期，也就是采矿公司的付款周期，对流动资金投入的影响见图 8-5。由图可见，如果能将收款周期从 120d 缩短到 30d，第 10 年流动资金投入与建设投资之比，将从 17.3% 下降到 3.4%。

同时，项目财务评价指标也将进一步得到改善（表 8-3），且都是可行的。计算 FIRR 对收款周期的平均敏感度为：

$$FIRR 对收款周期的平均敏感度 = \frac{(25.9-27.8)/26.5}{(120-30)/90} = -0.07$$

可知该项目 FIRR 随应收账款周期的延长而下降，且应收账款周期是最不敏感的因素。

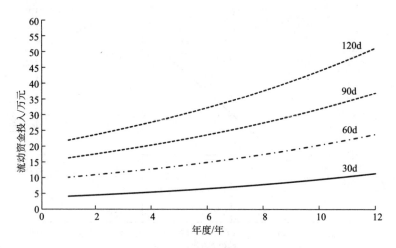

图 8-5　收款周期对流动资金投入的影响

表 8-3　收款周期对财务评价指标的影响

评价指标	收款周期			
	30d	60d	90d	120d
NPV/万元	188.7	184.4	180.0	175.7
FIRR/%	27.8	27.1	26.5	25.9
静态投资回收期/年	3.4	3.5	3.6	3.7

（4）对敏感性分析结果进行分析

本例中三个不确定因素，其实都是在合同中可以约定的。因此，这里进行的敏感性分析实际上是为拟定合同条款提供依据。

水处理报价是对项目效益指标最敏感的因素。提高定价一方面可增强项目盈利能力，另一方面却也可能使竞标联合体失去该项目。

由于项目效益指标对过滤设备销售提价和收款周期相对不敏感，为提高竞标成功的筹码，可以在合同中适当降低对这两项的要求。

8.3　风险分析

敏感性分析虽然可以找出项目效益对之敏感的因素和敏感程度，但却不知这种影响发生的可能性有多大，这是敏感性分析最大的不足之处。对可以用概率描述的风险因素，可以借助概率分析进行风险分析。

（1）风险分析的变量　描述风险有两个变量，一是事件发生的概率和可能性（probability），二是事件发生后对项目目标的影响（impact）。因此，风险可以用一个二元函数描述。

$$R(P, I) = P \times I \tag{8-2}$$

式中　P——风险事件发生的概率；

　　　I——风险事件对项目目标的影响。

显然，风险的大小既与风险事件发生的概率成正比，也与风险事件对项目指标的影响程度成正比。风险分析的目的，就是在识别潜在风险因素的基础上，得知这些因素发生变化的可能性和影响，进而研究如何防止或减少不利影响而采取对策。

（2）风险分析的流程　风险分析包括风险因素识别、风险概率估计、风险评价与风险应对四个基本阶段，这四个阶段实质上是从定性分析到定量分析再从定量分析到定性分析的过程，见图 8-6。

图 8-6　风险分析流程

项目决策分析中的风险分析应遵循以下程序。

① 第一步，从认识风险特征入手去识别风险因素。

② 第二步，选择适当的方法估计风险发生的可能性及其影响。

③ 第三步，在风险条件下，决定是否接受项目（方案）。

④ 第四步，提出针对性的风险对策，将项目风险进行归纳，提出风险分析结论。

8.3.1　风险因素识别

风险识别应采用系统论的观点对项目进行全面考察和综合分析，找出潜在的各种风险因素，并对各种风险进行比较、分类，确定各因素间的相关性和独立性，判断其发生的可能性及对项目的影响程度，按其重要性进行排队或赋予权重。风险识别应根据项目的特点选用适当的方法，常用的方法有问卷调查法、专家调查法和情景分析等。

（1）排水项目风险因素识别　排水项目常见的风险因素有以下几个。

① 污水量风险　由于项目服务区内污水产生量或接管率的预测与实际情况偏差较大，导致污水处理厂进厂污水量达不到设计规模。

② 进厂污水水质风险　由于进厂污水水质的预测与实际情况偏差较大，导致达不到预期的污水处理效果。

③ 雨水和洪水量预测及工程建设标准风险　由于对暴雨和洪水强度的预测与实际情况偏差较大，或者工程建设标准过高或者过低，导致投资浪费或者难以抵御洪涝灾害等。

④ 政策风险　实际污水处理收费价格或政府补贴达不到预期标准，导致项目失去财务生存能力。

⑤ 项目建设风险　建设工期长、建设内容发生重大变化、建设投资增加、建设质量达不到要求等。

⑥ 融资风险　资金来源与供应量、利率、汇率及其他融资条件发生变化等。

⑦ 经营风险　项目运营期投入的各种原料、材料、燃料、动力供给量与价格，以及协作单位不履行合同或者合同条件发生变化等带来的风险。

⑧ 自然灾害风险　地震、风灾、火灾、水灾等自然灾害带来的风险。

（2）垃圾项目风险因素识别　垃圾项目常见的风险因素有以下几个。

① 市场风险　包括垃圾收运量，销售产品（上网电量、蒸汽量、肥料）的市场需求，以及原材料的价格变动风险。

② 运营风险　对于垃圾焚烧和堆肥处理工艺，存在因垃圾成分变化带来运行成本发生变化的风险。

③ 工程建设风险　一般存在拆迁、工程质量、设备供货等引发的建设工期拖延，资金

问题引起的建设内容调整的风险。

④ 政策风险　因收费、补贴等政策因素，影响项目生存能力的风险；因城市规划变动，使场（厂）址周围的环境功能发生了较大变化（如附近突然兴建生活区）造成的风险。

⑤ 环境风险　因垃圾处理场（厂）的建设，引起局部区域的空气、水体质量等发生变化的风险。

8.3.2 风险概率估计

风险估计是在风险识别之后，通过定量分析方法测度风险发生的可能性及对项目的影响。通常采用主观概率和客观概率的统计方法，确定风险因素的概率分布，运用数理统计分析方法，计算项目评价指标相应的概率分布或累积概率、期望值、标准差。

8.3.2.1 客观和主观概率估计

风险概率估计，包括客观概率估计和主观概率估计。

客观概率是实际发生的概率，它并不取决于人的主观意志，可以根据历史统计数据或是大量的试验来推定。估计它有两种方法：一种是将一个事件分解为若干子事件，通过计算子事件的概率来获得主要事件的概率；另一种是通过足够量的试验，统计出事件的概率。由于客观概率是基于同样事件历史观测数据的，它只能用于完全可重复事件，因而并不适用大部分现实事件。

主观概率是基于个人经验、预感或直觉而估算出来的概率，是一种个人的主观判断，反映了人们对风险现象的一种测度。当有效统计数据不足或是不可能进行试验时，主观概率是唯一选择，专家基于经验、知识或类似事件比较推断概率便是主观估计。

8.3.2.2 风险概率分布

(1) 离散概率分布　当变量可能数值为有限个数，这种随机变量称为离散型随机变量，其概率密度函数为间断函数。如污水处理厂进水浓度可能出现低浓度、中浓度和高浓度三种状态，即认为进水浓度是离散型随机变量。表 8-4 给出了一种离散概率分布，各种状态的概率取值之和等于 1，进一步可以绘制其概率密度函数和累积分布函数如图 8-7 所示，概率密度函数为离散函数，但是累积分布函数是连续函数。图 8-7 离散概率分布密度和累积分布适用于变量取值个数不多的风险变量。

表 8-4　离散概率分布

项目	年收入				
	800 万元	1000 万元	1300 万元	1500 万元	1800 万元
$P(x)$	0.2	0.4	0.3	0.1	
$F(x)$	0.2	0.6	0.9	1	1

(2) 连续概率分布　连续概率分布是指一个随机变量能够在其区间内取任何数值的分布。在项目评价中，较常用的连续概率分布有三角分布、正态分布等概率分布形式。

① 三角分布　三角分布是低限为 a、众数为 c、上限为 b 的连续概率分布，其特点是概率密度是由最悲观值、最可能值和最乐观值构成的对称或不对称的三角形，见图 8-8。

三角分布的概率密度函数和累积分布函数分别为：

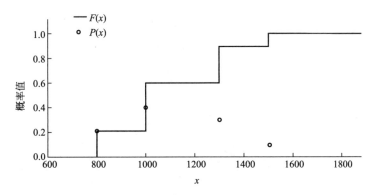

图 8-7　离散概率分布密度和累积分布

$$P(x) = \begin{cases} \dfrac{2(x-a)}{(b-a)(c-a)}, a \leqslant x \leqslant c \\[3mm] \dfrac{2(b-x)}{(b-a)(b-c)}, c < x \leqslant b \end{cases} \quad (8\text{-}3)$$

$$F(x) = \begin{cases} \dfrac{(x-a)^2}{(b-a)(c-a)}, a \leqslant x \leqslant c \\[3mm] 1 - \dfrac{(b-x)^2}{(b-a)(b-c)}, c < x \leqslant b \end{cases} \quad (8\text{-}4)$$

式中　$P(x)$ ——概率密度函数，即事件在 x 处发生的概率；

　　　$F(x)$ ——累积分布函数，即事件在 $\leqslant x$ 发生的累积概率。

三角分布适用于描述工期、投资等不对称分布的输入变量，也可用于描述产量、成本等对称分布的输入变量。

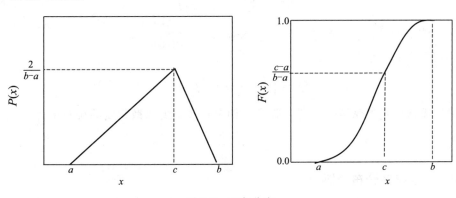

图 8-8　三角分布

② 正态分布　正态分布是一种最常用的概率分布，特点是密度函数以均值为中心对称分布，用 $N(\mu, \sigma)$ 表示，μ 表示均值，σ^2 表示方差。利用 Microsoft Excel 中函数可以方便地求取正态分布函数 $N(\mu, \sigma)$ 的概率值和累积概率值。当 $\mu=0$、$\sigma=1$ 时，称为标准正态分布，用 $N(0, 1)$ 表示，其概率密度函数和累积分布函数如图 8-9 所示。正态分布适用于描述一般经济变量的概率分布，如销售量、售价、产品成本等。

（3）风险概率分布指标　描述风险概率分布的指标主要有期望值、方差、标准差、离散系数等。

① 期望值　期望值是风险变量的加权平均值。对于离散型风险变量，期望值为：

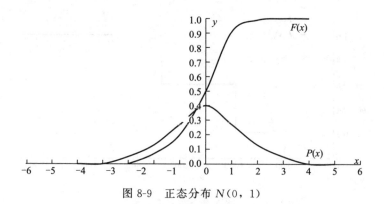

图 8-9　正态分布 $N(0,1)$

$$\bar{x} = \sum_{i=1}^{n} p_i x_i \tag{8-5}$$

式中　$\bar{x}$——期望值；

p_i——第 i 种状态发生的概率；

x_i——第 i 种状态下的指标值；

n——风险变量的状态数。

对于连续型风险变量，期望值为：

$$\bar{x} = \int_{-\infty}^{\infty} x P(x) \mathrm{d}x \tag{8-6}$$

② 方差和标准差　方差和标准差都是描述风险变量偏离期望值程度的绝对指标。对于离散型变量，方差为：

$$S^2 = \sum_{i=1}^{n} (x_i - \bar{x})^2 p_i \tag{8-7}$$

式中，S^2 为方差，方差的平方根 S 称为标准差。

对于连续型风险变量，方差为：

$$S^2 = \int_{-\infty}^{\infty} (x - \bar{x})^2 p(x) \mathrm{d}x \tag{8-8}$$

③ 离散系数　离散系数是描述风险变量偏离期望值的离散程度的相对指标，以 β 表示：

$$\beta = \frac{S}{\bar{x}} \tag{8-9}$$

8.3.2.3　风险概率分布分析

确定风险事件概率分布的常用方法有概率树分析和蒙特卡洛模拟（Monte Carlo simulation）。

（1）概率树分析　当风险因素服从离散概率分布，可采用概率树分析。概率树分析的一般步骤如下。

① 设想各种风险因素可能发生的状态，分别确定各种状态出现的概率，并使概率之和等于 1。

② 分别求出各种风险因素发生变化时，方案净现金流量的状态、发生概率及相应状态下的评价指标，得出评价指标的风险概率分布。

③ 计算评价指标的风险概率分布分析指标，求出方案可行的累积概率。

④ 对概率分析结果做出说明。

【例 8-1】　某水处理项目寿命期为 5 年，基本方案的现金流量表如表 8-5 所示。由于水处理价格是合同约定的，因此风险变量主要是建设投资和经营成本。经调查，每个风险变量有 3 种状态，其概率分布见表 8-6。

表 8-5　某项目基本方案现金流量表

序号	项目	计算期					
		1 年	2 年	3 年	4 年	5 年	6 年
1	现金流入	0	600	600	600	600	800
1.1	营业收入		600	600	600	600	600
1.2	残值回收						200
2	现金流出	1650	250	250	250	250	250
2.1	建设投资	1650					
2.2	经营成本		250	250	250	250	250
3	净现金流量	−1650	350	350	350	350	550

表 8-6　某项目风险变量及概率

风险因素	变化率		
	−10%	基本方案	10%
建设投资	0.1	0.6	0.3
经营成本	0.2	0.5	0.3

求：

（1）IRR 的期望值；

（2）计算 IRR≥0 的累积概率；如果投资者是稳健型的，要求内部收益率大于基准收益率（8%）的累积概率大于 70%，考虑风险后，判断投资者是否接受该项目。

解：

第一步，确定各种事件状态的概率。因每个变量有 3 种状态，共组成 9 种组合，即 9 个事件，它们发生的概率可以用概率树图中的分支来表示（图 8-10）。图中方框内的数字表示风险变量各种状态发生的概率，如第一分支表示建设投资下降 10%，经营成本也下降 10% 的情况，以下称为第一事件。第一事件发生的概率如下。

第一事件发生概率＝0.1（建设投资下降 10%）×0.2（经营成本下降 10%）＝0.02，以此类推，计算出所有事件的概率列于表 8-7。

第二步，求得各种事件下的 IRR 值。计算结果见表 8-7。

第三步，对 IRR 分布进行分析。通过加权平均，可以求得各事件 IRR 的期望值为 7.95%≈8%。

将各事件按其 IRR 由小到大排序，并计算其累积概率分布如图 8-11 所示。由图可见，该项目 IRR≤8% 的累积概率约为 56%，因此 IRR>8% 的累积概率约为 44%。

第四步，概率分析结果说明。该项目的 IRR 的期望值≈8%，但是，IRR>8% 的累积概率仅为 44%，低于 70% 的要求，建议放弃该项目。

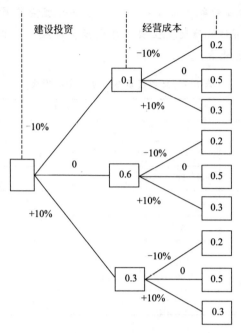

图 8-10　概率树图

表 8-7　可能事件的概率及 IRR

事件	建设投资	经营成本	事件概率	加权值	IRR	IRR 由小到大排序	累积概率
1	0.1	0.2	0.02	0.30%	15.19%	3.22%	0.09
2	0.1	0.5	0.05	0.64%	12.70%	5.45%	0.24
3	0.1	0.3	0.03	0.31%	10.17%	6.42%	0.42
4	0.6	0.2	0.12	1.33%	11.12%	7.64%	0.48
5	0.6	0.5	0.3	2.64%	8.79%	8.79%	0.78
6	0.6	0.3	0.18	1.16%	6.42%	10.17%	0.81
7	0.3	0.2	0.06	0.46%	7.64%	11.12%	0.93
8	0.3	0.5	0.15	0.82%	5.45%	12.70%	0.98
9	0.3	0.3	0.09	0.29%	3.22%	15.19%	1
合计			1	7.95%			

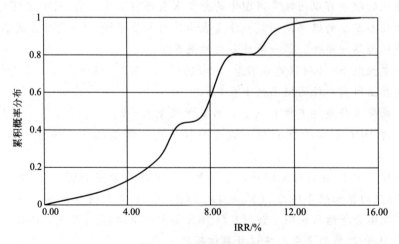

图 8-11　累积概率分布

（2）蒙特卡洛模拟　当随机变量服从连续分布时，采用概率树法几乎不可行，这时可以采用蒙特卡洛模拟法（Monte Carlo simulation）。蒙特卡洛模拟是由 Nicholas Metropolis 和 S. Ulam 借鉴了在摩纳哥 Monte Carlo 流行的机遇游戏（games of chance）而命名的。

蒙特卡洛模拟属于计算机模拟方法，用以虚拟现实世界并做出预测。我们用 Microsoft Excel 表格建立各种输入与输出一一对应的现金流量分析表格，或称财务分析模型。当 $f(x)$ 的输入是不确定的风险变量的时候，求 $f(x)$ 的输出就变成了一个复杂的问题。

蒙特卡洛模拟法适合解决这样的问题，它的步骤一般如下。

① 建立模型 $f(x)$。

② 确定模型的输入风险变量及其概率分布。

③ 随机生成一组随机数，以这组随机数为变量，输入到风险变量概率分布函数中得到一组 $f(x)$ 输入变量的随机抽样值，并用 $f(x)$ 计算结果。

④ 重复第③步 n 次，比如 1 万次，用计算机来模拟这并不是困难的事情。

⑤ 如果 n 足够多，就可以对输出结果建立 $f(x)$ 在 x 变动下的概率分布。

下面用一个例子来说明蒙特卡洛模拟法的应用。

【例 8-2】 某项目风险变量是初始投资、年经营成本、年收入和寿命周期。经调查，风险变量服从的概率分布如下。

初始投资（元）：N（50000，1000）的正态分布。

运营周期（年）：均匀分布，分布范围为 10～14 年。

经营成本（元）：N（30000，2000）的正态分布。

营业收入（元）：如表 8-8 所示离散分布。

求：（1）基准收益率为 10%，计算 NPV≥0 的累积概率；（2）如果投资者是稳健型的，要求 NPV≥0 累积概率应大于 70%，考虑风险后，判断投资者是否接受该项目。

表 8-8　营业收入的离散分布

可能值/元	概率	累积概率
35000	0.4	0.4
40000	0.5	0.9
45000	0.1	1

解：（1）建立输入输出模型 $f(x)$

以 NPV 为项目现金流评价指标，基准收益率为 10%，NPV 的计算模型如下：

$$\text{NPV} = -初始投资 + (营业收入 - 经营成本)(P/A, 10\%, 运营周期)$$

或：

$$\text{NPV} = f(x) = -x_{初始投资} + (x_{营业收入} - x_{经营成本})(P/A, 10\%, x_{运营周期})$$

在 Microsoft Excel 中计算时，写为：

$$f(x) = -x_{初始投资} + \text{PV}[10\%, x_{运营周期}, (x_{营业收入} - x_{经营成本})]$$

（2）生成随机数

采用 Microsoft Excel 中的函数随机生成 100 个位于 0～1 之间的随机数，令为 y，作为与风险变量随机抽样值对应的累积概率值。

（3）计算风险变量随机抽样值 x

设风险变量累积分布函数为：

$$y = F(x)$$

其反函数为：

$$x = F^{-1}(y)$$

风险变量随机抽样值的计算，就是以随机得到的 $0 \sim 1$ 之间的累积概率值 y 为自变量，利用风险变量累积分布函数的反函数 $F^{-1}(y)$ 求出风险变量随机抽样值 x。

对应 100 个随机生成的累积概率值 y，利用各风险变量的反函数 $F^{-1}(y)$，求出 100 组随机输入值 $x\{x_{初始投资}, x_{经营成本}, x_{运营周期}, x_{营业收入}\}$，结果见表 8-9。各风险变量随机抽样值计算方法介绍如下。

服从正态分布的随机抽样值计算，由图 8-9 可见，已知累积概率 y 可以反求服从正态分布 $N(0, 1)$ 的随机值 x'。对于服从 $N(\mu, \sigma)$ 的随机变量，则其随机抽样值 x 可以写为：

$$x = \mu + x'\sigma$$

表 8-9　蒙特卡洛模拟输出结果

| 模拟次序 | 随机数 | 随机抽样值 | | | | NPV/万元 |
		初始投资/万元	成本/万元	收入/万元	寿命/年	
1	0.5455	50114	30228	40000	12.2	17002
2	0.3276	49554	29107	35000	11.3	−10676
3	0.8744	51147	32295	40000	13.5	4619
4	0.1973	49149	28297	35000	10.8	−6091
5	0.1730	49058	28115	35000	10.7	−5060
6	0.1733	49059	28117	35000	10.7	−5072
7	0.0714	48535	27070	35000	10.3	1015
8	0.0220	47986	25972	35000	10.1	7777
9	0.7948	50823	31646	40000	13.2	8925
10	0.8126	50887	31775	40000	13.3	8100
...	...	...	...	...	...	...
90	0.5030	50007	30015	40000	12.0	18064
91	0.5957	50242	30484	40000	12.4	15680
92	0.2974	49486	28936	35000	11.2	−9702
93	0.8996	51279	32558	40000	13.6	2777
94	0.7520	50681	31362	40000	13.0	10700
95	0.9734	51933	33866	45000	13.9	29789
96	0.4307	49825	29651	40000	11.7	19809
97	0.5069	50017	30034	40000	12.0	17968
98	0.8274	50944	31888	40000	13.3	7361
99	0.2686	49383	28766	35000	11.1	−8739
100	0.3576	49635	29270	35000	11.4	−11613

利用 Microsoft Excel 中函数可以方便地进行上述计算。比如，有服从 $N(0, 10)$ 分布风险变量，已知累积概率值 $y = 0.8413$，计算其随机抽样值为：

$$x = 0 + \text{NORMSINV}(0.8413) \times 10 = 0 + 1 \times 10 = 10$$

本例中，因为初始投资和经营成本服从正态分布，所以利用 Microsoft Excel 计算它们

随机抽样值的公式为:

$$x_{初始投资} = 50000 + NORMSINV(y) \times 1000$$

$$x_{经营成本} = 30000 + NORMSINV(y) \times 2000$$

服从离散分布的随机抽样值计算,本例中,营业收入服从离散分布(表 8-8)。采用 Microsoft Excel 的逻辑判断函数计算表 8-8 中的随机抽样值 x,计算公式为:

$$x_{营业收入} = IF[y \leqslant 0.4, 35000, IF(y \leqslant 0.9, 40000, 45000)]$$

服从均匀分布的随机抽样值计算,本例中,运营周期服从均匀分布。均匀分布的概率密度和累积概率分布如图 8-12 所示。

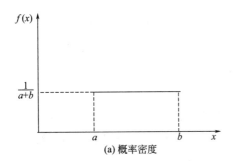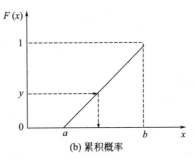

图 8-12 均匀分布

均匀分布的期望值和方差如下:

$$\mu = \frac{a+b}{2}$$

$$S^2 = \frac{(b-a)^2}{12}$$

式中,a、b 分别为分布范围下限值和上限值。

由图 8-12 可知,对于 0~1 之间服从均匀分布的累积概率值 y,其随机抽样值 x 计算为:

$$x = a + y(b-a)$$

本例中,运营周期服从均匀分布(10~14 年),因此其随机抽样值可写为:

$$x_{运营周期} = 10 + y(14-10)$$

(4)利用模型 $f(x)$ 计算输出值

利用 $NPV = f(x)$ 的模型,计算出对应于 100 组随机输入值 x 的 NPV,结果也列于表 8-9。至此,就完成了对 NPV 的 100 次蒙特卡洛模拟。

(5)蒙特卡洛模拟结果的分析

计算概率分布指标。由于蒙特卡洛模拟是基于随机数得到的,因此每一组随机抽样值的事件概率相等,均为 1/100=0.01。由蒙特卡洛模拟结果得到的 NPV 分布的期望值为 9138 元,标准差为 11929 元,初步判断项目可行。

绘制累积概率分布图。将表 8-9 中 NPV 由低至高排列,得出累积概率分布,绘制累积概率分布如图 8-13 所示。由累积概率分布曲线和纵轴的交点,可判断 NPV>0 的概率为 70%。因此,建议投资者采纳该项目。

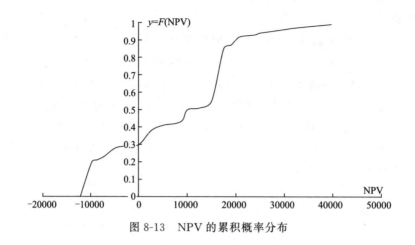

图 8-13　NPV 的累积概率分布

8.3.3　风险决策

人是决策的主体，在风险条件下决策行为取决于决策者的风险态度，对同一风险决策问题，风险态度不同的人决策的结果通常有较大的差异。典型的风险态度有风险厌恶、风险中性和风险偏爱三种表现形式。与风险态度相对应，风险决策人可以通过满意度准则、最小方差准则、期望值准则和期望值方差准则进行风险决策（图 8-14）。

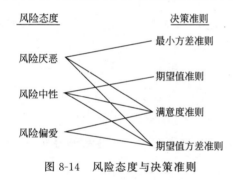

图 8-14　风险态度与决策准则

风险决策是在风险评价的基础上进行的，风险评价一般采用评价指标的期望值、标准差、概率分布或累积概率作为判别标准。

（1）期望值准则　对备选方案进行概率分析，计算出评价指标的期望值，根据各方案指标的期望值大小作为准则进行决策。如果指标为越大越好，就选择期望值最大的方案；如果指标为越小越好，就选择期望值最小的方案。由于这种方法不考虑指标值的风险变动范围，实际上隐含了风险中性的假设，因此适合于风险态度中性的决策者。

（2）最小方差准则　对备选方案进行概率分析，计算出评价指标的期望值和标准差，在期望值满足要求的前提下，比较其标准差，标准差较高者，风险相对较大。风险厌恶型的决策人有时倾向于用这一原则选择风险较小的方案。这是一种避免最大损失而不是追求最大收益的准则，具有过于保守的特点。

（3）期望值方差准则　对备选方案进行概率分析，计算出评价指标的期望值和标准差，将期望值和标准差通过风险厌恶系数 A 转化为一个标准 Q 来决策：

$$Q = \mu - A\sigma \tag{8-10}$$

式中，风险厌恶系数 A 的取值范围在 $0 \sim 1$ 之间，越厌恶风险，取值越大。通过 A 取值范围的调整，可以使 Q 值适合于任何风险偏好的决策者。

（4）满意度准则　满意度准则是设定一个决策人想要达到的收益水平，也可以是决策人想要避免的损失水平，据此进行决策。由于这一水平的设定，可高可低，可大可小，因此对风险厌恶、中性和偏爱的人都适用。比如：计算备选方案 NPV≥0 的累积概率，估计方案承受风险的程度，方案 NPV≥0 的累积概率值越接近于 1，说明方案的风险越小；反之，方案的风险大。可以接受的累积概率值，在不同决策人心中常常是有区别的，它是一种运用满意度准则的方法。

8.3.4 风险应对

任何经济活动都可能有风险，面对风险人们的选择可能不同。由于风险具有威胁和机会并存的特征，所以应对风险的对策可以归纳为负面风险应对策略和正面风险应对策略。负面风险是可能给项目带来损失的风险，风险应对的措施主要是风险回避、风险转移和风险控制。正面风险是可能给项目带来机会的风险，风险应对的策略着眼于对机会的把握和充分利用。大多数项目决策分析关注的是可能给项目带来威胁的风险，因此风险应对通常是指对负面风险采取的措施。

根据风险因素发生的可能性及其造成损失的程度，建立风险等级的矩阵，可采用综合风险等级判别项目风险的大小（表 8-10），并采取不同的风险应对的方式。所示风险等级亦可采用数学推导和专家判断相结合确定。

表 8-10 综合风险等级分类表

综合风险等级		风险影响程度			
		严重	较大	适度	低
风险的可能性	高	K	M	R	R
	较高	M	M	R	R
	适度	T	T	R	I
	低	T	T	R	I

综合风险等级分为 K、M、T、R、I 五个等级：K（kill）表示项目风险很强；M（modify plan）表示项目风险强；T（trigger）表示风险较强；R（review and reconsider）表示风险适度（较小）；I（ignore）表示风险弱。

落在表 8-10 左上角的风险会产生严重后果；落在表左下角的风险，发生的可能性相对低，必须注意临界指标的变化，提前防范与管理；落在表右上角的风险影响虽然相对适度，但是发生的可能性相对高，也会对项目产生影响，应注意防范；落在表右下角的风险，损失不大，发生的概率小，可以忽略不计。

结合综合风险因素等级的分析结果，提出下列应对方案：K 级，出现这类风险就要放弃项目；M 级，修正拟议中的方案，通过改变设计或采取补偿措施等方法；T 级，设定某些指标的临界值，指标一旦达到临界值，就要变更设计或对负面影响采取补偿措施；R 级，适当采取措施后不影响项目；I 级，可忽略不计，只做定性分析。比如，垃圾处理项目市场需求稳定、工艺技术成熟，政府是项目投资和责任主体，项目风险综合等级较低，一般可采用定性风险分析。

以垃圾处理项目为例，对于政策风险，应及时发现那些新出现的以及性质随着时间的推移而发生变化的风险，并根据对项目的影响程度，重新进行风险识别、估计、评价和应对。对于市场风险，应进行充分的市场调查，以及科学的市场预测，风险大的项目应放弃。对于运营风险，应对垃圾成分进行调查分析，确定不同季节垃圾主要成分，以满足垃圾处理不同工艺的要求，进行风险控制。对于工程建设风险，采用工程保险的方式进行风险转移。对于环境风险，在工程设计中采用可行的手段，将环境影响降至最低，从而控制风险。

 思考题

1. 某项目组织 5 位专家进行产品需求量预测，预测数据见表 8-11，则需求量预测的期望值是多少？

表 8-11　需求量概率分布的专家预测表　　　　　　　　单位：%

专家	需求量				合计
	35 万件	45 万件	58 万件	68 万件	
1	10	20	40	30	100
2	10	30	30	30	100
3	30	20	20	30	100
4	20	20	50	10	100
5	0	40	60	0	100

2. 某项目在主要风险变量的不同情况下，可能发生事件对应的财务净现值及其概率见表 8-12，则该项目净现值大于或等于零的累积概率为多少？

表 8-12　某项目对应的财务净现值及其概率

NPV/万元	−4000	−3000	−2000	−1000	400	1000	1500	2000
概率	0.08	0.06	0.12	0.05	0.07	0.13	0.15	0.20

3. 某投资项目在三种前景下的净现值和发生概率如表 8-13 所示。按该表数据计算的净现值期望值为多少？

表 8-13　某投资项目的净现值和发生概率

前景	净现值/元	概率
较好	60000	0.25
好的	100000	0.50
差的	40000	0.25

第9章

环境公共工程项目经济分析

经济分析包括财务分析和国民经济分析两部分。财务分析是分析项目的盈利能力、偿债能力等财务状况，对拟建项目进行财务分析是项目投资决策科学化的重要手段。国民经济分析（也称经济分析）是从国家整体角度来衡量项目对国民经济的净贡献，是项目经济评价的重要组成部分。本章主要介绍环境公共工程项目经济费用效益分析方法。

9.1 经济分析概述

9.1.1 利润

在经济分析与财务分析中，由于效益与成本内涵不同，利润也有所不同。会计师站在企业（财务主体）和投资者的角度考察项目的效益，即财务可行性。财务分析是基于会计账本来进行的。会计账本中记录了项目（企业）付出的现金和获得的收入，它们被称为直接成本（或会计成本）和直接效益（或财务效益）。会计师衡量会计利润（account profit），即：

会计利润＝直接效益－直接成本

那些在会计账本中没有体现的因为项目实施而产生的效益和费用称为间接效益和间接费用。间接费用可以发生在项目相关者身上，比如不需要现金支付的机会成本。投资者衡量经济利润（economic profit），即：

经济利润＝直接效益－会计成本－机会成本

图9-1总结了这种差别。由于会计师忽略了机会成本，因此会计利润不等于经济利润。

间接效益和间接费用发生在生产者和消费者之外的第三方身上时，它们就是外部效果。公共部门做决策分析的时候，需要站在与项目相关的所有各方的角度衡量社会净效益，即：

社会净效益＝直接效益＋间接效益－直接成本－间接成本

见图9-1，由于投资者忽略了外部效果，所以经济利润不等于社会净效益。

从会计师的角度看，会计利润大于零，企业就是盈利的；从投资者的角度看，经济利润大于零，项目才是可行的；从政府的角度看，社会净效益大于零，项目才能给社会带来净福利，才是合理的，即具有经济合理性。

【例9-1】 即问即答：张同学做家教的收入是每小时20元，他在养老院服务的收入是每小时10元。他在养老院劳动8小时的会计成本和会计收入是多少？他去养老院服务的机会成本是多少？他赚到经济利润了吗？老人护理的市场价格是每小时 25 元，社会获得经济利润了吗？

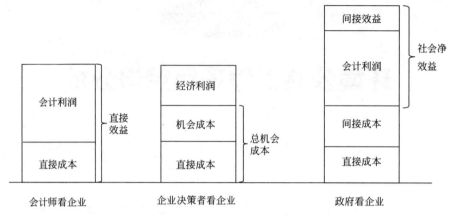

图 9-1　会计利润、经济利润与社会利润

9.1.2　经济分析的特点

9.1.2.1　经济分析的目的和作用

（1）经济分析的主要目的　经济分析的主要目的包括以下几个。

① 全面识别整个社会为项目付出的代价，以及项目为提高社会福利所做的贡献，评价项目投资的经济合理性。

② 分析项目的经济费用效益流量与财务现金流量存在的差别，以及造成这些差别的原因，提出相关的政策调整建议。

③ 对于市场化运作的基础设施等项目，通过经济费用效益分析来论证项目的经济价值，为制订财务方案提供依据。

④ 分析各利益相关者为项目付出的代价及获得的效益，通过对受损者及受益者的经济分析，为社会评价提供依据。

（2）经济分析在环保项目评价中的作用　城市环境基础设施投资具有显著的外部效应，而财务分析方法受分析角度的限制，不能揭示出项目投资方案对整个国民经济的影响，因此也就不能全面地反映城市环境基础设施投资的真实成本和效益比。

经济分析方法则克服了这一缺点，综合考虑了环保投资的社会效益和社会成本，并在此基础上进行分析，判断项目的经济可行性。从这个角度来说，经济分析方法更适合对城市环境基础设施投资进行分析与评价。经济分析是判断项目经济合理性的一项重要工作，它将重点放在项目的外部效果和公共性方面，强调资源配置的经济效率，是政府审批或核准项目的重要依据，并通过经济分析和决策实现企业利益、地区利益与全社会利益的有机结合，主要体现在以下两方面。

① 限制那些本身财务效益好，但经济效益差的项目。政府在审批或核准项目的过程中，对那些本身财务效益好，但经济效益差的项目实行限制，促进对环境及社会资源的有效利用。

② 鼓励那些本身财务效益差，而经济效益好的项目。对那些本身财务效益差，而经济效益好的项目，政府可以采取某些支持措施鼓励项目的建设，促进对环境及社会资源的有效

利用。特别是对一些环境保护急需的项目，如果经济分析合理，而财务分析不可行，可提出相应的财务政策方面的建议，调整项目的财务条件，使项目具有财务可持续性。

9.1.2.2　经济分析与财务分析

（1）经济分析与财务分析的相同之处　两者都使用效益与费用比较的理论方法，遵循效益和费用识别的有无对比原则，根据资金时间价值原理，进行动态分析，计算内部收益率和净现值等指标。

（2）经济分析与财务分析的区别

① 分析角度和出发点不同　财务分析是从项目的财务主体、投资者甚至债权人角度，分析项目的财务效益和财务可持续性，分析投资各方的实际收益或损失，分析投资或贷款的风险及收益。经济分析则是从全社会的角度，分析评价一个投资项目的综合支出及收入及其对国民经济的净贡献。

② 效益和费用的含义及范围划分不同　财务分析根据项目直接发生的财务收支，分析评价项目的直接效益费用，称为现金流入和现金流出；经济分析则从全社会的角度考察项目的效益和费用，不仅要考虑直接的效益和费用，还要考虑间接的效益和费用，称为效益流量和费用流量。

实际上，从全社会的角度考虑，项目的有些收入和支出不能作为费用或效益，如企业向政府缴纳的大部分税金和政府给予企业的补贴、国内银行贷款利息等。

③ 采用的价格体系不同　财务分析使用预测的财务收支价格体系，可以考虑通货膨胀因素；经济分析则使用影子价格（shadow price）体系，不考虑通货膨胀因素。

④ 分析内容不同　财务分析包括盈利能力分析、偿债能力分析和财务生存能力分析；而经济分析只有盈利性分析，即经济效率的分析。

⑤ 基准参数不同　财务分析最主要的基准参数是财务基准收益率，经济分析的基准参数是社会折现率。

⑥ 计算期可能不同　根据项目实际情况，经济分析计算期可长于财务分析计算期。

表 9-1 总结了经济分析与财务分析的不同，下面具体说明。

表 9-1　经济分析与财务分析的区别

评价类型	经济分析	财务分析
评价角度	从社会角度	从经营项目的企业角度
评价目的	社会净效益	项目盈利状况和偿还贷款能力
评价范围	直接和间接的费用与效益	直接的费用和效益
价格体系	影子价格	财务价格
分析指标	经济效益费用比（EB/EC） 经济净现值（ENPV） 经济内部收益率（EIRR）	财务效益费用比（FB/FC） 财务净现值（FNPV） 财务内部收益率（FIRR）
基准参数	社会折现率	基准收益率

注：EB 为经济效益（economic benefit）；EC 为经济费用（economic cost）；ENPV 为经济净现值（economic NPV）；EIRR 为经济内部收益率（economic IRR）；FNPV 为财务净现值（financial NPV）；FB 为财务效益（financial benefit）；FC 为财务费用（financial cost）；FIRR 为财务内部收益率（financial IRR）。

（3）经济分析与财务分析之间的联系　经济分析与财务分析之间的联系是很密切的。在很多情况下，经济分析是在财务分析基础之上进行的，利用财务分析中所估算的财务数据为基础进行所需要的调整计算，得到经济效益和费用数据。经济分析也可独立进行，即在项目的财务分析之前就进行经济分析。

9.1.3　经济分析的步骤和类型

环境工程项目的经济效益有些能够货币化，而绝大部分难以货币化。能够货币化的应进行经济费用效益分析，不能货币化但能量化的应进行费用效果分析，不能量化的应进行定性分析。经济分析的步骤和类型见图 9-2。

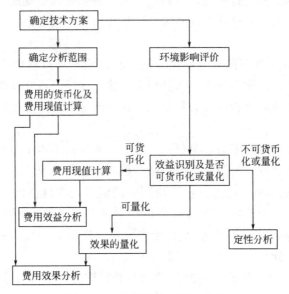

图 9-2　经济分析的步骤和类型

（1）识别经济效益与费用

① 对经济效益与费用进行全面识别　凡项目对社会经济所做的贡献，均计为项目的经济效益，包括项目的直接效益和间接效益。凡社会经济为项目所付出的代价（即社会资源的耗费，或称社会成本）均计为项目的经济费用，包括直接费用和间接费用。因此，经济分析应考虑关联效果，对项目涉及的所有社会成员的有关效益和费用进行全面识别。

② 遵循有无对比的原则　判别项目的经济效益和费用，要从有无对比的角度进行分析，将"有项目"（项目实施）与"无项目"（项目不实施）的情况加以对比，以确定某项效益或费用的存在。

③ 遵循效益和费用识别和计算口径对应一致的基本原则　效益和费用识别和计算口径对应一致是正确估算项目净效益的基础，对于经济分析尤其重要。因为经济分析中既包括直接效益和直接费用，也包括间接效益和间接费用，识别时要给予充分关注。

④ 合理确定经济效益与费用识别的时间跨度　经济效益与费用识别的时间跨度应足以包含项目所产生的全部重要效益和费用，不完全受财务分析计算期的限制。不仅要分析项目的近期影响，还可能需要分析项目将带来的中期、远期影响。

⑤ 正确处理"转移支付"　项目的有些财务收入和支出，是社会经济内部成员之间的"转移支付"，即接受方所获得的效益和付出方所发生的费用相等。从社会经济角度看，并没

有造成资源的实际增加或减少，不应计作经济效益或费用。经济分析中，项目的转移支付主要包括：项目（企业）向政府缴纳的所得税、增值税、消费税等，政府给予项目（企业）的各种补贴、项目向国内银行等金融机构支付的贷款利息和获得的存款利息。在财务分析基础上调整进行经济分析时，要注意从财务效益和费用中剔除转移支付部分。

需要注意的是，有些税费体现的是资源价值的补偿，若没有更好的方式体现资源的真实价值时，一般可暂不作为转移支付处理。这些税费主要有体现资源稀缺价值的资源税和补偿费、体现环境价值补偿的税费等。

⑥ 遵循以本国社会成员作为分析对象的原则　经济效益与费用的识别应以本国社会成员作为分析对象。对于跨越国界，对本国之外的其他社会成员也产生影响的项目，应重点分析项目给本国社会成员带来的效益和费用，项目对国外社会成员所产生的效果应予单独陈述。

（2）经济费用效益分析指标　经济费用效益分析（cost-benefit analysis）通过识别经济效益与经济费用，估算和编制经济费用效益流量表，计算经济评价指标，来分析项目的经济合理性。下面介绍经济费用效益分析常用的评价指标。

① 经济净现值　项目按照社会折现率将计算期内各年的经济净效益流量折现到建设期初的现值之和，用 ENPV（economic NPV）表示，其计算公式为：

$$\text{ENPV} = \sum_{t=1}^{n} (B-C)_t (1+i_s)^{-t} = \sum_{t=1}^{n} (B-C)_t (P/F, i_s, t) \tag{9-1}$$

式中　B——经济效益流量；

C——经济费用流量；

$(B-C)_t$——第 t 期经济净效益流量；

i_s——社会折现率，采用国家统一测算发布的数值，项目的所有效益（包括不能货币化的效果）和费用一般均应在共同的时点基础上予以折现；

n——项目计算期。

在经济费用效益分析中，如果 ENPV≥0，表明项目可以达到社会折现率要求的效率水平，认为该项目从经济资源配置的角度可以被接受。

② 经济内部收益率　项目在计算期内经济净效益流量的现值累计等于 0 时的折现率，用 EIRR（economic IRR）表示，其计算公式为：

$$\sum_{t=1}^{n} (B-C)_t (1+\text{EIRR})^{-t} = \sum_{t=1}^{n} (B-C)_t (P/F, \text{EIRR}, t) = 0 \tag{9-2}$$

式中，EIRR 为项目经济内部收益率。

如 EIRR 等于或者大于社会折现率，表明项目资源配置的经济效率达到了可以被接受的水平。

③ 经济效益费用比　项目在计算期内效益流量的现值与费用流量的现值之比，用 R_{BC} 表示，其计算公式为：

$$R_{BC} = \frac{\sum_{t=1}^{n} B_t (1+i_s)^{-t}}{\sum_{t=1}^{n} C_t (1+i_s)^{-t}} = \frac{\sum_{t=1}^{n} B_t (P/F, i_s, t)}{\sum_{t=1}^{n} C_t (P/F, i_s, t)} \tag{9-3}$$

式中　B_t——第 t 期的经济效益；

C_t——第 t 期的经济费用。

如经济效益费用比大于1，表明项目资源配置的经济效率达到了可以被接受的水平。

【例 9-2】 某地区拟建造排洪设施以减少水涝灾害损失，共有 4 个互斥方案。它们的寿命期预计为 75 年，水灾年损失、投资及年维护费资料见表 9-2。设基准收益率为 4%，利用效益/费用分析法选择最优方案。

表 9-2　水灾年损失、投资及年维护费 单位：万元

方案	投资	年维护费	预期水灾年损失	减少损失	年效益/年费用
不建	0	0	240	0	
A	480	12	215	25	0.77
B	720	18	200	40	0.83
C	880	21	170	70	1.20
D	1120	29	150	90	1.18

解： 计算 A 方案的年效益/年费用为：

$$\left(\frac{AE}{AC}\right)_A = \frac{25}{12+480(A/P,4\%,75)} = 0.77$$

同理可得方案 B、C、D 的年效益/年费用值，见表 9-2。可以看出，方案 A、B 的效益/费用小于 1，在经济上是不可取的；方案 C、D 的效益/费用大于 1，是可取的。

由于方案 C、D 不是互相独立，而是互斥时，还需要在方案 C、D 之间进行选择。不能简单地比较各方案效益/费用比值来选择方案，而应比较这两个方案的增量效益与增量费用，若比值大于 1，则费用的增量是值得的。计算如下：

$$\left(\frac{AE}{AC}\right)_{D-C} = \frac{170-150}{[29+1120(A/P,4\%,75)]-[21-880(A/P,4\%,75)]} = 1.1$$

虽然 C 方案的效益/费用比值为 1.2，大于 D 方案的 1.18，但 D 方案的增量效益/增量费用比值为 1.1，大于 1，因此若 D 方案的资金需求可以满足的话，应选择 D 方案。

（3）经济费用效果分析指标　对于效益无法货币化的项目，经济费用效果分析（cost effectiveness analysis）通过比较项目预期的效果与所支付的费用，计算经济评价指标，判断项目的费用有效性或经济合理性。下面介绍经济费用效果分析常用的评价指标。

① 分析指标　费用效果分析可采用效果费用比为基本指标，表示单位费用所应达到的效果值，其计算公式为：

$$R_{E/C} = \frac{E}{C} \tag{9-4}$$

式中　$R_{E/C}$——效果费用比；

E——项目效果；

C——项目计算期内的费用，用现值或年值表示。

有时为方便或习惯起见，也可以采用效果费用比指标，表示为取得单位效果所支付的费用，其计算公式为：

$$R_{C/E} = \frac{C}{E} \tag{9-5}$$

② 基准指标　$[E/C]_0$ 是一类项目的基准指标，即该类项目可行的最低要求。它用单位费用所应该达到的效果值表示。基准指标是项目可以接受的效果费用比的最低要求。

基准指标决定因素较为复杂，受经济实力、技术水平、社会需求等多方面的影响，需按项目行业类别等专门制定。有些行业定额，可以作为测定基准指标的重要参考。基准指标有时也采用其倒数形式，即最高可接受的单位成本指标 $[C/E]_0$，例如，每吨供水的费用、每吨污水处理的费用、学校每个学生的费用等，项目不得突破。

一般来说，这里所说的费用是寿命周期费用，要避免简单化地用单位投资或单位运营成本代替。但是，当投资和运营是两家不同的单位时，由于利益驱动不同，则另当别论。

（4）定性分析　环境公用工程项目对经济、社会、环境的影响主要是正面的，外部效果十分显著，项目的财务效益不能全部反映出项目的经济效益。在实际工作中，一些项目的外部效果的货币化或量化有较大难度，难以收集到翔实充分的数据和资料，在这些情况下可以进行定性分析。有些项目也有可能产生一些不利影响，应采取防治处理措施，并实事求是地进行定性描述。

垃圾处理项目经济评价通常采用定性分析，内容如下。

① 环境影响　主要体现在改善市民健康状况，降低医疗费用。

② 社会经济贡献　主要体现在促进垃圾作为资源开发，改善地区发展环境、提高地区竞争力，通过发展旅游增加就业。

③ 合理利用自然资源　主要体现在节约能源、土地增值。

④ 自然和生态环境影响　主要体现在改善服务区内土壤、水体、空气的质量。

9.2　环保项目费用效益估算

9.2.1　影子价格

影子价格是进行项目经济分析专用的价格。影子价格依据经济学原理的定价原则测定，如果某种资源数量稀缺，同时有许多用途完全依靠于它，那么它的影子价格就高；如果这种资源的供应量增多，那么它的影子价格就会下降。影子价格反映项目投入和产出的真实经济价值，反映市场供求关系，反映资源稀缺程度，反映资源合理配置的要求。经济效益和经济费用应采用影子价格计算，因此影子价格的确定成为经济效益费用计算的关键。

从广义上而言，项目的各种投入和产出均可以称为货物，而土地、劳动力和自然资源有其特殊性，归为特殊投入。确定影子价格时，对于投入物和产出物，首先要区分为市场定价货物、政府调控价格货物、特殊投入物这三大类别，分别处理。

9.2.1.1　市场定价货物的影子价格

随着我国市场经济的发展和完善，大部分货物已经主要由市场定价，政府不再进行管制和干预。市场价格由市场形成，可以近似反映支付意愿和机会成本。对于这类货物，应采用其市场价格作为影子价格的基础，另外，加上或者减去相应的物流费用作为项目投入或产出的"厂门口"（进厂或出厂）影子价格。

（1）进出口货物影子价格　原则上，那些对进出口有不同影响的货物，应当区分不同情况，采取不同的影子价格定价方法。但在实践中，为了简化工作，可以只对项目投入物中直接进口的和产出物中直接出口的，采取进出口价格测定影子价格。对于其他几种情况仍按国内市场价格定价。

进口投入的影子价格（到厂价）＝到岸价（CIF）×影子汇率＋进口费用

出口产出的影子价格(出厂价)＝离岸价(FOB)×影子汇率－出口费用

其中，影子汇率是指外汇的影子价格，应能正确反映国家外汇的经济价值，由国家指定的专门机构统一发布。

(2) 市场定价的国内市场货物影子价格

① 价格完全取决于市场的货物　价格完全取决于市场的，其国内市场价格作为确定影子价格的基础，并按下式换算为到厂价和出厂价：

投入影子价格(到厂价)＝市场价格＋国内运杂费

产出影子价格(出厂价)＝市场价格－国内运杂费

② 对流转税的处理　投入与产出的影子价格中流转税按下列原则处理。

对于投入品，用新增供应来满足项目的，影子价格按机会成本确定，不含流转税；挤占原有用户需求来满足项目的，影子价格按支付意愿确定，含流转税。

对于产出品，增加供给满足国内市场供应的，影子价格按支付意愿确定，含流转税；替代原有市场供应的，影子价格按机会成本确定，不含流转税。

在不能判别产出或投入是增加供给还是挤占(替代)原有供给的情况下，可简化处理为：产出的影子价格一般包含流转税，投入的影子价格一般不含流转税。

【例 9-3】 某项目生产的产品中包括市场急需的 A 产品，预测的目标市场价格为 9000元/t(含税)，项目到目标市场运杂费为 100 元/t，在进行经济分析时，A 产品的影子价格应如何确定？

解：经预测，在相当长的时期内，A 产品市场需求空间较大，项目的产出对市场价格影响不大，应该按消费者支付意愿确定影子价格，也即采用含流转税的市场价格为基础确定其出厂影子价格。该项目应该采用的 A 产品出厂影子价格为：

$$9000-100 = 8900(元/t)$$

③ 足以影响市场的大规模投入和产出　如果项目的投入或产出的规模很大，项目的实施将足以影响其市场价格，导致"有项目"和"无项目"两种情况下市场价格不一致，在项目评价中，取二者的平均值作为测算影子价格的依据。

9.2.1.2　政府调控价格货物的影子价格

我国尚有少部分产品或服务，如电、水和铁路运输等，不完全由市场机制决定价格，而是由政府调控价格。政府调控价格包括政府定价、指导价、最高限价、最低限价等。这些产品或者服务的价格不能完全反映其真实的经济价值。在经济分析中，往往需要采取特殊的方法测定这些产品或服务的影子价格，包括成本分解法、消费者支付意愿法和机会成本法。

(1) 电价　作为项目的投入物时，电力的影子价格可以按成本分解法测定。一般情况下，应当按当地的电力供应完全成本口径的分解成本定价。有些地区，若存在阶段性的电力过剩，可以按电力生产的可变成本分解定价。水电的影子价格可按替代的火电分解成本定价。

作为项目的产出物时，电力的影子价格应体现消费者支付意愿，最好按照电力对于当地经济的边际贡献测定。无法测定时，可参照火电的分解成本，按高于或等于火电的分解成本定价。

(2) 铁路运输服务　铁路运输作为项目投入时，一般情况下按完全成本分解定价。铁路运输作为项目产出时，经济效益的计算不考虑服务收费收入，而是采取专门的方法，按替代运输量(或转移运输量)和正常运输量的时间节约效益、运输成本节约效益、交通事故减少效益以及诱增运输量的效益等测算。

（3）水价　作为项目投入物时，按后备水源的成本分解定价，或者按照恢复水功能的成本定价。作为项目产出物时，水的影子价格按消费者支付意愿或者按消费者承受能力加政府补贴来测定。

9.2.1.3　特殊投入物的影子价格

特殊投入物主要包括劳动力、土地和自然资源，它们的影子价格需要采取特定的方法确定。

（1）劳动力影子价格——影子工资　劳动力作为一种资源，项目使用了劳动力，社会要为此付出代价，经济分析中用"影子工资"来表示这种代价。影子工资是指项目使用劳动力，社会为此付出的代价，包括劳动力的机会成本和劳动力转移而引起的新增资源消耗。

劳动力机会成本是拟建项目占用的劳动力由于在本项目使用而不能再用于其他地方或享受闲暇时间而被迫放弃的价值，应根据项目所在地的人力资源市场及就业状况、劳动力来源以及技术熟练程度等方面分析确定。技术熟练程度要求高的，稀缺的劳动力，其机会成本高，反之机会成本低。劳动力的机会成本是影子工资的主要组成部分。

新增资源消耗是指劳动力在本项目新就业或由原来的岗位转移到本项目而发生的经济资源消耗，包括迁移费、新增的城市交通、城市基础设施配套等相关投资和费用。

（2）土地影子价格　在我国，土地是一种稀缺资源。项目使用了土地，就造成了社会费用，无论是否实际需要支付费用，都应根据机会成本或消费者支付意愿计算土地影子价格。土地的地理位置对土地的机会成本或消费者支付意愿影响很大，因此土地地块的地理位置是影响土地影子价格的关键因素。

① 非生产性用地的土地影子价格　项目占用住宅区、休闲区等非生产性用地，市场完善的，应根据市场交易价格作为土地影子价格；市场不完善或无市场交易价格的，应按消费者支付意愿确定土地影子价格。

② 生产性用地的土地影子价格　项目占用生产性用地，主要指农业、林业、牧业、渔业及其他生产性用地，按照这些生产用地的机会成本及因改变土地用途而发生的新增资源消耗进行计算，即：

$$土地影子价格 = 土地机会成本 + 新增资源消耗$$

土地机会成本按照项目占用土地而使社会成员由此损失的该土地"最佳可行替代用途"的净效益计算。通常该净效益应按影子价格重新计算，并用项目计算期各年净效益的现值表示。

新增资源消耗应按照在"有项目"情况下土地的占用造成原有地上附属物财产的损失及其他资源耗费来计算。项目经济分析中补偿费用一般可按相关规定的高限估算。由政府出资拆迁安置的，其费用也应计入新增资源消耗。

实际的项目评价中，土地的影子价格可以从财务分析中土地的征地费用出发进行调整计算。由于各地土地征收的费用标准不完全相同，在经济分析中须注意项目所在地区征地费用的标准和范围。一般情况下，项目的实际征地费用可以划分为三部分，分别按照不同的方法调整。属于机会成本性质的费用，如土地补偿费、青苗补偿费等，按照机会成本计算方法调整计算；属于新增资源消耗的费用，如征地动迁费、安置补助费和地上附着物补偿费等，按照影子价格计算；一般而言，政府征收的税费属于转移支付，但从我国耕地资源的稀缺程度考虑，征地费用中所包含的耕地占用税应当计入土地经济费用。

（3）自然资源影子价格　在经济分析中，各种有限的自然资源也被归类为特殊投入。项目使用了自然资源，社会经济就为之付出了代价。如果该资源的市场价格不能反映其经济价值，或者项目并未支付费用，该代价应该用表示该资源经济价值的影子价格表示，而不是市场价格。矿产等不可再生资源的影子价格应当按该资源用于其他用途的机会成本计算，水和森林等可再生资源的影子价格可以按资源再生费用计算。为方便测算，自然资源影子价格也可以通过投入物替代方案的费用确定。

9.2.2　环保项目的费用和直接效益

9.2.2.1　环保项目的直接费用

环保项目的直接费用包括建设投资、流动资金、经营成本三部分。利用货物影子价格、影子工资、影子汇率及土地影子价格等参数，可以直接计算污水处理项目的建设投资、流动资金、经营成本等经济费用，以及直接经济效益和间接经济效益。此外，也可在财务分析基础上进行经济费用效益分析，这时应将财务现金流量调整为经济效益与费用流量。

（1）建设投资

① 设备购置费用。分为引进设备材料购置费用和国内设备购置费用两种。在财务评价引进设备材料购置费用的基础上，剔除引进设备材料关税、增值税等属于国民经济内部转移支付的部分，再用影子汇率（或影子汇率换算系数）进行调整。其计算公式为：

$$引进设备材料购置费用＝到岸价×影子汇率＋进口费用$$

国内设备购置费用采用影子价格调整设备本身的价值。

② 建筑工程费用。对于建筑工程投入的人工、材料、电力等，用影子工资和相应的影子价格进行调整。

③ 安装工程费用。根据安装工程所消耗的人工、材料及机械台班等用影子价格进行调整。

④ 土地费用。以土地的影子费用代替实际发生的土地费用。

⑤ 与项目建设有关的其他费用。随计算基础的变动而做相应调整。

⑥ 与项目未来生产经营有关的费用。可不做调整。

⑦ 基本预备费。随计算基础的变动而做相应调整。

⑧ 涨价预备费。随物质材料价格变化而变化。

（2）流动资金　根据流动资金估算基础的变动而做相应调整。

（3）经营成本　用货物的影子价格对药剂费、动力费等进行调整，用影子工资对职工薪酬进行调整（应注意两者的口径范围保持一致），修理费及其他费用等则随计算基础的变动而做相应调整。

9.2.2.2　环保项目的间接费用

城市环境基础设施的运行也可能带来新的污染损失（二次污染），这就是环境基础设施投资项目的间接费用。例如，城市生活垃圾焚烧处理后产生的烟气中残留有毒致癌物质"二噁英类"（dioxins），现在各国都积极研究如何控制、减少垃圾焚烧时产生二噁英类的有效办法。

但是，与环境基础设施项目产生的经济效益、环境效益、社会效益以及直接费用相比，其间接费用通常是微不足道的，而且环境基础设施项目在筹划与实施时，往往都会从技术上避免产生"二次污染"。因此，一般情况下环境基础设施项目的间接费用可以不考虑。

9.2.2.3　环保项目的直接效益

所谓直接效益，是指由该项目所带来的、能够为该项目投资主体所直接享有的那部分经济利益，不为该投资主体所实际享有的利益称为间接效益。城市环境基础设施项目的直接经济效益与间接经济效益相比，无论是在重要程度还是在数量上都要少得多。一般来说，环保项目的直接效益可采用财务现金流表格中的价格，不做调整。

9.2.3　环保项目的间接效益——环境价值估算

环境基础设施项目的间接效益，就是项目对城市环境影响的正外部效应。因此，环境基础设施项目间接效益的货币化计算，就是要评估项目环境影响的价值，一般按以下三个步骤进行：第一步，筛选环境影响；第二步，量化环境影响后果；第三步，评估环境影响价值。

9.2.3.1　环保项目的环境价值

环境价值可以分为直接使用价值、间接使用价值和存在价值三个方面。环境物品除了直接和间接的使用价值外，社会还可以获得其他资源。试想人们是如何评估原始森林、高山河谷以及大熊猫、羚羊等自然资源价值的。社会作为一个整体愿意为保住这些资源付费，并从它们的存在和保护中获益，这种价值就是存在价值。存在价值是研究资源、环境代际公平时一个重要的决策参数。因此，环境总经济价值可写为：

$$环境总经济价值＝环境使用价值＋环境非使用价值$$

表 9-3 分类列出了排水项目的环境价值。

表 9-3　排水项目的环境价值

分类	污水处理项目	雨水和城市防洪工程
直接使用价值	(1)减少水质污染对工业产品质量的影响 (2)减少农业灌溉用水水体的污染 (3)减少水质污染对水产养殖业造成的经济损失	
间接使用价值	(1)减少自来水厂药剂等运营费用和水源改造工程费用 (2)减少疾病,增进健康,提高社会劳动生产率,降低医疗费用 (3)提高城市卫生水平,改善城市环境,增加旅游收入 (4)改善投资环境,吸引外来资金,促进地区经济发展	(1)减少因洪灾带来的疾病,提高社会劳动生产率,降低医疗费用 (2)由于工程的兴建,形成新的旅游景点而带来的旅游效益 (3)改善投资环境,吸引外来资金,促进地区经济发展
存在价值	(1)节约水资源 (2)保护水环境质量	保护水环境质量

9.2.3.2　环境价值货币化方法

环境经济学家已经建立了一套估计环境物品或服务的货币化价值的理论和原则，其基础是人们对于环境效益的支付意愿，或是忍受环境损害接受赔偿的意愿。

获得这两种意愿的途径主要有三类：一是直接市场评估法，即直接从受到影响的物品的相关市场信息中获得；二是替代市场评估法，即从其他事物中所蕴含的有关信息间接获得；三是意愿调查法，通过直接调查个人的支付意愿或接受赔偿的意愿获得。

（1）直接市场评估法　直接市场评估法就是把环境质量看作是一个生产要素，并根据生产率的变动情况来评价环境质量的变动所产生的影响的一种方法。它直接运用货币价格，对可以观察和度量的环境质量变化进行评价。直接市场评估法又称物理影响的市场评价法。

直接市场评估法主要包括生产力变动法、疾病成本法、人力资本法、机会成本法等。

① 生产力变动法　把环境看成是生产要素，环境质量的变化将导致生产力和生产成本的变化，进而引起产值和利润的变化；或将通过消费品的供给与价格变动影响消费者福利。根据产值、利润和价格的变动评估环境质量变化所造成的经济损益。

采取生产力变动法估算排水项目的间接效益如下。

减少水质污染对工业产品质量的影响，可根据受损程度变化，测算受污染影响系数，再计算减少损失的效益。

减少工业损失：

$$减少工业损失 = 受益地区工业总产值 \times 受污染影响系数$$

减少农业灌溉用水水体的污染：

$$减少农业损失 = 受益地区农田面积 \times 单位面积避免损失产值$$

减少养殖业损失：

$$减少养殖业损失 = 受益养殖面积 \times 单位面积避免损失产值$$

② 疾病成本法与人力资本法　污染（如空气和水污染）会对人体健康产生很大影响，根据环境质量恶化而导致的医疗费开支的增加，以及因为人得病或过早死亡而造成的收入损失等衡量环境变化的经济损失。反之，可衡量经济效益。

估算由于疾病造成的缺勤所引起的收入损失和医疗费用，即用于估算环境变化造成的健康损失成本的方法就是疾病成本法。

将一个人生命的价值减少到一个人的收入的现值，即用于估算环境变化造成的过早死亡从而对生命做出评估就是人力资本法。

比如大气 SO_2 污染会使哮喘发病率增加。一例哮喘发病的治疗费用若是 200 元/天，每次发病持续 7 天，则避免该疾病一次发病的支付意愿最少为 1400 元。这里还需要知道 SO_2 浓度和哮喘发病率的剂量-反应关系才能完成 SO_2 损害价值的评估。

又比如环境质量恶化，使劳动者健康受到影响进而影响出勤天数，减少预期收入，所减少的预期收入可作为这一环境污染造成健康危害的损害价值。环境质量变化，影响劳动者的健康进而影响劳动生产率就是另外的一种直接市场评估法——生产力变动法。

③ 机会成本法　利用机会成本概念计算环境资源的经济价值，以及环境资源被占用所带来的经济损失。采取机会成本法估算排水项目节约水资源的效益，可如下计算：

$$节约水资源效益 = 再生水回用量 \times 受益地区因缺水而造成的损失（元/m^3）$$

（2）替代市场评估法　替代市场评估法就是使用替代物的市场价格来衡量没有市场价格的环境物品的价值的一种方法。它通过考察人们与市场相关的行为，特别是在与环境联系紧密的市场中所支付的价格或他们获得的利益，间接推断出人们对环境的偏好，以此来估算环境质量变化的经济价值。

替代市场评估法主要包括资产定价法、防护支出法、旅行费用法等。

① 资产定价法　资产定价法，通过人们购买具有环境属性的房地产商品的价格来推断出人们赋予环境价值量大小的一种价值评估方法。

海南三亚亚龙湾某一家酒店，其海景房的价格比园景房高出 26%，这个价差反映了酒店住客愿意为海景所额外支付的价格，因此反映了海景的价值。相似地，根据环境质量变化引起的具有环境属性的商品价格变化，可以推断人们对环境质量的估价。

【例 9-4】 某市实施河流污染治理的"碧水工程"后，目标江段水质明显改善，坐落在江畔的房地产价格不断攀升。虽然房地产价格的上升是多方面影响的，但经调查发现，相近房龄相近品质的房屋，离江边的距离越近，价格越高（图 9-3），这表明了江水环境质量对房地产价值的影响，可视为"碧水工程"实施后带来的间接效益。

采用资产定价法，根据图 9-3 数据可进一步计算得到住宅中隐含的江水环境价值为 97.5 元/m^2；由于沿江住宅面积为 $5.6 \times 10^4 m^2$，因此"碧水工程"提高沿江房地产价值的间接效益为 $97.5 \times 5.6 \times 10^4 = 546$ 万元。

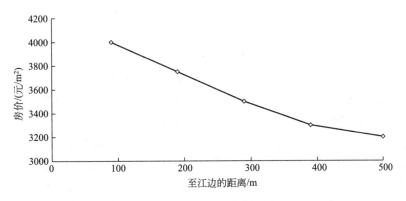

图 9-3 房价和房屋到江边的距离的关系（2005 年）

② 防护支出法 根据人们为防止环境质量退化所准备付出的费用多少推断人们对环境质量的估价。比如水污染引起的工业经济损失，可以由在远处新建水源的投资费用（包括运行费）来衡量；又比如一个风景区被污染破坏了，另建一个人工风景区来替代它，其污染损失就是建设新景区的费用。

【例 9-5】 续【例 9-4】，该市实施"碧水工程"后，饮用水源水质的达标率达到 99.03%。水环境质量的改善，消除了饮用水源的威胁，不必建设新的水源，这可节约新建水源投资费用 20000 万元，而且节省了运行费用 2840 万元/年。这些节省，均可视为是实施"碧水工程"的间接效益。

③ 旅行费用法 旅行费用法是通过交通费、门票费和花费的时间成本等旅行费用来确定旅游者对环境商品或服务的支付意愿，推断人们对环境质量的估价。旅行费用法常常被用来评价那些没有市场价格的自然景点或者环境资源的价值，它要评估的是旅游者通过消费这些环境商品/服务所获得的效益，或者说，对这些旅游场所的支付意愿。

（3）意愿调查法 意愿调查法也叫权变评价法，它是以调查问卷为工具来评价被调查者对缺乏市场的物品或服务所赋予的价值的方法，它通过询问人们对于环境质量改善的支付意愿（WTP）或忍受环境损失的接受赔偿意愿（WAC）来推导出环境物品的价值。

当缺乏真实的市场数据，甚至也无法通过间接的观察市场行为来赋予环境资源以价值时，只好依靠建立一个假想的市场来解决。意愿调查法就是试图通过直接向有关人群样本提问来发现人们是如何给一定的环境变化定价的。在替代市场都难以找到的情况下，只能人为地创造假想的市场来衡量环境质量及其变动的价值。

意愿调查法分为投标博弈法、比较博弈法、无费用选择法、优先评价法、德尔菲法（专家调查法）等。其最常用的方法是投标博弈法。

投标博弈法分为单次投标博弈与收敛投标博弈。

单次投标博弈中，调查者首先要向被调查者解释要估价的环境物品或服务的特征及其变动的影响（例如砍伐或保护热带森林可能产生的影响，或者湖水污染可能带来的影响），以及保护这些环境物品/服务（或者说解决环境问题）的具体办法，然后询问被调查者，为了改善保护该热带森林或水体不受污染他最多愿意支付多少钱（即最大的支付意愿）；或者，如果将要失去购买该物品的机会的话，作为交换，他们愿意为此而接受的最小补偿。将回答取平均值，由此可以推断得到一个针对总人口的总支付意愿或者总的补偿水平。

收敛投标博弈中，询问他们是否应当或者愿意为所描述的某种情况或物品支付一定的数额。随后，这一数量在不断重复之中变化，直到达到一个最大的支付意愿（或者一个最小的接受补偿意愿）。例如，要询问被调查者，如果森林将被砍伐，他是否愿意支付一定数额的货币用于保护该森林（如 10 元），如果被调查者的回答是肯定的，就再提高金额（如 11 元），直到被调查者做出否定的回答为止（如 20 元）。然后调查者再降低金额，以便找出被调查者愿意付出的精确数额。同样，可以询问被调查者是否愿意在接受一定数额的赔偿情况下，接受森林砍伐或水体污染的事实，如果回答是肯定的，就继续降低该金额直到被调查者做出否定的回答为止。然后，再提高该金额，找出被调查者愿意接受的赔偿数额。

【例 9-6】 对某一个城区湿地公园的环境价值进行估算，可询问湿地公园的使用者，为了维护湿地是否愿意每年支付 5 元，如果答案是肯定的，所支付的费用继续提高，每次增加 1 元，一直提高到答案否定为止。如果对开始要求支付的 5 元不同意，就采用相反的程序，直到肯定为止，从询问中找到愿意支付的准确数据。

9.2.3.3 环境价值评估体系

环境污染对城市生活带来的影响主要体现在生产力、人体健康、舒适度和存在价值四个方面。这四种影响中的每一种都可以采用不同的评估方法予以货币化。

（1）生产力影响的估算　通常采用生产力变动法。在生产力变动法不适用的情况下，也可以采用防护支出法估算，如计算噪声控制装置的费用、水灾后的清理和重建恢复费用。

（2）人体健康（及安全）的估算　采用疾病成本法和人力资本法，根据医疗费用和劳动收入的变化，对环境质量变动价值做最低限度的估计。在某些情况下，也可以采用防护支出法（如安装饮水过滤器）来推断。若要全面了解人们对于防止和减少污染对人体危害的支付或受偿意愿，必须借助于设计周密的意愿调查法。

（3）舒适度影响的估算　可采用旅行费用法根据到被评估地区的平均旅行费用，或者采用资产定价法根据环境变化引起的资产价值变化，来估算环境价值的大小。意愿调查法也可以用于对舒适度的货币化估算。

（4）存在价值的估算　意愿调查法是目前唯一可行的方法。因为存在价值通常与环境的未来价值有关（如珍稀动物保护等），而其他方法所涉及的是当前使用者的效益和成本。

对于某一个具体的环境问题，由于所涉及的环境影响通常不止一个方面，可以对各方面同时采用不同的评估方法分别评价，但需要考虑到各种评估方法的局限性和所花费的时间及成本的大小。表 9-4 给出了一些常见的城市环境问题及其对应的评估方法。需要指出的是，为防止外部效果计算扩大化，相关效果一般只应计算一次。该部分详细内容可参考 2018 年 10 月化学工业出版社出版的《环境影响经济分析》教材。

表 9-4 环境价值评估体系

环境问题	具体影响	评估方法
影响工农业生产	腐蚀、工业水质 水污染、土壤污染	生产力变动法 防护支出法
影响人体健康	疾病预防和医疗 影响劳动工时	疾病成本法 人力成本法
影响环境舒适度	美观、噪声等	资产定价法 防护支出法
影响旅游业	景观效果	旅行费用法
影响资产价格	房地产价格	资产定价法
影响生态资源	存在价值	旅行费用法 意愿调查法

9.3 经济费用效益分析与费用效果分析

9.3.1 经济费用效益分析

9.3.1.1 经济费用效益分析报表

经济费用效益分析主要报表见表 9-5，它是项目投资经济费用效益流量表。辅助报表一般包括建设投资调整估算表、流动资金调整估算表、营业收入调整估算表和经营费用调整估算表。根据经济费用效益流量表，可以计算相关经济评价指标。

表 9-5 项目投资经济费用效益流量表

序号	项目	合计	计算期					
			1 年	2 年	3 年	4 年	…	n 年
1	效益流量							
1.1	项目直接效益							
1.2	资产余值回收							
1.3	项目间接效益							
2	费用流量							
2.1	建设投资							
2.2	维持运营投资							
2.3	流动资金							
2.4	经营费用							
2.5	项目间接费用							
3	净效益流量（1—2）							

计算指标：
EIRR
ENPV

项目投资经济费用效益流量表，用以综合反映项目计算期内各年的按项目投资口径计算的各项经济效益与费用流量及净效益流量，用来计算项目投资 ENPV 和 EIRR 指标。该表的编制与项目融资方案无关。

9.3.1.2 编制方式

（1）直接计算　采用影子价格直接计算。

（2）调整财务分析报表　经济效益费用流量表也可以通过调整项目财务分析报表得到（表 9-6），其基本步骤如下。

表 9-6　经济费用效益分析投资费用估算调整表

序号	项目	财务分析			经济费用效益分析			经济费用效益分析比财务分析增减
		人民币	外币	小计	人民币	外币	小计	
1	建设投资							
1.1	建设工程费							
1.2	安装工程费							
1.3	设备购置费							
1.4	其他费用							
1.4.1	其中:土地费用							
1.4.2	专利及专有技术费							
1.5	基本预备费							
1.6	涨价预备费							
1.7	建设期利息							
2	流动资金							
	合计(1+2)							

注：若投资费用是通过直接估算得到的，本表应略去财务分析的相关栏目。

① 剔除财务现金流量中的价格变化因素，得到以实价表示的财务现金流量。

② 剔除运营期财务现金流量中的转移支付因素。

③ 用影子价格和影子汇率调整建设投资各项组成，并剔除其费用中的转移支付项目。

④ 调整流动资金，将流动资产和流动负债中不反映实际资源耗费的有关现金、应收账款、应付账款、预收账款和预付账款，从流动资金中剔除。

⑤ 调整经营费用，用影子价格调整主要原材料、燃料及动力费用、职工薪酬等。

⑥ 调整营业收入，对于具有市场价格的产出物，以市场价格为基础计算其影子价格；对于没有市场价格的产出物，以支付意愿或接受赔偿意愿的原则计算其影子价格。

9.3.1.3 费用效益分析的难题

确定政府应该在市场配置资源失灵的领域（如提供环境基础设施）起作用只是第一步。政府还必须决定具体提供的内容以及数量。

假定政府正在考虑治理一条受污染河流。为了确定要不要投资这个项目，政府必须比较这条河流治理好以后的环境价值与河流污染治理的成本。为了做出这个决策，政府组织咨询工程师对治理方案进行了费用效益分析，目的是估算出该项目对于社会的总费用和总效益。

费用效益分析是一项艰难的工作，这是因为没有反映河流环境质量价值的价格来准确计算项目效益。那些要使用这条河流的人，会夸大项目效益；而那些不使用这条河流的人，可能否认这种效益并希望将公共资金投入到他们认为更重要的项目中去。

相比之下，这个问题在市场配置资源的领域要简单得多。当私人物品的购买者进入市场时，他们通过自己愿意支付的价格来显示对这种物品价值的评价；同时，出售者通过自己愿意接受的价格来显示自己的成本。最终，形成的均衡价格反映了所有这些信息。在均衡价格上供求平衡，这是一种有效的资源配置。

与此相反，当评价政府是否应该提供一种公共物品以及提供多少时，费用效益分析并没有提供任何价格信号，所得出的结论充其量只是近似而已。因此，从本质上讲，有效率地提供公共物品比有效率地提供私人物品更加困难。

9.3.2　经济分析中的费用效果分析

由于很多公共项目的社会效益不适于用货币单位来计量，只能代之以实物单位来计量。在这种情况下，费用效果分析是一种有效的工具。项目实施的结果所起到的作用、效应和效能，称为效果，它是项目目标的实现程度。广义费用效果分析（cost effectiveness analysis）就是通过比较所达到的效果与所付出的耗费，用以分析判断所付出的代价是否值得。这也是项目经济评价的基本原理。广义费用效果分析并不刻意强调采用何种计量方式，如果分析过程只基于现金流量的话，则称为成本效益分析或费用效益分析（cost benefit analysis）。狭义的费用效果分析专指耗费采用货币计量、效果采用非货币计量的分析方法。项目评价中一般采用狭义的概念。

9.3.2.1　步骤和要求

（1）步骤　费用效果分析遵循多方案比选的原则，按下列步骤进行。

第一步，确立项目目标。

第二步，构想和建立备选方案。

第三步，将项目目标转化为具体的可量化的效果指标。

第四步，识别费用与效果要素，并估算各个备选方案的费用与效果。

第五步，利用相关指标，综合比较、分析各个方案的优缺点。

第六步，推荐最佳方案或提出优先采用的次序。

（2）要求　费用效果分析回避了效果定价的难题。直接用非货币化的效果指标与费用进行比较，方法相对简单，最适用于效果难以货币化的领域。在项目经济分析中，当涉及代内公平（发达程度不同的地区、不同收入阶层等）和代际公平（当代人福利和未来人福利）等问题时，对效益的价值判断将十分复杂和困难。环境的价值，生态的价值，生命和健康的价值，人类自然和文化遗产的价值等等，往往很难定价，而且不同的测算方法可能有数十倍的差距。勉强定价，往往引起争议，降低评价的可信度。另外，在可行性研究的不同技术经济环节，如场址选择、工艺比较、设备选型、总图设计、环境保护、安全措施等，都很难直接与项目最终的货币效益直接挂钩测算。这些情况下，都适宜采用费用效果分析。

费用效果分析只能比较不同方案的优劣，不能保证所选方案的效果大于费用。需要直接进行费用效果分析的项目，一般情况下，在充分论证项目必要性的前提下，重点是制订实现项目目标的途径和方案，并根据以尽可能少的费用获得尽可能大的效果原则，通过多方案比选，提供优先选定方案或进行方案优先次序排队，以供决策。正常情况下，进入方案比选阶段，不再对项目的可行性提出质疑，不可能得出无可行方案的结论。因此，费用效果分析更加强调充分挖掘方案的重要性。

建立的备选方案应满足下列条件。

① 备选方案不少于两个，且为互斥方案或可转化为互斥型的方案。

② 备选方案应具有共同的目标，目标不同的方案、不满足最低效果要求的方案不可进行比较。

③ 备选方案的费用应能货币化，且资金用量不应突破资金限制。

④ 效果应采用同一非货币计量单位衡量，如果有多个效果，其指标加权处理形成单一综合指标。

⑤ 备选方案应具有可比的寿命周期。

费用效果分析既可以应用于财务现金流量，也可以用于经济费用流量。用于前者，费用是指为实现项目预定目标所付出的财务代价，主要用于项目各个环节的方案比选，项目总体方案的初步筛选；用于后者，费用是指项目所付出采用货币计量的经济代价，除了可以用于上述方案比选、筛选以外，对于项目主体效益难以货币化的，则取代费用效益分析，并作为经济分析的最终结论。

9.3.2.2 分析方法

（1）最小费用法 在实际中，经常会遇到这类问题，例如，在备选的曝气设备之间、铁路运输和公路运输之间、水泥结构的桥梁和金属结构的桥梁之间进行选择。这类问题的特点是无论选择哪一种方案，其效益或效果是相同的。这时只要考虑，或者只能考虑比较方案的费用大小，费用最小的方案就是最好的方案，这就是所谓的最小费用法。判别准则是：费用最小者为相对最优方案。

费用采用货币指标，应计算包括从建设投资开始到项目终结整个过程期限内所发生的全部费用，包括投资、经营成本、末期资产回收和拆除、恢复环境的处置费用。寿命周期费用一般按费用现值计算或按年值计算，此外，也可以采用最低价格比较法。

① 费用现值法 如果上述这类问题中的各方案寿命是相等的，那么就可以用各方案费用的现值进行比较，以费用现值较低的方案为优。其表达式为：

$$PC = \sum_{t=1}^{n}(I + C' - S_v - W)_t(P/F, i_c, t) \tag{9-6}$$

式中　　　　PC——费用现值（present cost）；

I——年全部投资；

C'——年运营费用；

S_v——计算期末回收的固定资产余值；

W——计算期末回收的流动资金；

$(P/F, i_c, t)$——现值系数；

i_c——基准收益率；

n——计算期。

【例 9-7】 4 种具有同样功能的设备，使用寿命均为 10 年，残值均为 0。初始投资和年经营费用见表 9-7（$i_c = 10\%$）。选择哪种设备在经济上更为有利？

表 9-7　设备投资与费用　　　　　　　　　　　　　　单位：元

设备	A	B	C	D
初始投资	3000	3700	4500	5300
年经营费用	1800	1700	1500	1400
PC	14060.2	14145.8	13716.9	13902.4

解：由于 4 种设备功能相同，故可以比较费用大小，选择相对最优方案；又因各方案寿命相等，保证了时间可比性，故可以利用费用现值（PC）选优。费用现值是投资项目的全部开支的现值之和，是净现值的转化形式（收入为零），判据是选择费用现值最小的方案为优。

$$PC_A = 3000 + 1800(P/A, 10\%, 10) = 14060.2(\text{元})$$
$$PC_B = 3700 + 1700(P/A, 10\%, 10) = 14145.8(\text{元})$$
$$PC_C = 4500 + 1500(P/A, 10\%, 10) = 13716.9(\text{元})$$
$$PC_D = 5300 + 1400(P/A, 10\%, 10) = 13902.4(\text{元})$$

其中，设备 C 的费用现值最小，故选择设备 C 较为有利。

② 费用年值法　如果备选的各方案的寿命不同，可以采用费用年值法进行方案比较，以年费用（AC）较低的方案为较优方案。其表达式为：

$$AC = \left[\sum_{t=1}^{n} (I + C' - S_v - W)_t (P/F, i_c, t) \right] (A/P, i_c, n) \tag{9-7}$$

$$AC = PC(A/P, i_c, n) \tag{9-8}$$

式中　　　　　AC——费用年值（annual cost）；

$(A/P, i_c, n)$——资金回收系数。

【例 9-8】　某工艺流程需要更换现有设备，可选的两种设备功能相同。设备 A 的使用寿命为 5 年，设备 B 的使用寿命为 8 年，两个方案的投资及年经营费用见表 9-8，基准收益率 $i_c = 10\%$，选择哪个方案更优？

解：计算两个方案的年费用：

$$AC_A = 850 + 10000(A/P, 10\%, 5) = 3488(\text{元})$$
$$AC_B = 800 + 15000(A/P, 10\%, 8) = 3611.7(\text{元})$$

A 方案年费用更低，应选择 A 方案。

表 9-8　两个方案的投资及年经营费用　　　　　　　　　　　　　　　　　　单位：元

方案 （设备）	计算期									AC
	0	1 年	2 年	3 年	4 年	5 年	6 年	7 年	8 年	
A	10000	850	850	850	850	850				3488.0
B	15000	800	800	800	800	800	800	800	800	3611.7

③ 最低价格法　在相同产出和服务的方案比选中，以净现值为零推算备选方案的产品或服务收费标准的最低价格（$P_{\min}$），以各方案最低价格中较低的方案为优。

$$NPV = \sum_{t=0}^{n} (CI - CO)_t (1 + i_c)^{-t} = 0 \tag{9-9}$$

$$CI_t = PQ_t \tag{9-10}$$

式中　P——服务（产品）价格；

Q_t——t 期的产出或服务的量。

由此推算出：

$$P_{\min} = \frac{\sum_{t=0}^{n} CO_t (1 + i_c)^{-t}}{\sum_{t=0}^{n} Q_t (1 + i_c)^{-t}} \tag{9-11}$$

以最低价格对相同产品方案比选按下面公式进行：

$$\min(P_{\min}) = \min\left[\frac{\sum_{t=0}^{n}CO_t(1+i_c)^{-t}}{\sum_{t=0}^{n}Q_t(1+i_c)^{-t}}\right] \quad (9\text{-}12)$$

项目方案计算出的反推价格 P 小于或等于投资者可以接受的价格，那么这个评价结论与用这种价格计算的净现值 NPV≥0 的结论是一致的，计算出的反推价格也可以用来对方案进行比选，在同样条件下，选反推价格小的方案（最低价格法）。

（2）最大效果法　最大效果法也称固定费用法，在费用相同的条件下，应选取效果最大的备选方案。项目的效果可以采用有助于说明项目收效的任何量纲。效果用非货币指标计算，应选择能真实反映项目目标实现程度的指标，比如供水工程选用供水量（t）等。效果指标有时可能是多个，需要采用加权平均方法处理为一个统一的当量。

（3）增量分析法　当效果与费用均不固定，且分别具有较大幅度的差别时，应比较两个备选方案之间的效果差额和费用差额，分析获得增量效果所付出的增量费用是否值得。不应盲目选择效果费用比（$R_{E/C}$）大的方案或费用效果比（$R_{C/E}$）小的方案。

这种情况下，需要首先确定效果与费用比值最低可接受的基准指标 $[E/C]_0$，或最高可接受的单位成本指标 $[C/E]_0$，当 $\Delta E/\Delta C \geqslant [E/C]_0$ 或 $\Delta C/\Delta E \geqslant [C/E]_0$ 时，选择费用高的方案，否则，选择费用低的方案。

增量分析法的步骤如下。

第一步，将方案费用由小到大排队。

第二步，从费用最小的两个方案开始比较，通过增量分析选择优势方案。

第三步，将优势方案与紧邻的下一个方案进行增量分析，并选出新的优势方案。

第四步，重复第三步，直至最后一个方案。最终被选定的优势方案为最优方案。

9.3.2.3　环保项目费用效果分析要点

（1）排水项目　排水项目的许多效益表现为无法（或难以）货币化的外部效果，因此，常常采用费用效果分析方法进行方案比选。识别排水项目费用与效果要素的要点如下。

① 费用识别　排水项目的费用是指从建设投资开始到项目终结整个过程期限内所发生的全部费用，按费用现值计算或按费用年值计算。

② 效果识别　污水项目的效果主要表现为污水处理能力和再生水的产出能力，以流量单位表示。

雨水项目和城市防洪项目的效果可以从以下几方面选取：项目服务区内的受益土地面积，以平方米、公顷等计量单位表示；项目服务区内的受益人口，以万人等计量单位表示；其他可以度量的项目目标实现程度的效果要素。

（2）垃圾项目　垃圾处理通常有填埋、焚烧和堆肥三种工艺，垃圾处理项目方案经济比选可分为下列两种形式。

① 填埋处理工艺　采用费用最小法选择方案。备选方案计算期不同时，应采用比较费用年值法。

② 存在财务收益的比选　当项目存在财务收益时，应采用净现值法或净年值法来比较方案。备选方案计算期不同时，应采用比较净年值法。

案例 1 城市排水系统经济分析

某市在《某市城市总体规划（1995 年底完成修编）》中按照每个自然流域规划一座污水处理厂，计划在主城区分散设置 21 座污水处理厂的规划方案，并利用世界银行贷款投资建设。然而，世行专家认为，该方案存在污水处理厂布局分散、厂点数多、规模不经济、污水处理厂排放口与自来水厂取水口交错配置和总体布局不合理等一系列缺陷。后来，该市进行了重新规划和多方案比选，下面介绍其中经济分析的部分。

1. 方案设计

1997 年初，该市利用世界银行贷款项目办公室与世界银行一起，组织国内 12 家设计咨询单位及市内有关部门，会同 6 个国家的 7 家国际咨询公司，耗费近两年时间，对已修编规划中"按汇水区分置污水处理系统"的规划思路和 21 厂技术方案重新进行了多方案比选论证，并根据不同方案中污水处理厂的不同数量，最终筛选归纳为四个典型方案。

（1）方案 1

该方案就近设厂，分散处理。在 21 个汇水流域分别设置 21 个污水处理厂（新建 20 个厂），规模为 $3 \times 10^4 \sim 17 \times 10^4$ m^3/d，总设计规模 159×10^4 m^3/d，总占地 $136.25 hm^2$。简称 21 厂方案。

（2）方案 2

该方案对 21 个汇水流域的污水沿河进行区域性截流，相对集中处理。设置 10 个污水处理厂（新建 9 个厂），规模为 $3 \times 10^4 \sim 46 \times 10^4$ m^3/d，总设计规模 156.5×10^4 m^3/d，总占地 $119.20 hm^2$。跨流域管渠长 61.13km，断面 $1 \times 1.5 \sim 3 \times 3 m^2$。简称 10 厂方案。

（3）方案 3

该方案对 21 个汇水流域的污水沿河进行区域性截流，相对集中处理。设置 7 个污水处理厂（新建 6 个厂），规模为 $3 \times 10^4 \sim 80 \times 10^4 m^3/d$，总设计规模 155×10^4 m^3/d，总占地 $115.6 hm^2$。跨流域管渠长 81.59km，断面 $1.5 \times 1.5 \sim 3 \times 3.5 m^2$。简称 7 厂方案。

（4）方案 4

该方案除保留现已建成的一个污水处理厂外，将其余 20 个汇水流域的污水全部截流至下游，新建两个大型污水处理厂进行集中处理。该方案中污水处理厂规模 $5 \times 10^4 \sim 110 \times 10^4$ m^3/d，总设计规模 157×10^4 m^3/d，总占地 $100.4 hm^2$。跨流域管渠长 103.68km，断面 $1.5 \times 1.5 \sim 3.5 \times 3.5 m^2$。简称 3 厂方案。

2. 费用估算

（1）工程建设费用估算

工程建设费由污水处理厂、泵站、管渠、管桥、隧道等工程投资构成。分别对四个方案涉及的相关土建、安装、设备的工程造价和征地、动迁安置及其他费用进行分析测算，四个方案工程建设投资费用估算见表 9-9。

表 9-9 四个方案工程建设投资费用估算

方案	投资总额/万元	污水处理量/($10^4 m^3/d$)	单位投资/[元/($m^3 \cdot d$)]
方案 1(21 厂)	544785	152	3584
方案 2(10 厂)	574391	152	3779
方案 3(7 厂)	524682	152	3452
方案 4(3 厂)	583804	152	3841

（2）年运行费用估算

年运行费用包括污水处理厂和截污及输水管渠（含污水中途提升泵站）的运行费用。通过对建设完工后可能产生的运行成本费用的分析测算，四个方案运行成本费用估算见表 9-10。

表 9-10　四个方案运行成本费用估算

方案	运行费用/（万元/年）	污水处理量/（$10^4 m^3/d$）	单位投资/$[元/（m^3 \cdot d）]$
方案 1（21 厂）	35159	152	0.63
方案 2（10 厂）	31686	152	0.57
方案 3（7 厂）	30959	152	0.56
方案 4（3 厂）	31993	152	0.58

（3）间接投资费用估算

设置绿化隔离带增加投资。根据国家对环境污染处理项目建设的有关要求，污水处理厂周围需要留 50m 宽的卫生防护绿化隔离带。经测算，四个方案的隔离带土地占用面积及绿化投资费用见表 9-11。

表 9-11　四个方案的隔离带土地占用面积及绿化投资费用

方案	隔离带占地/hm^2	征地及绿化投资/万元
方案 1（21 厂）	110	109493
方案 2（10 厂）	67	52435
方案 3（7 厂）	42	17727
方案 4（3 厂）	22	12436

对供水工程的影响而增加间接投资。与 7 厂方案和 3 厂方案相比，实施 21 厂方案或 10 厂方案的污水排放口将与当时公用水厂和自备水厂的取水口位置出现更多和更频繁的交错布设。若要避免这种情况，将面临两个选择——污水排放口下移或者供水取水口上移。表 9-12 分别列出了四个方案对城市供水系统在建设（上移取水口）和运营（加大深度处理）方面费用的影响程度，可理解或被换算为 21 厂方案或 10 厂方案引发的间接投资。

表 9-12　四个方案引发的间接投资

方案	增加供水系统建设成本/万元	增加供水系统运营成本/（万元/年）	备注
方案 1（21 厂）	49950	4177.5	
方案 2（10 厂）	19980	1671	
方案 3（7 厂）	0	0	大部分排放口位于取水口下游
方案 4（3 厂）	0	0	绝大部分排放口位于取水口下游

（4）土地机会成本分析

同一土地可以因其不同用途表现出不同的经济价值。在利用远郊土地或城区土地兴建污水处理厂之间，机会成本不同。对于不以盈利为目的的市政污染处理来说，城区土地属于一个成本高昂的选择。如果把这些土地用于工业、商业或房地产开发，其所能带来的经济效益将更好。这里假定以房地产开发的比较用途测算四个方案的土地机会成本 [按容积率＝3 及 500 元/m^2 的净收益（1998 年）测算]，见表 9-13。

表 9-13　四个方案的土地机会成本

方案	机会成本/万元	备注
方案 1(21 厂)	188508	城区占地 125.67hm²
方案 2(10 厂)	139830	城区占地 93.22hm²
方案 3(7 厂)	66975	城区占地 44.65hm²
方案 4(3 厂)	65190	城区占地 43.46hm²

3. 经济比选

(1) 总费用比较

总费用或经济代价属于一个极其宽泛的概念。分析的角度越多，涉及的费用种类就越多。这里仅限于财务现金流量，包括工程建设投资、年运行费用、间接投资及土地机会成本四个方面，因此，属于一个"相对"总费用概念，见表 9-14。

表 9-14　四个方案经济费用比较　　　　　　　　　　单位：万元

方案	建设费用					年运行费用		
	直接投资	间接投资		土地机会成本	合计	污水处理	间接供水	合计
		绿化隔离	供水					
方案 1(21 厂)	544785	109493	49950	188508	892736	35159	4178	39337
方案 2(10 厂)	574391	52435	19980	139830	786636	31686	1671	33357
方案 3(7 厂)	524682	17727	0	66975	609384	31959	0	30959
方案 4(3 厂)	583804	12436	0	65190	661430	31993	0	31993

四个方案按可能的全部建设投资及费用总额从小到大依次排序为：7 厂方案、3 厂方案、10 厂方案、21 厂方案。

(2) 总费用现值比较

假定四个方案的建设投资在 5 年内平均投入建设，建成后取其 10 年的运行费用进行比较。四个方案建设投资及运行费用流量见表 9-15。

表 9-15　四个方案建设投资及运行费用流量　　　　　　单位：万元

方案	建设期					生产期				
	1 年	2 年	3 年	4 年	5 年	6 年	7 年	…	14 年	15 年
方案 1(21 厂)	178547	178547	178547	178547	178547	39337	39337	…	39337	39337
方案 2(10 厂)	157327	157327	157327	157327	157327	33357	33357	…	33357	33357
方案 3(7 厂)	121877	121877	121877	121877	121877	30959	30959	…	30959	30959
方案 4(3 厂)	132286	132286	132286	132286	132286	31993	31993	…	31993	31993

计算四个方案的费用现值如下（$i=8\%$）：

$$PV_{21}=178547+178547(P/A,8\%,4)+39337(P/A,8\%,10)(P/F,8\%,4)=963932(万元)$$

$$PV_{10}=157327+157327(P/A,8\%,4)+33357(P/A,8\%,10)(P/F,8\%,4)=842934(万元)$$

$$PV_7=121877+121877(P/A,8\%,4)+30959(P/A,8\%,10)(P/F,8\%,4)=678242(万元)$$

$$PV_3=132286+132286(P/A,8\%,4)+31993(P/A,8\%,10)(P/F,8\%,4)=728227(万元)$$

$$PV_7 < PV_3 < PV_{10} < PV_{21}$$

即在四个方案中费用现值最小的是 7 厂方案，费用现值最大的是 21 厂方案（原城市规划中的方案）。

4.经济分析结论

四个方案的主要经济指标比较见表 9-16。

费用现值比较的结果是 7 厂方案相对总费用最小，故较具经济合理性。该方案融集中与分散处理两种思路，分中有合，合中有分，对主城区边缘的汇水区地带，采取因地分散建污水处理厂就近处理达标排放方式，避免截流管渠过长而造成的投资过大，运营、维护风险和成本过高的情况；对于城区人口密集、污水量大、有条件集中处理的 10 多个汇流点，则以管渠实行集中截流，输送到离城区较远的下游进行处理，达标排放。

该方案从经济和环保上具有以下优点。

（1）投资费用低

7 厂方案建设投资较 21 厂方案和 3 厂方案分别低 20103 万元和 59122 万元。

（2）运行费用低

7 厂方案建成后年运行费用为 30959 万元，而 21 厂方案由于过于分散、规模效益等原因其直接的年运行费用为 35159 万元，3 厂方案虽有规模效益，但由于输水管距离过长，加上运营、维护风险较高，年运行费用为 31993 万元。

（3）节约间接投资

7 厂方案由于将污水大部截流至城区取水口下游，与 21 厂方案相比，可节约取水口上移而造成的间接投资约 49950 万元。同时由于排水口下移，有效保护了城市饮用水源，大大降低了取水口风险，可节省供水厂水处理机会成本 4178 万元/年。7 厂方案与 21 厂方案相比，还可节省因设置绿化隔离带所造成的间接投资约 91766 万元。

（4）减少主城区污染源

污水处理厂一方面是城市污染处理设施，另一方面又是城市的二次污染源。7 厂方案与原 21 厂方案相比，减少城区污染源 14 个，有效地保护了主城范围 150 万人的饮水安全，并减少污染源周边直接受影响人群约 31000 人和减少城区受影响区域约 $167.25hm^2$。

（5）节约城区用地

7 厂方案与原 21 厂方案和 10 厂方案比较，可分别减少征地 $81hm^2$ 和 $49hm^2$。这些土地大都位于城区中心地段，具有较高的商业开发价值。据估算，仅此一项可省土地机会成本 12.15 亿元至 7.29 亿元。

（6）动迁人口相对较少

7 厂方案中的主要污水处理厂设置在郊外远区，输水管道沿两河自然走势铺设，动迁人口较少，比 21 厂方案减少动迁人口 13952 人（4228 户），减少动迁房屋面积 $11.58 \times 10^4 m^2$，节约动迁费用约 67467 万元。

（7）有利于保护城市景观和整体环境，符合城市长远发展利益

7 厂方案由于采用区域性相对集中处理系统，根据某市特殊的地形、地貌特征，在近区城市中心地段沿两河走势实行集中截流，而在上游远区地段实行分散处理，避免了超长距离输水过程。同时将两个主要污水处理厂置于下游远郊，不但保护了城区珍贵的土地资源，也避免了在城区设置污水处理厂对城市景观和周边环境造成的影响，有利于城市建设合理布局和长远发展。

综上所述，四个方案中，7 厂方案较为经济合理，故建议采用"沿河截流、新建六厂、相对集中、达标排放、一次规划、分期实施"的 7 厂方案，代替原某市城市总体规划市政排水规划中的 21 厂方案。

表 9-16 四个方案的主要经济指标比较表

单位：万元

	主要指标	方案 1(21 厂)	方案 2(10 厂)	方案 3(7 厂)	方案 4(3 厂)
工程量	管渠	无	长 61.13km 断面 1.0×1.5~3.0×3.0m²	长 81.59km 断面 1.5×1.5~3.0×3.5m²	长 103.68km 断面 1.0×1.5~3.5×3.5m²
	污水处理厂 总规模 152 万 m³/d	21 座 规模:3.0×10⁴~17.0×10⁴m³/d 总占地:136.25hm²	10 座 规模:3.0×10⁴~46.0×10⁴m³/d 总占地:119.20hm²	7 座 规模:3.0×10⁴~80.0×10⁴m³/d 总占地:115.60hm²	3 座 规模:5.0×10⁴~110.0×10⁴m³/d 总占地:100.40hm²
经济、环境	直接投资工程建设费用	544785	574391	524682	283804
	其中:污水处理厂	544785	415107	307639	257020
	管渠	—	159284	217043	326784
	直接投资年运行费	35159	31686	30959	31993
	其中:污水处理厂	35159	29299	28097	26932
	管渠	—	2387	2861	5060
	间接投资	159443	72415	17727	12436
	占地机会成本	188508	139823	66981	65186
	污染源	21 个	10 个	7 个	3 个
占地移民安置	50m 宽的防护带土地征用及绿化投资	109493	52435	17727	12436
	其中:卫生防护带占地	109.99hm²	67.05hm²	42.15hm²	21.8hm²
	移民征收、补偿费用	130790	110362	63323	68011
	其中:移民占地	246hm²	234hm²	218hm²	200hm²
	移民数量	25868 人/7839 户	20256 人/6138 户	11916 人/3611 户	11342 人/3437 户

 思考题

1.项目经济分析与财务分析的区别有哪些？

2.什么是特殊投入物影子价格？

3.某工业园区拟新建一个大型项目，其排出的污染气体 A 可能会造成附近空气污染，则其污染费用的估算可采用什么原则？

4.环境价值评估方法中，间接（替代）市场评估法有哪些方法？

5.什么是项目费用效益分析中的"转移支付"？

6.政府调控价格货物的影子价格测算方法有哪几种？

7.什么是费用效果分析？

第10章

社会评价

建设项目不仅要进行财务评价和国民经济评价，还要进行社会评价。社会评价可以判断项目的社会可行性，评价工程项目的投资运营活动对社会发展目标所做出的贡献，它是项目评价和项目选择中不可缺少的重要的一个环节。本章主要介绍社会评价的内容和评价方法。

10.1 概述

10.1.1 社会评价的概念

10.1.1.1 社会评价

项目的社会评价目前在我国还处于起步和逐步规范阶段，其理论和方法有待于进一步完善和发展。国内外至今对投资项目的社会评价尚无统一的认识，无论是在名称、内容，还是在方法、指标体系上都存在较大差别。一般情况下，任何一个投资项目的建设和运营，不仅形成一定的经济效益，还必然形成一定的社会效益和环境效益或环境影响。特别是水工程项目对社会和环境的影响尤为重要。对项目的经济效益进行考察和评价，称为项目的经济评价；对项目的环境影响进行考察，则称为环境评价；而对项目的社会影响的考察就形成社会评价。

社会评价就是分析拟建项目对当地或波及地区，乃至全社会的社会影响和社会条件对项目的适应性和可接受程度，评价项目的社会可行性。社会评价的目的就在于系统调查和预测拟建项目的建设、运营产生的社会影响与社会效益，分析项目所在地区的社会可行性，提出项目与当地社会协调关系、规避风险、促进项目顺利实施、保持稳定的方案。

10.1.1.2 社会评价的特点

社会评价相对于财务评价和国民经济评价来说，具有以下特点。

（1）社会评价的宏观性和长期性　对投资项目进行社会评价的依据是社会发展目标，而社会发展目标本身是依据国家和地区的宏观经济与社会发展需要来制定的，该目标包括经济增长目标、国家安全目标、人口控制目标、减少失业和贫困目标、环境保护目标等。虽然不是每一个投资项目的社会效益都覆盖了以上社会目标的所有领域，但在进行投资项目的社会评价时，却要认真考察与项目建设相关的各种可能的影响因素，无论是正面影响还是负面影响，是直接影响还是间接影响。这种分析和考察具有全面性、广泛性和宏观性。因此，社会评价应该能够宏观调控，权衡社会效益的利弊，这就表现了社会评价的宏观性。

社会评价一般要考虑一个国家或地区的中期和远期发展规划和要求，涉及对有些领域的影响或效益可能不是短短的几十年，而是几百年，甚至关系到几代人。因此，社会评价具有长期性的特点。

(2) 目标的多样性和复杂性 首先，社会评价的目标分析是多层次的，针对国家、地方和当地社区各层次的发展目标，以各层次的社会政策为基础展开的。通常低层次的社会目标是依据高层次的社会目标制定的，各层次在主次方面也各不相同。因此，社会评价需要从国家、地方、社区三个不同的层次进行分析，做到宏观分析和微观分析相结合。其次，社会评价的目标分析是多样性的。它要综合考察社会生活的各个领域与项目之间的相互关系和影响，分析多个社会发展目标、多种社会政策、多种社会效益及多样的人文因素和环境因素，并且按照具体问题具体分析的原则分析各个不同的社会发展目标对项目的影响程度。因此，综合考察项目的社会可行性，通常采用多目标综合评价法。

(3) 评价指标和评价标准的差异性 社会评价因涉及多种多样的社会因素、多元化的社会目标和多样性的社会效益，而使社会评价难以使用统一的量纲、指标和标准来计算和比较社会效益。同时，社会评价的各个影响因素除少数项目可以定量计算外，大多数社会因素是难以定量计算的，例如，项目对当地文化的影响，对当地社会的影响，当地居民对项目的支持程度等。这些影响因素都是难以用标准来量化的，一般情况下，只能用定性分析的方法来研究。因此，在社会评价中，通用评价指标少，专用指标多；定量指标少，定性指标多。这就要求具体项目的社会评价中，充分发挥评价人员的主观能动性。

10.1.1.3 社会评价的作用

社会评价的主要目的是判断项目的社会可行性，评价工程项目的投资建设和运营活动对社会发展目标所做出的贡献。根据其目的，社会评价的作用如下。

(1) 有利于国民经济发展目标与社会发展目标协调一致，防止单纯追求项目的经济效益 在项目评价中，如果社会评价达到项目建设与社会发展相协调，就必然会促进经济发展目标的实现和社会效益的提高，从而使国家和地区社会发展进入一个新的阶段。对于有些必须进行社会评价的投资项目，如果在项目建设前没有做社会评价，就无法解决项目的社会、环境问题，那么，将会阻碍项目预期目标的实现。例如：经济效益不错的项目可能会对生态环境造成影响；在少数民族地区建设的项目，不了解当地的风俗习惯，就会给项目的实施带来麻烦，有时当地居民不会完全配合等。实践证明，社会影响大的投资项目直接关系到国家和当地的经济发展目标和社会发展目标的协调一致。对此类项目，社会评价是必不可少的。

(2) 有利于项目与所在地区利益协调一致，减少矛盾和纠纷，防止可能产生的不利社会影响和后果 分析有利影响和不利影响的大小，判断有利影响和不利影响在项目作用中的比例，是社会评价中判断一个项目好坏的标准。投资项目在客观上一般都存在对所在地区的有利影响和不利影响。有利影响与所在地区利益相协调，对地区社会发展和人民生活水平起到促进和推动作用，不利影响则会对地区的局部利益或社会环境带来一定的损害。例如：一个水利工程项目，有利影响包括防洪、发电、灌溉和水产养殖，不利影响就是由于库区建设而导致的人口迁移、大坝上游库区淹没、生态的改变等。库区迁移人口安置不当，有可能致使当地人民生活水平下降、生活习惯改变、难以适应新的生活环境，从而引起移民的不满，对当地社会和项目的顺利进行都会产生不利的后果。因此，社会评价中应该始终把项目建设同当地人民的生活和发展联系起来，充分估计到项目建设可能造成的不利影响，预先采取适当的措施，把由项目建设引起的负面影响减到最小。

（3）有利于避免或减少项目建设和运营的社会风险，提高投资效益 项目建设和运营的社会风险是指由于在项目评价阶段忽视社会评价工作，有可能在项目的建设和运营过程中与当地社区发生各种矛盾，并长期得不到解决，致使工期拖延或投资加大，造成经济效益低下，与当初的经济评价结论不相同。为了避免这种风险的发生，就需要评价人员在项目评价阶段做好社会评价工作，主要是侧重于分析项目是否适合当地人民的文化生活需要，如文化教育、卫生健康、宗教信仰、风俗习惯等。要考察当地人民的需求以及对项目的态度和支持程度。尽量避免或减少社会风险，只有这样，才能使项目与当地人民的需求相一致，才能保证项目的顺利实施，持续发挥项目的投资效益。

10.1.1.4 社会评价的原则和要求

（1）社会评价的原则

① 可比原则。

② 按目标的重要程度进行排序的原则。

③ "有无对比"的原则。

④ 以人为本的原则。

（2）社会评价的要求

① 认真贯彻我国社会主义现代化建设有关社会发展的方针、政策，遵循有关法律及规章。

② 国民经济与社会发展计划以发展目标为依据，以近期目标为重点，兼顾远期各项社会发展目标。

③ 依据客观规律，从实际出发，实事求是，采用科学、适用的评价方法。

10.1.1.5 社会评价的范围和层次

社会评价有助于将项目建设方案设计和实施与区域性社会发展结合，力求找到经济与社会之间的有机联系和减少社会风险的方法，并有利于促进社会稳定。但是，并不是任何环境下的所有项目都需要进行社会评价，社会评价有其使用范围，主要适用于那些社会因素较为复杂，社会影响较为久远，社会效益较为显著，矛盾较为突出，社会风险较大的投资项目。

（1）社会评价的范围

① 需要大量移民搬迁或者占用农田较多的项目，如交通、水利、采矿和油田项目。

② 具有明确社会发展目标的项目，如减轻贫困项目、区域发展项目和社会服务项目。

（2）社会评价的三个层次 根据项目周期，可将社会评价分为三个层次，也可以说是三个阶段。

① 项目识别。项目识别也称初级社会评估，主要通过实地考察，确定项目利益主体，筛选主要的社会因素和风险，确定负面影响。通过初步的社会评价，识别项目，并为项目建设方案设计、实施做准备。

② 项目准备。项目准备也称详细社会分析，主要描述影响发展项目各个方面的社会形式和过程，通过弱势群体和广泛利益主体的参与，交流信息，为项目实施做准备。

③ 项目实施。项目实施阶段也称建立监控和评估机制阶段。在此阶段，主要是测量投入和产出，以此作为衡量项目成功推进的尺度，并随时间的发展衡量项目的社会影响。

10.1.2 社会调查的主要方法

在对项目的社会评价过程中，应用到许多的评价方法，但无论采用哪种方法评价，社会调查都是基础。社会调查的方法也较多，主要的方法有以下几种。

(1) 文献调查法 文献调查法也称二手资料查阅法，就是通过收集有关的文献资料，摘取其中对社会评价有用的社会信息。此方法一般是从文献调查开始的。

(2) 问卷调查法 问卷调查法是一种以书面提问方式调查社会信息的方法，属于标准化调查，要求所有被调查者按统一的格式回答同样的问题。问卷中的问题可以采用开放或封闭或半封闭半开放式的形式。

(3) 专家讨论会法 由于项目种类的不同，项目经济和社会的影响因素也就存在于多方面，社会评价者就必须收集并分析多方面的信息。这也就牵扯到评价者对许多专业认知的局限性，在实际收集资料和进行社会分析时，常常需要专家的帮助。专家讨论会法就是邀请有关专家讨论所需要调查的内容，从而获得所需要的信息。此法不仅能获得社会信息，往往也能直接获得解决某些因项目引发的社会问题的办法或措施。

(4) 访谈法 访谈法也称访问调查法，就是调查人员主要通过与被调查者以口头交谈的方式了解社会信息的方法。按被访问者的人数，访谈法分为个别访谈法和集体访谈法。

(5) 参与式观察法 参与式观察法就是调查者作为目标群体的一员，通过耳闻目睹收集社会信息的方法。这是一种高效的、直接的调查方法。

(6) 实验观察法 实验观察法也称试验观察法，是通过做社会实验的方式获得社会信息的方法。它是一种最有效、最直接的调查法，也是一种最复杂、最高级的调查法。

(7) 现场观察法 现场观察法也称实地观察法，是社会调查的一种基本方法，即调查者深入现场获取所需要社会信息的方法。

10.2 社会评价的内容和方法

10.2.1 社会评价的内容

社会评价按照以人为本的原则，研究内容主要包括三个方面。

(1) 社会影响分析 项目的社会影响分析在内容上可分为三个层次四个方面的分析，也就是分析在国家、地区、项目（社区）三个层次上展开，包括项目对社会环境方面、社会经济方面、自然与生态环境方面和自然资源方面的影响。根据分析结果编制社会影响分析表（表10-1），对项目的社会影响做出评价。

表 10-1 项目社会影响分析表

序号	社会因素	影响范围、程度	可能出现的后果	措施建议
1	对居民收入的影响			
2	对居民就业的影响			
3	对居民生活水平和生活质量的影响			
4	对不同利益群体的影响			
5	对弱势群体的影响			
6	对地区文化、教育、卫生的影响			
7	对设施、服务容量、城市进程的影响			
8	对少数民族风俗习惯、宗教的影响			

（2）互适性分析　互适性分析主要是从三个方面分析预测项目能否为当地的社会环境、人文条件所接纳，以及当地政府、居民支持项目存在与发展的程度，考察项目与当地社会环境的相互适应关系。根据分析结果，可以就当地社会对项目适应性和可接受程度做出评价，然后编制出社会对项目的适应性和可接受程度分析表（表 10-2）。

表 10-2　社会对项目的适应性和可接受程度分析表

序号	社会因素	影响范围、程度	可能出现的后果	措施建议
1	不同利益群体的态度			
2	当地各类组织的态度			
3	当地技术文化条件			

（3）社会风险分析　项目的社会风险分析是对可能影响项目的各种社会因素进行识别和排序，选择影响面大、持续时间长，并容易导致较大矛盾的社会因素进行预测，分析可能出现这种风险的社会环境和条件。对可能诱发民族矛盾、宗教矛盾的项目要重点分析，并提出防范措施。通过分析社会风险因素，编制项目的社会风险分析表（表 10-3）。

表 10-3　社会风险分析表

序号	社会因素	影响范围、程度	可能出现的后果	措施建议
1	移民安置问题			
2	民族矛盾、宗教问题			
3	群众支持问题			
4	受损补偿问题			
…	…			

对投资项目进行社会评价可以用框架体系图表示（图 10-1）。

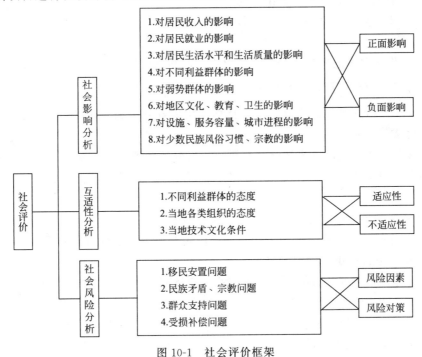

图 10-1　社会评价框架

10.2.2 社会评价方法

因项目投资活动涉及的社会因素、社会影响和社会风险不能用统一的指标、量纲和判据进行评价，所以社会评价可以根据项目的具体情况采用不同的方法。社会评价的主要方法有快速社会评价法、详细社会评价法、定性分析方法、定量分析方法等。在项目决策分析与评价的不同阶段，根据工作深度要求和受时间限制的不同，可以采用不同的工作方式和方法。

10.2.2.1 快速社会评价法和详细社会评价法

（1）快速社会评价法　快速社会评价法是在项目决定分析与评价的初期进行社会评价常采用的一种工作方式，通过这种工作方式可以大致了解拟建项目所在地区社会环境的基本状况，识别主要影响因素，粗略地预测可能出现的情况及其对项目的影响程度。快速社会评价主要是分析现有资料和现有状况，着眼于负面社会因素的分析判断，一般以定性描述和分析为主。主要步骤如下。

① 识别主要社会因素。

② 确定利益群体。

③ 估计接受程度。

（2）详细社会评价法　详细社会评价法是在项目决策分析与评价的可行性研究阶段广泛应用的一种评价方法。其功能是在快速社会评价的基础上，进一步研究与项目相关的社会因素和社会影响，进行详细论证并预测风险程度。在分析过程中，应该结合项目的具体情况，例如，备选的建设方案等，从社会分析角度进行优化。详细社会评价采用定量与定性分析相结合的方法进行分析。主要步骤如下。

① 识别社会因素，对社会因素按其正面和负面影响进行排序。

② 识别利益群体，对利益群体按其直接受益或直接受损，间接受益或间接受损，减轻或补偿受损措施的代价进行排序分组。

③ 论证当地社会环境对项目的适应程度，并就地方获得支持与配合的程度，按好、中、差分组。

④ 比选优化方案将上述各项分析的结果进行归纳，比选、推荐合理方案。

10.2.2.2 定性分析和定量分析方法

常用的定性分析和定量分析方法主要有利益相关者分析法、排序打分法、财富排序法、综合分析评价法等。

（1）定性分析法　定性分析法就是在进行项目的社会评价时，基本上采用文字描述为主的形式，详细说明事物的情况、性质、程度、优劣，并据此做出判断或得出结论的分析方法。其步骤如下。

① 合理确定分析指标的标准。

② 在可比的基础上按照"有无分析"法的原则对该指标进行对比分析。

③ 对各指标进行权重的确定和排序。

项目社会评价中定性分析的指标可随行业和项目有所不同。如先进技术的引进、社会基础设施、生态平衡、资源利用、时间节约、地区开发和经济发展、人口结构的改变等。

（2）定量分析法　定量分析法就是依据既定的数学公式或模式，在调查分析得到的原始数据的基础上，通过一定的数学计算得出结果，并结合一定的标准进行分析的评价方法。定量分析一般要有统一的量纲，一定的计算公式和一定的判断标准，这样比较客观、科学。但是在实践中难度较大。

10.3 逻辑框架法及其在社会评价中的运用

逻辑框架法（logical framework approach，LFA）作为一种援助项目的计划、管理和评价的主要分析方法，被广泛运用于各种活动的规划、设计和策划之中。在项目的经济评价中，逻辑框架法作为一种评价工具，被运用于规划设计、项目建议书、可行性研究及评价、项目管理信息系统、项目监测与评价、项目后评价、影响评价以及风险分析、可持续性分析、社会评价等工作中。

10.3.1 逻辑框架法的概念

（1）逻辑框架法的基本概念 逻辑框架法是一种概念化地论述项目的方法，即用一张简单的框图来分析一个复杂项目的内涵和各种逻辑关系，以便给人们一个整体的框架概念。它将几个内容相关，并且同步考虑的动态因素组合在一起，通过分析各种要素之间的逻辑关系，从设计策划到目标实现等方面来评价一项活动或工作。

逻辑框架法为项目策划者和评价者提供一种分析框架，用以确定工作的范围和任务，并对项目目标和达到目标所需的手段进行逻辑关系分析。其核心是项目的各种要素之间的因果关系，也就是"如果"提供了某种条件，"那么"就会产生某种结果。

（2）逻辑框架法的基本模式 逻辑框架法的基本模式通常用一个逻辑框架（表 10-4）表示。表 10-4 可以充分体现各项内容之间的逻辑关系，并且这种逻辑关系构成一个 4×4 的矩阵式框架结构，因此又称表 10-4 为逻辑框架矩阵表。

表 10-4 逻辑框架的基本模式

目标层次	客观验证指标	客观验证方法	重要假设及外部条件
宏观目标	宏观目标验证指标	评价及检测手段和方法	实现宏观目标的条件
具体目标	具体目标验证指标	评价及检测手段和方法	实现具体目标的条件
产出成果	产出成果衡量指标	评价及检测手段和方法	实现项目产出的条件
投入/活动	投入方式及定量指标	投入活动验证方法	落实投入的外部条件

（3）逻辑框架法目标层次 逻辑框架模式中按照宏观目标、具体目标、产出成果和投入/活动的层次表述了投资项目的目标及其因果关系，并且汇总了项目实施活动的全部要素。

① 宏观目标 项目的宏观目标是指国家、地区、部门或投资组织的整体目标。也就是宏观计划、规划、政策和方针等所指向的目标，一般超越了项目的范畴。这个层次目标的确定和指标的选择一般由国家或行业部门选定，并符合国家产业政策、行业规划等的要求。

② 具体目标 项目的具体目标也称直接目标，是指项目为受益目标群体带来的效果（主要是社会和经济方面的成果和作用），即项目的直接效果，它是项目立项的重要依据。这个层次的目标是由项目实施机构和独立的评价机构来确定的，而目标的实现则由项目自身的因素来确定。

③ 产出成果 产出成果也就是项目的建设内容或投入的产出物。分析产出结果是为实现具体目标必须达到的结果。这里的"产出"是指项目"干了些什么"，应该注意在产出中

项目可能会提供的一般服务和就业机会，往往不是产出而是项目的目标或目的。

④ 投入/活动　投入/活动是指项目的实施过程及内容，主要包括资源和时间等的投入。

（4）逻辑框架法逻辑关系

① 垂直逻辑关系　从目标层次的关系可以看出，项目宏观目标的实现一般是由多个项目的具体目标所构成的，一个具体目标的取得往往需要该项目完成多项具体的投入和产出活动。由此，四个层次的要素就自下而上构成了三个相互连接的逻辑关系，用来阐述各层次的目标内容及其上下层次间的因果关系（图 10-2）。

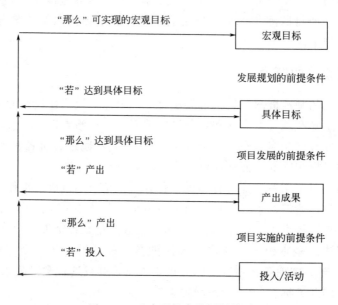

图 10-2　垂直逻辑中的因果关系

从图 10-2 中可以看出：第一级是如果保证一定的资源投入，并加以很好地管理，则预计有怎样的产出；第二级是如果项目的产出活动能够顺利投入，并确保外部条件能够落实，则预计能达到怎样的具体目标；第三级是具体目标对整个地区乃至整个国家更高层次宏观目标的贡献关联性。我们把上述三个级别的逻辑关系在逻辑框架法中称为"垂直逻辑"。

② 水平逻辑关系　水平逻辑分析的目的是通过主要验证指标和验证方法来衡量一个项目的资源和成果。与垂直逻辑中的每个层次目标对应，水平逻辑对各层次的结果加以具体说明，并由验证指标、验证方法和重要的假定条件所构成，形成了逻辑框架法的 4×4 逻辑框架。逻辑框架中的水平逻辑关系如表 10-5 所示。

表 10-5　逻辑框架中的水平逻辑关系

目标层次	验证指标	验证方法	重要假设条件
宏观目标	对宏观目标影响程度的评价指标,包括预测值、实际值等	资料来源:项目文件、统计资料、项目受益者提供资料等 采用的方法:调查研究、统计分析等	
具体目标	验证项目直接目标的实现程度	资料来源:项目受益者提供 采用的方法:调查研究等	

续表

目标层次	验证指标	验证方法	重要假设条件
产出成果	不同阶段项目定性和定量的产出指标	资料来源:项目记录、检测报告、受益者提供资料等 采用的方法:资料分析、调查研究等	
投入/活动	投入资源的性质、数量、成本、时间、区位等指标	资料来源:项目评价报告、项目计划文件、投资者协议文件等	

在项目的水平逻辑关系中,还存在一个重要的逻辑关系——因果关系,其主要内容是如果前提条件得到满足,项目活动便可以开始,具体如图 10-3 所示。

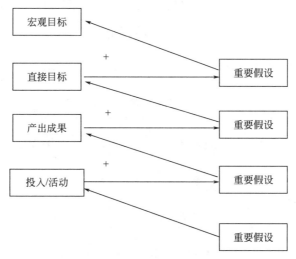

图 10-3　水平逻辑中的因果关系

从图 10-3 中可以看出:如果项目活动开展所需的重要假设也得到保证,则应取得相应的产出成果;如果这些产出成果实现,同水平的重要假设得到保证,则可以实现项目的直接目标;如果项目的直接目标得到实现,同水平的重要假设得到保证,项目的直接目标就可以为项目的宏观目标做出应有的贡献。对于一个理想的项目策划方案,以因果关系为核心,很容易推导出项目实施的必要条件和充分条件。

总而言之,逻辑框架分析方法既是一个分析程序,也是一种帮助思维的模式,通过明确的总体思维,把与项目运作相关的重要关系集中加以分析。

10.3.2　逻辑框架矩阵的编制

(1) 逻辑框架矩阵的分析　在逻辑框架矩阵的编制过程中,一般按照因果关系进行逻辑分析,首先理顺项目的层次,再找出问题的关键,然后提出解决问题的方案和对策。在逻辑框架矩阵的分析过程中,需要解决的问题如下。

① 为什么要进行这一项目,如何度量项目的宏观目标。

② 项目要达到什么具体目标,不同层次的具体目标和宏观目标之间有何关系。

③ 怎样达到这些具体目标。

④ 有哪些外部因素在项目具体目标的取得上是必须考虑的。

⑤ 项目成功与否的测量指标是什么。

⑥ 验证项目指标的数据从哪里得到。

⑦ 项目实施中要求投入哪些资源。

⑧ 项目实施的主要外部条件是什么。

⑨ 如何检验项目进度。

（2）逻辑框架矩阵的编制步骤　逻辑框架的编制步骤如图 10-4 所示。

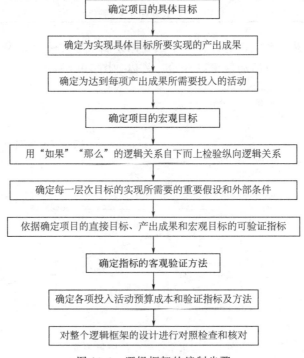

图 10-4　逻辑框架的编制步骤

（3）目标层次的逻辑关系表述　目标层次的逻辑关系表述主要是通过以下做法来确定各层次的目标关系，分析项目的宏观目标、具体目标和产出成果及其逻辑关系。

① 借助目标树的方法进行分析，确定项目的宏观目标和具体目标，并且项目的宏观目标表述要非常具体、明确。

② 要努力保证项目具体目标的实现。

③ 使各项产出成果必须满足一定的要求，从其效果看要具有必要性、足够性和恰当性。

④ 项目投入活动的表述要简洁明了，能够清楚地表达出基本结构和方案。

⑤ 将各项投入活动和产出成果进行编号，明确时间顺序或优先顺序。

⑥ 项目概述做到既具有严密性，又具有逻辑性。

（4）重要假设的表述　重要假设是由外部条件转化而来的，是由多种原因造成的。在确定时，通常必须回答这样的问题："哪些外部因素对项目的实施显得特别重要，但项目本身又不能加以控制？"问题提出后，就必须对问题进行研究分析，如果有外部因素或外部条件，就要对这些因素加以必要的监控，观察其变化。

列入逻辑框架矩阵表的重要假设要具备以下三个条件。

① 对项目的成功很重要。

② 项目本身无法对之进行控制。

③ 有可能发生。

重要假设可以描述自然条件，也可以描述与此项目有关的其他项目。

（5）客观验证指标和验证方法的表述

① 客观验证指标　逻辑框架垂直各层次目标，应有相对应的客观且可度量的验证指标，包括数量、质量、时间及人员等，用这些指标来说明层次目标的结果。不是任何指标都可以应用到逻辑框架矩阵中来验证目标，用来验证每一个目标的指标首先必须是客观的，其次必须具备一定条件才能被采用。

② 验证方法　如果把某项指标作为检验目标的标准，就必须明确它的来源，例如，它来源于哪本具有权威性的书？而且还要提出明确的验证方法。资料来源和验证方法可按照数据收集的类型、信息的来源渠道和收集方法进行划分。

（6）确定项目的投入形式和投入量　项目的投入形式和投入量体现了项目的规模，直接影响到项目的效果。因此，必须根据实际可能性和必要性来计算投入量，其结果应能反映不同层次的利益和责任。确定项目的投入形式和投入量的具体做法有以下几种。

① 根据逻辑框架内所列的每项投入活动，确定所需人、财、物。

② 明确投资者和受益者。

③ 人员投入以"人/月"为计算单位。

④ 计算投入总量。

⑤ 计算每个产出成果的投入总量。

⑥ 在效益风险分析的基础上估计可能附加的投入量以及逻辑框架内反映不出来的隐性投入，并通过讨论加以落实，例如，组建办公室，秘书及司机等的费用。

⑦ 对所投入的设备、物资应做清楚登记，注明所指的具体投入活动。

⑧ 当资金提供单位限定了资金数量时，项目设计必须从量化方面来考虑。

（7）最后的复查　逻辑框架矩阵表的最后一步（确定项目的投入形式和投入量）完成之后，就需要对项目进行检查。检查包括的内容如下。

① 垂直逻辑关系即目标层次是否完善、准确。

② 客观验证指标和验证方法是否可靠。

③ 前提条件是否真实性、符合实际。

④ 重要假设是否合理。

⑤ 项目的风险是否可以接受。

⑥ 成功的把握是否很大。

⑦ 是否考虑了可持续性问题。

⑧ 效益是否远比成本高。

⑨ 是否需要辅助性研究。

为了保证逻辑框架矩阵表中各项内容的真实性、准确性，还要对其进行更进一步的核实，保证项目实施的完整性。

 思考题

1.简述社会评价的特点。

2. 简述逻辑框架矩阵的编制方法。

3. 背景材料。某市要建设一大型水利工程，该工程以防洪为主，结合发电、灌溉、供水等功能。预计该项目建成后将会达到如下目标：①水利骨干工程的建设；②各项基础设施的建设；③行政管理机构的建设；④农业生产服务体系的建设；⑤对移民进行培训，使其掌握相应的生产技能；⑥水土保持工程的建设；⑦改变当地贫困落后面貌，带动地区经济的发展；⑧使该市的防洪能力由现在的 20 年一遇提高到 50 年一遇。

问题：请分别指出本项目的宏观目标、直接目标和产出结果。

4. 项目背景。小浪底水利枢纽工程位于河南省洛阳市以北 40km 处，主要功能是防洪、减淤，并提供灌溉和发电。由于水库建设，将有 17 万人需要搬迁，移民总投资约为 23 亿元。这个项目得到了世界银行 1.2 亿美元的贷款援助。项目从 1994 年开始实施，计划 2004 年结束。

（1）项目目标和内容描述。小浪底移民工程项目的直接目标是：①为被迁移人口提供住房和帮助他们搬迁；②通过发展两个水利项目——温孟滩和后河水库，为移民中的农村人口提供充分的收入来源；③保留现有的 8300 个非农业就业机会，同时，通过重建和扩建工厂、矿山和其他地方企业，创造 20500 个新的就业机会；④为满足安置区需求的增长，建立适当的基础设施。

如果上述目标都能实现，就可以达到最终目标，即：通过创造新的工业、农业和服务业就业机会和生产活动，使移民在多样化的基础上，完全重建其社会经济生活，保证移民和移民接受地人民不降低原生活水平，并能直接分享项目的效益。为了实现项目的目标，项目的主要内容包括四个部分：①为 276 个村、10 个乡的移民和工矿企业搬迁到新址，与此同时，改善安置地区的基础设施；②按工程的进度把移民和工矿企业搬迁到新址；③重建生产基础，农业部分新开垦土地 11100hm^2，其中 7000hm^2 为水浇地；工业部分除了搬迁和恢复原有的 25 个工矿企业外，还要发展 84 个乡镇企业，这些新的乡镇企业将创造 20500 个就业机会，解决农转非人员的就业问题；④对计划、设计、监测和管理人员进行培训。

（2）项目受影响人口的社会、文化、经济特征。为小浪底水库移民，黄河水利委员会规划设计院先后两次进行了实物指标调查，包括移民和安置人口的社会、文化、经济生活基本情况和公共设施情况。这两次调查是小浪底移民工程项目设计的基础。

小浪底水利枢纽工程涉及的 17 万个移民分布在河南省 5 个县和山西省 3 个县。在总人口中，14 岁以下的人口约占 1/3，15～65 岁的人口占 63%。平均来说，淹没区农村人口约占总人口的 90%。水库淹没家庭的平均规模是 4.4 个，劳动力占 44%。该区文盲率 20%。

该地区主要民族为汉族，占总人口的 99.6%。其余少数民族人口在长期生活中已与当地汉族相融合。

库区各县经济以农业为主。由于缺水和山区县土壤条件差，库区各县平均生活水平低于省平均水平。据 1993 年的调查，库区农村人均收入为 560 元/年。对农民收入的分析表明，大约 10% 的农户仅仅靠农业生产为收入来源，这部分人的年收入仅为 220 元；大约 80% 的农户年人均收入达到 476 元，他们的收入来源除农业外，还有部分非农业收入。可以看出，在收入最低的群体中，恶劣的自然条件、贫瘠的自然资源、缺少非农业收入和基础设施条件差是导致收入低和贫困的主要原因。

受小浪底水利枢纽工程直接影响的人口占库区总人口的 5.11%，在搬迁年（1995 年）达到 171118 人，其中 7924 人将在 2010—2011 年搬迁。另外施工区 9944 人已于 1994 年全部迁走，因此，直接受到影响人口为 181062 人。其中，小浪底移民工程项目的直接受益人口为 153182 人。

　　间接受到水库影响的人口，有安置地需与移民分享土地的农民；由于温孟滩工程建设而被征用土地的农民；为移民工程修建基础设施，重建工厂、住房征地而失去土地的人；以及由于工厂、矿山搬迁而可能失去工作机会的原有工厂、矿山的临时工。这些受影响的人口在搬迁前约为 33 万人。

　　小浪底工程项目的实施将使 51 万人直接或间接受益。工程将为移民在新的安置地提高质量得到改善的住房、道路、通信、文教卫生设施；土壤改良、农业灌溉工程的实施将为农业高产打下基础；第二、第三产业和乡镇企业的发展将为移民中的剩余劳动力提供更多的非农业就业机会和收入来源。项目的实施还将改善地区原有的基础设施，通过农业技术的推广和土地改造、增加灌溉工程，提高安置地区农民的收入。

　　问题：

　　(1) 根据上述背景及条件编制小浪底移民工程项目的逻辑框架分析矩阵。

　　(2) 某小浪底配套工程寿命周期 30 年，社会折现率 10%，占用耕地 0.8hm²，该耕地种植蔬菜收益最大，为 413 元/hm²，年平均收益增长率为 5%，基年距项目开工为 6 年。土地补偿费 18.75 万元/hm²，青苗补偿费 9.75 万元/hm²，拆迁费 33 万元/hm²，剩余劳动力安置费 5.25 万元/hm²，粮食开发基金和耕地占用税 42 万元/hm²。在进行国民经济评价时该土地的影子价格是多少？

第11章

价值工程

价值工程是一种依靠集体智慧所进行的有组织、有领导的系统活动。它以功能系统分析为核心，进行创新改进，完成功能的再实现，提高产品价值，用最低的寿命周期成本实现必要的功能，也就是提高经济效果。本章介绍价值工程的概念、功能系统分析与评价、方案的改进与创新等内容。

11.1 价值工程概述

11.1.1 价值工程的产生和发展

价值工程（value engineering，VE），1947年前后起源于美国。第二次世界大战期间，美国的军火工业有了很大的发展，但同时出现了原材料紧张的问题。当时美国通用电气公司有一位叫 L. D. Miles（麦尔斯）的设计工程师在采购部门工作，他的工作是为通用电气公司寻找和采购军火生产中的短缺材料，当时采购短缺材料是很困难的。他认为，人们采购某种材料的目的是使用材料的功能，而不在于这种材料本身，如果得不到所需的材料或产品，可用其他材料来代替，以获得相同的功能，于是，他开始研究替代问题并获得很大成功。麦尔斯等人通过他们的实践活动，总结出一套在保证同样功能的前提下降低成本的比较完整的科学方法，从而把设计新产品的问题转换为用最低成本向用户提供所需功能的问题，结果设计出用户满意的物美价廉的优良产品。由于用户是按产品的功能满足程度付款的，并把它看成产品的价值，所以麦尔斯把他创造的方法称为"价值分析"（value analysis，VA）。以后"价值分析"的内容又逐步丰富与完善，现在将其统称为"价值工程"。

1959年，美国成立"价值工程师协会"（SAVE），作为价值工程的学术研究、交流成果、推广培训等活动的全国性组织，还吸收世界各国的专家参加其活动。20世纪60年代以后，价值工程在美国已得到全社会的广泛承认，政府部门与承接项目的企业之间、企业与企业之间、企业用户之间在签订经济合同中可附有专门的价值工程条款；在工程建设或产品开发时增设价值工程环节；在政府机构和企业内部设有"价值工程师"参与或审查工程技术项目。同时，价值工程在世界各国特别是发达国家得到普遍应用。日本、英国、德国、法国、加拿大、瑞典等国先后引进、推广了价值工程。尤以日本最为突出，20世纪60年代，日本VE侧重于降低成本；70年代，VE转向以保证功能、提高功能、提高质量为重点，以适应出口导向战略；80 年代，VE 的重点放在技术创新上，以占领市场；90 年代，VE 转向创造顾客需求及技术领先时代；最近还在不断丰富与发展。

1978 年，我国开始从国外引入价值工程，根据翻译的资料，介绍美国、日本推行 VE 的状况。1979 年起，个别国营大企业试行价值工程活动，取得了初步成效，引起政府和其他企业的关注。1982 年《价值工程》杂志创刊，1987 年国家标准局颁布了第一个价值工程标准《价值工程基本术语和一般工作程序》。

根据有关资料显示，我国在 20 世纪八九十年代应用价值工程获得的经济效益估计达人民币 50 亿～70 亿元以上，企业应用价值工程后的成本降低率一般为 5%～30%。2003 年"中国技术经济研究会价值工程专业委员会"成立，2005 年 1 月，中国科协批准其对外交往和国际 VE/VM 学术交流可使用"中国价值工程学会"的称谓。

近年来，我国一些行业性价值工程学术组织不断成立，而且不断发展为学术研究、宣传组织、咨询培训、成果评审、编著资料等方面做了大量工作，为价值工程的推广应用、创新发展做出了积极贡献。

11.1.2　价值工程的概念

11.1.2.1　价值工程的基本概念

（1）价值的定义　价值工程中的"价值"可定义为对象所具有的功能与获得该功能的全部费用之比。这里的"对象"是指凡为获得功能而发生费用的事物，如产品、工艺、工程、服务或其组成部分等。以后的内容主要针对产品进行分析。对于产品来说，价值公式可表示为：

$$V = \frac{F}{C}$$

式中　V——价值（value）；

　　　F——功能（function）；

　　　C——成本（cost）。

为提高价值我们可采用以下途径。

① 成本降低，功能不变。

② 功能提高，成本不变。

③ 功能大大提高，成本略有提高。

④ 功能略有降低，成本大大下降。

⑤ 功能提高，成本下降。这可使价值大幅度提高，是最理想的提高价值的途径。

选择哪种途径，应充分考虑各种相关因素及其对结果的影响。

人们购买商品，不但求其性能好、可靠、耐用、美观，而且求其价钱便宜，总之是"物美价廉"，也就是要追求高的价值。这是用户的价值观。

对于产品的生产者来说，其价值观是以最低的成本获得全部产品的销售收入。从形式上看，不顾用户利益，不求产品的物美价廉，甚至粗制滥造、以次充好，也可以牟取高额利润，可以提高生产者所追求的价值。但这是一种畸形和扭曲的"价值"观，它不仅违背了生产的目的，而且损害了用户的利益，终究会被用户所唾弃，不可能保证生产者长期持续发展，一时的高利润却给企业的失败埋下了祸根。要长期持续生存与发展，必须扩大市场，以物美价廉的产品占领市场，赢得用户的支持。因此，生产者价值观和用户的价值观是一致的。

（2）功能的定义 功能是对象能满足某种需求的一种属性，可以是功用、效用、能力等。这里的需求可以是现实的或潜在的，而满足使用者的需求通常取决于以下两方面因素。

① 功能载体具体的客观存在物质性。

② 使用者对此物质性感到满足程度的主观精神性。

价值工程在进行功能分析的时候，必须要用某种数量形式表述出对象的功能的大小（或多少）。麦尔斯在创立 VA 时就提出，顾客购买物品需要的是它的功能，而不是物品本身，物品只是功能的载体，只要功能相同，载体可以替代。

（3）成本的定义 在价值工程中，成本是指为获得对象的功能而支付的费用。它的时间跨度可长可短，最长的是寿命周期成本，包括从对象的研究、形成到退出使用所需的全部费用。根据需要允许只计某一时间跨度的成本，如制造成本指工厂制造出成品为止的费用；购买成本指顾客购买商品的价格；使用成本指用户使用商品过程的耗费等。

（4）价值工程的定义 价值工程是通过各相关领域的协作，对所研究对象的功能与费用进行系统分析，不断创新，旨在提高所研究对象价值的思想方法和管理技术。

价值工程的定义和经济效果定义是相吻合的。价值工程的目的是要提高价值，也就是要提高经济效果。

11.1.2.2　价值工程的特点

中国国家标准《价值工程基本术语和一般工作程序》中指出价值工程具有四个方面的特点。

（1）以使用者的功能需求为出发点 在市场经济环境以用户需求为导向，适应和满足用户需求。价值工程在重视、保证功能和提高功能，满足用户对功能的需求的同时，更应创造需求、满足用户的潜在需求。

（2）对所研究对象进行功能分析，并系统研究功能与成本之间的关系 用户购买任何产品，不是购买产品的形态，而是购买功能。具有相同功能而成分或结构不同的产品或零部件的成本一般是不相同的。价值工程就是要通过对实现功能的不同手段的比较，寻找最经济合理的途径，透过人们司空见惯的产品生产、使用、买卖现象，抓住功能这一实质，从而取得观念上的突破，为提高经济效益开拓了新的途径。以尽可能少的成本，实现足够的功能。

（3）致力于提高价值的创造性活动 价值工程要提高功能或降低成本，必须创造出新的功能载体或新的生产载体，甚至发明创造出新科技。创造性活动侧重于在产品研制阶段开展工作，无论是新产品开发或老产品改进，设计研制对功能和成本影响最大。

（4）应有组织、有计划地按一定的工作程序进行 价值工程强调有组织的活动，这是因为它不同于一般的合理化建议，需要进行系统的研究、分析。产品的价值工程，涉及设计、工艺、采购、销售、生产、财务等各个方面，需要各方面提供信息、共同协助、发挥集体智慧，调动各方面的积极性。

总之，价值工程就是要从透彻了解所要实现的功能出发，在掌握大量信息的基础上，进行创新改进，完成功能的再实现。

11.1.2.3　价值工程的目的

价值工程的目的是以对象的最低寿命周期成本可靠地使用所需功能，以获取最佳的综合效益。寿命周期成本是指从对象的研究、形成到退出使用所需的全部费用，也就是从设计、制造、使用，最后到报废的全过程的成本。寿命周期成本包括生产成本和使用成本两部分。

其中，生产成本是指发生在生产企业内部的成本，包括研究开发、设计及制造过程中的费用；使用成本是指用户在使用过程中支付的各种费用的总和，包括运输、安装、调试、管理、维修、耗能等方面的费用。

用户在购买一个产品时，既要考虑产品售价，又要考虑使用成本，力争在获得同样功能的情况下使总成本最低。

11.1.2.4　价值工程的工作步骤

（1）价值工程工作程序　开展价值工程活动的过程是一个发现问题、解决问题的过程，针对价值工程的研究对象，逐步深入提出一系列问题，通过回答问题、寻找答案，导致问题的解决。价值工程的工作步骤可用表 11-1 表示。

表 11-1　价值工程工作步骤表

阶段	步骤	说明
准备阶段	1. 对象选择	应明确目标、限制条件和分析范围
	2. 组成价值工作小组	一般由项目负责人、专业技术人员、熟悉价值工程的人员组成
	3. 制订工作计划	包括具体执行人、执行日期、工作目标等
分析阶段	4. 收集整理信息资料	此项工作应贯穿于价值工程的全过程
	5. 功能系统分析	确定功能特性要求，并绘制功能系统图
	6. 功能评价	确定功能目标成本，确定功能改进区域
创新阶段	7. 方案创新	提出各种不同的实现功能的方案
	8. 方案评价	从技术、经济、社会等方面综合评价各种方案达到预定目标的可行性
	9. 提案评价	将选出的方案及有关资料编写成册
实施阶段	10. 审批	由主管部门组织进行
	11. 实施与检查	制订实施计划、组织实施，并跟踪检查
	12. 成果鉴定	对实施后取得的技术经济成果进行成果鉴定

（2）价值工程活动所提问题　在一般的价值工程活动中，所提问题通常有以下七个方面。

① 价值工程的研究对象是什么？

② 它的用途是什么？

③ 它的成本是多少？

④ 它的价值是多少？

⑤ 有无其他方法可以实现同样的功能？

⑥ 新方案的成本是多少？

⑦ 新方案能满足要求吗？

11.2　价值工程对象选择与信息收集

11.2.1　价值工程对象选择

价值工程的对象是指凡为获取功能而发生费用的事物，如产品、工艺、工程、服务或它们的组成部分等。

价值工程对象的选择过程就是收缩研究范围，明确分析研究的目标，确定主攻方向的过程。不可能把构成产品或服务的所有构成部分和环节都作为价值工程的改善对象，为了节约资金，提高效率，只能精选其中一部分来实施价值工程。在具体选择时，必须有主次、轻重之分，根据具体情况做出选择。

分析对象选择的总的原则是优先考虑在企业生产经营上有迫切需要或对国计民生有重大影响的项目；优先选择改进潜力大、效益高、容易实施的产品和零部件。常用下列方法来进行对象选择。

（1）因素分析法　因素分析法是对象选择最简单、最实用的方法。有关人员根据自己的经验和知识，对影响的产品、零件或各项工作的有关因素进行全面综合分析，再讨论选择VE活动对象。

常见的影响因素可绘成图11-1。图中列出的因素主要是针对刚开始进行VE工作而言的。随着VE的进展和经验的积累，对象选择会由易到难、由简单到复杂逐步深入。

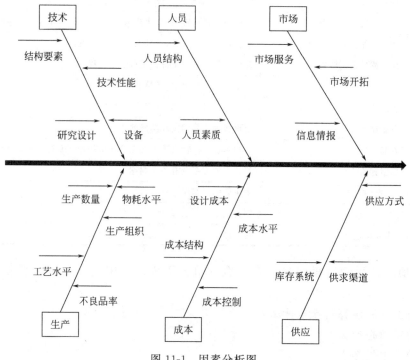

图 11-1　因素分析图

（2）ABC分析法　对于复杂的产品，一开始如果不能进行全面分析，可以重点选择一部分零件率先进行分析。不过要注意，这种选择应当在对总体设计分析的指导下进行，以免在总体设计改动后零部件又将改动。

大量分析表明，产品零部件成本分布是不均匀的，往往少数零部件的成本要占整个产品成本的一半以上。根据这一特点，可以把零部件分成 A、B、C 三类。一般来说，A 类零件数占总数的约 10%，成本占总成本的 70%～80%；B 类零件数占 10%～20%，成本占 10%～20%；C 类零件数占 70%～80%，成本约占 10%。

A 类零部件种数少而成本比重大，是对产品成本举足轻重的关键种类，应列为价值工程对象；B 类零部件是次要零部件类，一般可不考虑为价值工程对象，但有时亦可选 A＋B 类作为价值工程对象；C 类零部件虽然种类多，但对整体成本影响不大，暂可不做专门研究。

ABC 分析法具体做法如下。

① 将被分析的零部件种类按成本大小依次排列填入表中，并按其排列先后编出序号。

② 根据零部件种类排队的累计数，求出其占全部零部件种类数的百分比。

③ 根据零部件成本求出其占总成本的百分比，并求出累计成本的百分比。

④ 将全部零部件种类划分为 A、B、C 三类，并按前面的思路选择价值工程对象。

（3）价值指数法　价值指数法是通过比较各个对象之间的功能水平位次和成本位次，寻找价值较低对象，并将其作为价值工程研究对象的一种方法。

这种方法是先对产品所包含的功能进行粗略分析，再估算或计算出所对应的成本。先把产品的各功能按从大到小顺序排列，再将实现各功能的成本按从大到小顺序排列，选择成本位次排名比功能位次靠前的作为优先改进对象。如表 11-2 所示则优先选择 F_3、F_4 作为价值工程对象。

（4）用户评价法　以用户意见较多、意见较大的产品和零部件，或目前市场销售状况不佳，或在同一市场中相对有逐步恶化迹象或趋势的产品或项目作为价值工程对象。

（5）横向比较法　在各种产品中，选择在同样条件下或基本相同条件下，与生产相同产品或零部件的企业进行单位成本比较，选择本企业中单位成本相对较高的作为价值工程的对象。

表 11-2　功能成本位次比较表

名次	功能位次	成本位次	选择对象
1	F_1	C_1	
2	F_2	C_3	F_3
3	F_3	C_4	F_4
4	F_4	C_2	
5	F_5	C_5	

11.2.2　信息收集

11.2.2.1　组成价值工程工作小组

根据不同的价值工程对象，确定工作人数，组成工作小组，价值工程工作小组的构成应考虑：工作小组的负责人应由能对项目负责的人员担任；工作小组的成员应该是各有关方面熟悉所研究对象的专业人员，并优化组合；工作小组的成员应该思想活跃，具有创新精神；工作小组的成员应该熟悉价值工程，有利于工作的顺利实施和工作效率的提高；工作小组的成员应该在 10 人左右。

11.2.2.2　制订工作计划

价值工程工作小组成立后，应负责制订具体的工作计划以指导工作小组成员的操作和实施过程，保证工作质量。工作计划的具体格式和内容因项目而异，主要应包括工作目标，工作内容、方法、步骤，执行人，执行时间。

11.2.2.3　信息收集

价值工程进行对象选择时，应该收集以技术资料和经济信息为主的各方面信息，为进行功能分析、创新和评价方案等准备资料。主要包括以下信息。

（1）**政治法律方面的情报**　主要包括国家的基本路线、方针，国家产业政策、技术政策、能源政策、劳动保护、安全生产、环境保护等方面法律、法规，对外贸易、技术引进等条例，以及国际标准、国际贸易条例法则、国际趋势等情报。

（2）**经济方面的情报**　主要考虑国民经济发展计划、经济周期、国民收入及变化情况、人口数量及增长趋势、政府的财政税收政策、通货膨胀及变化趋势、就业情况、市场完善程度、企业所在地区的收入水平、物价水平、储蓄状况、消费偏好等。

（3）**文化教育方面的情报**　主要包括人们的教育水平、文化素质水平、价值观念、生活方式、社会规范与信仰、风俗习惯。它是价值工程应考虑的基础性条件因素。

（4）**技术方面的情报**　主要包括企业内外、国内外同类对象的技术资料，如设计特点、加工工艺、设备、材料及优缺点和存在的问题等。特别关注下列方面带来的影响。

① 设计新原理、新方法、新标准　新原理、新方法会导致一代新产品的产生或生产的新思路，对技术和经济都会产生重大影响。新标准将带来对技术或产品的新要求，迫使它发生改变、更新与提高。

② 新工艺、新设备　新工艺的出现可能导致加工方法的改进乃至变革，对相应的工具、设备要求也会改变。新设备是人类科学技术进步的最重要体现，将会带来成本的节约和劳动生产率的大幅度提高。

③ 新材料、新能源、新服务　新材料的应用对产品性能、成本有很大影响，同时要求工艺、设备做相应改变；新能源将对工艺、设备的使用产生巨大影响，甚至改变工艺、设备；新服务将开拓一个新的市场等。

④ 改善环境和劳动条件　减少粉尘、固体废物、有害液体和气体外泄，降低噪声污染，减轻劳动强度，保障人身安全的技术等有关环境和劳动条件的因素越来越受到重视，它也对产品的设计、生产产生影响。

（5）**企业内部的基本情况**　企业内部的基本情况包括企业的经营战略、经营思想、经营方针、技术方针、生产能力及限制条件、人力资源状况、产品种类、成本与质量状况、物资供应、设备状况、销售状况、财务状况等方面。

（6）**市场信息**　市场信息包括用户群体及消费偏好，用户使用的目的、条件，市场需求量，价格及变动趋势，成本及构成情况，用户对产品的品种、规格、质量、交货期、服务等方面的要求和改进意见，竞争者的产品价格、质量、成本、销售服务及生产规模、发展规划等。

收集信息前，根据工作的目的制订情报收集活动计划；收集信息时，要注意情报收集人员与收集方法、情报源、情报适时性、情报的数量与质量等；收集信息后，一般需加以整理、分析，剔除无效资料，使用有效资料，以利于价值工程活动的分析研究。

11.3　功能系统分析

功能系统分析是价值工程的核心。它可以起到明确用户的功能要求，转向对功能的研究，可靠地实现必要功能的作用。它通过分析信息资料，用动词和名词的组合简明正确地表述各种对象的功能，明确功能特性要求，并绘制功能系统图。功能分析主要是指功能定义和功能整理。

11.3.1　功能定义

11.3.1.1　功能分类

对不同的对象可以从不同角度对功能加以分类。

(1) 从性质角度，可将功能分为使用功能和品位功能　使用功能是对象所具有的与技术经济用途直接有关的功能。使用功能是具有物质使用意义的功能，常带有客观性，不仅要求产品的可用性，还要求产品的可靠性、安全性、易维修性。例如，一辆汽车，不仅要能开动，而且要故障少、转弯灵活、制动可靠、操纵方便，保证乘客安全、舒适，产生故障或机件磨损后要便于维修。

品位功能是与使用者的精神感觉、主观意识有关的功能，如美学功能、贵重功能、外观功能、欣赏功能等，包括造型、色彩、图案、包装、装潢等重要内容。随着生活水平的提高，人们要求产品多样化，对品位功能日益重视。在市场上，造型新颖、色彩宜人、图案精美、包装装潢美观、能体现时代气息的产品外观首先给人以深刻的印象，在性能、价格相当的条件下，这样的产品更具竞争力。贵重商品不乏购买者也是如此。

不同的产品，对使用功能和品位功能有不同的侧重。有些产品只有使用功能，如原料、燃料和动力等；有些产品只有品位功能，如工艺品、美术品；多数产品则要求二者兼备，如日常用品、生产工具等。

(2) 从功能重要程度，可将功能分为基本功能和辅助功能　基本功能是与对象的主要目的直接有关的功能，是对象存在的主要理由，是用户购买的原因、生产的依据。辅助功能则是为更好地实现基本功能服务的功能，是次要功能或者为了辅助基本功能更好地实现或由于设计、制造的需要附加的功能。例如，小轿车的基本功能是乘坐乘客，而存放行李提供方便是辅助功能。基本功能是设计、制造者的注意力之所在，但不可以忽视辅助功能。

(3) 按功能的有用性，可将功能分为必要功能和不必要功能　必要功能是指为满足使用者的需求而必须具备的功能。价值工程中的功能，一般指必要功能，使用功能、品位功能、基本功能、辅助功能都是必要功能。不必要功能是指对象所具有的、与满足使用者的需求无关的功能。不必要功能主要包括两种。第一种是多余功能。有些功能纯属画蛇添足，不但无用，有时甚至有害。例如，初期的洗衣机上曾设计有脸盆，实际上这并无必要，甚至适得其反。第二种是重复功能。两个或两个以上功能重复，可以去掉其中之一，因它增加了成本。

(4) 按功能满足程度，可将功能分为不足功能和过剩功能　不足功能是指对象尚未满足使用者的需求的必要功能。功能满足不了用户需求的将很难占有市场。过剩功能是指对象所具有的，超过使用者的需求的必要功能。过剩功能应当剔除，以节约成本。例如，某橡胶厂生产的胶鞋，鞋底比鞋帮寿命高 50%，未穿坏的鞋底最后只能变成废品或垃圾。

价值工程对对象的分析，首先是对其功能的分析，通过功能分析，弄清哪些功能是必要的，哪些功能是不必要的，从而在改进方案中去掉不必要功能，补充不足功能，使产品的功能结构更加合理，达到可靠地实现使用者所需功能的目的。

11.3.1.2　功能定义的目的和方法

(1) 功能定义的目的　功能定义就是用简明准确的语言描述某个价值工程研究对象的功能。也就是限定其内容，区别于其他事物。功能定义是价值工程的特殊方法，它要达到以下目的。

① 明确价值工程对象整体及各个构成部分的功能，以实现用户要求的功能为出发点。

② 便于进行功能评价。评价是针对功能进行的，所定义的功能要方便定性和定量的评价。

③ 有利于开阔思路。功能定义要摆脱现有结构框框的束缚，以利于改进。

（2）功能定义的方法　功能定义要求用动词与名词宾语把功能简洁地表达出来，主语是被定义的对象。对使用功能、品位功能、基本功能、辅助功能常有不同的描述方法（表11-3）。使用功能和基本功能用动宾词组来描述；品位功能宜用主谓词组，通常是用形容词来描述对象的外观、特性或艺术水平；辅助功能可按对象性质不同分别用动宾词组或主谓词组来定义，常用形容词来描述对象具有辅助性功能的程度，被描述的主体可用名词或动词表达。

表 11-3　功能定义表

功能	定义方式	描述		
使用功能	动宾词组	电镀	增加保护	美观表面
		日光灯	照	明
		手表	显示	时间
		冰箱	冷藏	食品
品位功能	主谓词组	式样		新颖
		造型		高雅
		色泽		和谐
辅助功能	动宾词组	操作		简便
		运行		平稳
	主谓词组	性能		良好
		音质		优美

（3）功能定义的注意事项　在功能定义时，应遵循以下基本原则。

① 功能的定义要简明、准确。

② 名词要尽量用可测量的词汇，以利于在评价功能及方案时将功能量化，如热源可以用可度量单位"焦耳""千焦"衡量。

③ 动词尽可能采用抽象化的词汇。这样才能超越实物形态，开阔思路，增加构思出实现功能要求的新方案的可能性，如钻孔改为做孔，就可以想到用铸件铸造。

④ 要站在物的立场上，以事实为基础。深入实际收集各方面的情报，可靠地实现功能的制约条件，要解决六个问题：什么（What）、谁（Who）、时间（When）、地点（Where）、为什么（Why）、怎么样（How）。

⑤ 应全面而系统地反映对象及组成部分具有的功能。一个功能下一个定义，一个物品有几个功能就要下几个定义。切忌只注意某些主要功能而忽视次要功能，或只注意表面功能而忽视潜在的深层次功能，或只注意子系统的功能而忽视了与系统总功能间的关系。

11.3.2　功能整理

11.3.2.1　功能整理的概念

（1）功能整理的含义　功能整理是用系统的观点将已经定义了的功能加以系统化，找出各局部功能之间的逻辑关系，并用图表形式明确产品的功能系统。通过功能整理可从大量的功能中区分出它们的层次和归属关系，搞清其是如何组成与产品结构相应的体系，来实现产品的总功能，从而整理出相应的功能系统，为功能评价和构思方案提供依据。

经过定义的功能可能很多，它们之间不是孤立的，而是有内在联系的，为了把这种内在联系表现出来就必须将其系统化。这种将各部分功能按一定逻辑排列起来，使之系统化的工作就叫功能整理，其结果是形成"功能图纸"——功能系统图。

（2）功能系统图　功能系统图是用图表形式明确产品或项目的功能及相互关系，并有规律地排列而成的功能图。功能系统图表明了整个功能系统的内部联系，更进一步地阐明了分析对象的"功能是什么"的问题，它反映了设计意图和构思。功能系统图为功能评价和改进创新提供了基础，使功能评价得以按功能域逐级进行，也给改进创新提供了可供选择的全部功能域。功能系统图是突破现有产品和部件的构成形式的产物。绘出功能系统图之后，各功能间的主从地位和相互关系以及功能范围就可一目了然，便于研究如何按功能区域合理地分配成本和创新。

① 功能系统图的格式　功能系统图的格式如图 11-2 所示。

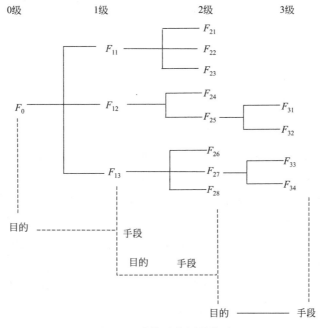

图 11-2　功能系统图的格式

② 功能系统图的有关术语　功能系统图中有关术语如下。

"级"，每一分支形成一级。

"功能区域"是功能系统图中，任何一个功能及其各级下位功能的组合。"功能区域"包括某功能和它的分支全体。例如，F_{11} 和 F_{21}、F_{22}、F_{23} 是一个功能域；F_{25} 和 F_{31}、F_{32} 也构成一个功能域。

"位"，同一功能域中的级别用位表示，高一级功能称为"上位功能"，低一级功能称为"下位功能"，同级功能称为"同位功能"。例如，F_{12} 是 F_{24}、F_{25} 的上位功能，F_{21}、F_{22}、F_{23} 是 F_{11} 的下位功能；F_{21}、F_{22}、F_{23} 之间则是同位关系。功能系统图中仅为上位功能的功能称为总功能，如 F_0；不再细分的功能称为"末位功能"，如 F_{26}、F_{33} 等。

功能整理采取的逻辑是：目的-手段。上位功能是目的，下位功能是手段。因此，上位功能也称为"目的功能"，下位功能便称为"手段功能"。

11.3.2.2 功能整理的方法

功能整理按"目的-手段"关系进行。其基本方法是由手段寻求目的，把所有手段功能联系起来，寻求目的功能；或采用由目的寻找手段，从目的功能开始，将所有手段功能排列出来。

（1）由目的寻找手段 由目的追寻手段的功能整理办法适用于复杂的现有产品和设计中的产品。复杂产品有成千上万个零件，从零件功能开始进行功能整理实际上是不现实的；设计中的产品，由于设计尚未定型，从零件功能开始整理也是不可能的。

这种方法是从零级功能开始，逐级向下追问手段功能。其基本方法是运用 FAST 法，即功能分析系统技术来绘制功能系统图。FAST 法的步骤大致如下：

① 编制功能卡片。把产品及构成要素的所有功能都编制成功能卡片，尤其在功能数量很多时，为防止遗漏、重复和混乱，把所有功能一一制成功能可灵活地排列、修改和取消的卡片，便于绘制功能系统图。每个功能设一张功能卡片，在功能卡片上标出对象名称、编号、功能定义、费用，具体如图 11-3 所示。

对象名称：	编号：
功能定义：	
费用：	

图 11-3　功能卡片

② 把功能分成基本功能和辅助功能。当功能卡片的数量很多时，功能系统图内部之间的关系就比较复杂。为了方便起见，先把基本功能抽出来，把最主要的目的功能找出来放在最左端，连接成功能系统图的主要骨架，然后再连接辅助功能。

③ 通过目的和手段的关系，形成功能系统卡片图。从已抽出的基本功能卡片中任意取出一张，通过寻找和提问它的目的功能和手段功能，确认各功能之间的准确位置，然后用同样的方法再把辅助功能连接到基本功能系统图中，最终形成功能系统图的卡片图形。

④ 绘制功能系统图。把各功能之间的功能卡片系统图，绘制成文本资料图如图 11-4 所示，并对功能系统图做最后审定。功能系统图的复杂程度和粗细程度可根据需要而定。不同的系统图可有很大差别。粗的只到大部件，如变速箱，甚至只到一部机器，如发动机；细的到小零件，甚至将一个零件的功能再进行细分到工艺结构。就是在同一个系统中，细化程度也有差别。对于像汽车这样复杂的产品，细化到所有零件是不可能的，必要时可将某些功能单独抽出，另外绘制更细的图。

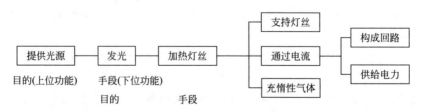

图 11-4　白炽灯功能系统图

　　功能系统图一般不是一次所能完美无缺地画好的，需要反复修改、完善。为使系统图中的末位功能都能与零件的功能定义相对应，在功能整理的过程中，有时还要调整零件的功能定义。

　　（2）由手段寻找目的　零部件功能属于手段功能，不具有目的功能的性质。因此，只要定义得当，功能系统图上的末位功能必与零部件功能相对应，如图 11-5 所示是一个功能与零件的对应关系图。就是说，从零部件功能开始向目的功能追寻，就能建立全部系统图。

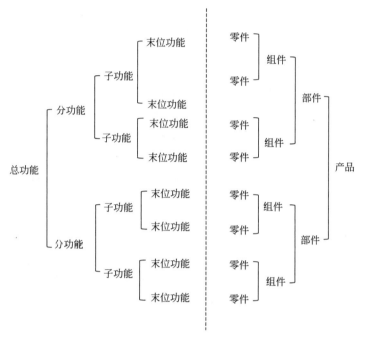

图 11-5　功能系统与产品系统的对应关系

　　利用功能卡片进行功能整理的方法如下。

　　① 将写有相同功能的卡片集中在一起，得到一组卡片，就是一个末位功能，如图 11-6 所示。

　　② 将各组功能卡片和未集中的单张功能卡片放在一起，任取一组功能或单张功能卡片，追寻其目的，可找到上位功能。如图 11-7 所示，取出"构成回路"这组功能卡片，追问目的是什么？回答是"通过电流"，这就是其上位功能。

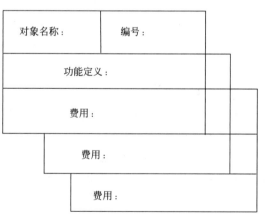

图 11-6　具有相同功能的卡片组

　　逐一追寻各组和各单张卡片，将有相同目的功能的放在一起，组成一大组，这就是上一级功能，大组中的各小组和各单张卡片的功能则是同位功能，上下位功能构成了一个功能域。如此，将有相同上位功能的一大组卡片装入口袋，并注明功能。

　　③ 依照以上办法，逐级进行组合，直至追问到零级功能为止。每进行一次组合，就形

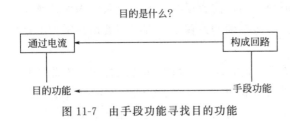

图 11-7　由手段功能寻找目的功能

成一个高一级的功能域，组合完毕，全部功能域也就形成了。

从大到小逐一打开各个口袋，按顺序排列，功能之间的关系就一目了然，用文字记录下来，就得到了完整的功能系统图。

（3）功能系统图的检查　功能整理过程是对产品功能进一步理解的过程。如果说，功能定义强调对单一功能本质的深入理解，那么功能整理则强调对整个产品功能系统的深入理解。功能整理是功能定义的继续、深化和系统化。

功能系统图的表达方式具有多样性，但由于功能系统图是功能系统内在联系的反映，体现了它的严密性，为此在绘制功能系统图时需注意以下几点。

① 功能系统图中的功能要与产品的构件实体相对应。也就是功能系统图中的功能应能包容全部有用构件的功能，功能系统图中的功能要由构件实体来实现。

② 下位功能的全体应能保证上位功能的实现，具有等价性。

③ 上下位功能要有"目的-手段"关系；同位功能之间不存在"目的-手段"关系，是相互独立的。

11.4　功能评价

功能评价是确定价值 V 是多少，并对其做出判断和分析的问题。从 $V=F/C$ 中可知，必须先求 F 和 C，才能确定价值 V。成本 C 是用货币量表示的，功能 F 一般也用货币量表示。

11.4.1　功能值 F 的确定

确定功能值 F 的原则是依据用户为某一功能愿意付出的代价。用户总是要挑物美价廉的产品，力求用尽量少的钱买到同样的功能。因此，质量好、价格便宜、成本低就成了人们追求的目标，这一"最低消耗"或"最低成本"就可视为该产品的功能值。下面分别具体介绍确定功能值的方法。

11.4.1.1　直接评价法

功能值 F 通常可直接用价值量、实物量或劳动量来表示。用价值量表示时，将功能分解，并找到可代替的手段及其成本，合计其结果来确定；用实物量表示时，它利用工程中的计算公式导出，确定应消耗的实物量的多少，再通过价格转化为价值量，求出功能值；对于某些需用劳动量表示的，也需做类似转化求得。

11.4.1.2　间接评价法

用得最多的是间接评价法。以功能成本法最有代表性，其步骤如下。

第一步，确定产品的目标成本 C^*，令其为总功能值 F。

第二步，确定各分功能 F_i 的重要度，定出重要度系数 f_i（$\sum f_i = 1$）。

第三步，按重要度分摊目标成本，得出各分功能值：

$$F_i = C^* f_i$$

因此，要求出 F_i，就要解决产品整体的目标成本怎么定和功能重要度系数如何求这两个问题。下面就分别讨论这两个问题。

（1）目标成本的确定　目标成本既要有先进性，即必须经过努力才能达到；又要有可行性，即有实现的可能。通常采用先进成本水平法，即选择国内外同行业先进水平或本企业历史先进水平作为目标成本，这对多数企业来说既有先进性，又有可行性。资料的取得可采用调查法，收集同类产品的性能指标和成本资料，画在直角坐标系上，如图 11-8 所示。横坐标表示功能完好度，可由产品技术性能指标评价得出；纵坐标表示各种性能产品对应的成本。不同厂家的成本是不同的，将最低成本连成一条曲线，称为最低成本曲线。找出所分析对象功能完好程度，F 与最低成本曲线相交点对应的成本 C^* 即为该产品的目标成本。

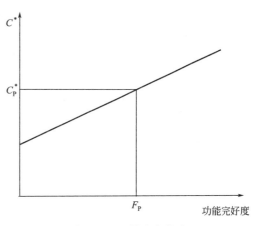

图 11-8　最低成本曲线

对于已处于先进水平的企业，可根据企业的经营目标来确定。若要进入国际市场，应对比国外先进水平，确定一个先进、可行的目标，常在目前成本的基础上确定一个单位成本降低率。另外，也可根据统计，按价值工程普遍可降低成本的比率作为制定目标成本的参考。

（2）功能重要度系数的确定　功能值在各分功能之间如何分配，是件困难的工作。而价值工程就是要寻求功能和成本的匹配。应按各分功能重要程度分配功能值，尽管有时会与实际有较大出入，但仍不失为一种可行的办法。功能重要度的确定主要靠经验判断。为了减少经验估计的偏差，一方面参加评价的人应该富有经验；另一方面参加的人数要有一定数量，结果可取平均值。

确定功能重要度的方法不少，这里主要介绍以下几种。

① 0～1 评分法。这种方法是将功能一一对比，重要的得 1 分，不重要的得零分。若只有 4 个功能，可形成如表 11-4 所示的评分矩阵。为避免最不重要的功能得零分，可将各功能累计得分加 1 分进行修正，用总分分别去除各功能累计得分即得到功能重要度系数 f_i，如表 11-4 就是一个例子。

表 11-4　0～1 评分法评分表

项目	F_1	F_2	F_3	F_4	得分累计	修正得分	功能重要度系数 f_i
F_1	×	1	1	1	3	4	$4/10=0.4$
F_2	0	×	1	1	2	3	$3/10=0.3$
F_3	0	0	×	1	0	1	$1/10=0.1$
F_4	0	0	1	×	1	2	$2/10=0.2$
合计					6	10	1.00

注：×表示同功能不得分。

② 0～4 评分法。0～1 评分法虽能判别零件功能的重要程度，但评分标准过于绝对，准确度不高。故可考虑采用 0～4 评分法来弥补这一不足，将分档扩大为 4 级，其打分矩阵仍

同 0～1 评分法。档次划分如下。

F_1 比 F_2 重要得多：F_1 得 4 分，F_2 得 0 分。

F_1 比 F_2 重要：F_1 得 3 分，F_2 得 1 分。

F_1 与 F_2 同等重要：F_1 得 2 分，F_2 得 2 分。

F_1 不如 F_2 重要：F_1 得 1 分，F_2 得 3 分。

F_1 远不如 F_2 重要：F_1 得 0 分，F_2 得 4 分。

上述两种方法有时还可延伸出多比例评分法，它可选择的对比评分比例更多，以更准确地反映各功能的重要程度。

③ 环比评分法。这种方法是先比较相邻两功能重要程度，按实际灵活地评定重要程度的比值，然后令最后一个被比较的功能为 1.00，再依次修正重要度比率，将各比率相加，再用各功能所得修正重要度比率除以总得分，可得出相应重要度系数 f_i，如表 11-5 所示。

表 11-5　环比评分法评分表

功能	暂定重要度比率	修正重要度比率	重要度系数 f_i
F_1	$(F_1 : F_2)1.5$	6.0	$f_1 = 6.0/18.0 = 0.333$
F_2	$(F_2 : F_3)0.8$	4.0	$f_2 = 4.0/18.0 = 0.222$
F_3	$(F_3 : F_4)2.5$	5.0	$f_3 = 5.0/18.0 = 0.278$
F_4	$(F_4 : F_5)2.0$	2.0	$f_4 = 2.0/18.0 = 0.111$
F_5		1.0	$f_5 = 1.0/18.0 = 0.056$
合计		18.0	$f = 1.00$

④ 功能系统评分法。功能系统评分法是根据功能系统图，分系统、分层次地评分，然后再汇总计算。具体步骤如下。

第一步，设总体功能值为 100 分。根据功能系统图，找到总体功能的各直接下位功能。

第二步，评定第一级手段功能，计算其功能分值的权数。

功能分值＝功能权数×直接上位功能的分值

第三步，评定第二级手段功能的权数，计算其功能分值。

第四步，依次计算功能系统图中各局部功能的分值。计算时由上位到下位，由大到小，依次评算。

第五步，依次计算各个对象（各级子系统）的功能重要度系数。

$$功能重要度系数＝\frac{功能分值}{总体功能分值}$$

各级子系统的功能重要度系数有效地反映它们在实现整体功能中贡献度和重要程度的大小。

（3）逐级确定功能重要度系数　为便于对功能重要度进行比较，重要度系数宜在同一功能域中的同位功能之间分配，重要度系数的确定要逐级地、逐个功能进行。

首先进行一级功能重要度系数分配，可根据需要灵活选择各种方法。再进行二级功能重要度系数分配，常采用直接百分比法，即先用 100% 在同位功能间分配，然后用其上位功能重要度系数乘以相应的百分比，得各分功能的重要度系数。如有必要进一步确定，可以此类推。

11.4.2　功能成本 C 分析

功能成本分析是对所分析的功能的目前成本进行分析。功能成本分析一般从功能系统图的末位功能开始，逐级向上计算。末位功能成本计算中常有两个问题：一是一个构成要素只承担一个功能时，一般以构成要素的现实成本来计算功能成本系数，若多个构成要素承担一个功能时，就以各构成要素的现实成本合计来计算功能成本系数；二是一个构成要素承担多个功能时，必须根据花费在各功能上的实际成本进行分摊，应首先按功能重要程度进行成本分摊，再计算功能成本系数。其计算公式为：

$$某功能成本系数 = \frac{某功能现实成本 C_i}{所有功能现实成本合计 \sum C_i}$$

表 11-6 所示就是一个产品的目前成本分摊表。有时功能成本难以从统计资料中直接得到，可请有经验的人员估算。

表 11-6　目前成本分摊表

序号	零件名称	目前成本	F_{11}	F_{12}	F_{13}	F_2	F_{31}	F_{32}	F_{33}	F_{34}	F_{41}	F_{42}	F_5
1	A	0.10					0.06				0.04		
2	B	0.15					0.04			0.11			
3	C	0.61					0.20				0.18	0.23	
4	D	0.17				0.17							
5	E	0.05											0.05
6	F	0.35							0.15				0.20
7	G	0.97						0.33		0.64			
8	H	1.89	0.34	0.51	0.71	0.33							
9	I	0.73	0.20				0.31				0.22		
10	J	0.53		0.17	0.17				0.19				
11	K	0.21	0.07			0.14							
12	L	0.33		0.21			0.12						
13	M	0.51			0.31			0.10					0.10
合计		6.60	0.61	0.89	1.19	0.64	0.73	0.43	0.34	0.75	0.44	0.23	0.35

11.4.3　价值 V 的确定

根据功能值和对应的目前成本，或者根据功能评价系数和对应的成本系数，我们可以确定价值 V（或称价值系数）。为了使各功能域的价值系数一目了然，可将功能系统图与价值系数计算结合在一起。如表 11-7 所示，我们列出了功能重要度系数、功能值（目标成本）、目前成本、价值系数、预计成本可降低额等几项内容来较全面地反映。

表 11-7　价值计算表

末位功能	功能重要度系数	功能值	目前成本	价值系数	预计成本可降低额
$F11$	0.089	0.64	0.61	1.05	
$F12$	0.120	0.78	0.89	0.88	0.11
$F13$	0.195	1.27	1.19	1.07	

末位功能	功能重要度系数	功能值	目前成本	价值系数	预计成本可降低额
$F2$	0.092	0.60	0.64	0.94	0.04
$F31$	0.129	0.84	0.73	1.15	
$F32$	0.054	0.35	0.43	0.81	0.08
$F33$	0.055	0.36	0.34	1.06	
$F34$	0.109	0.71	0.75	0.95	0.04
$F41$	0.068	0.44	0.44	1.00	
$F42$	0.031	0.20	0.23	0.86	0.03
$F5$	0.049	0.32	0.35	0.91	0.03
合计					0.03

功能评价得出的价值 V 值范围有三种可能，$V=1$，$V>1$，$V<1$，对这三种情况要区别对待。

（1）$V=1$ 这种情况很少见，此时 $C=F$，即实现功能的目前成本与实现功能的目标成本相符合。表明功能和成本匹配很好，是一种理想状况，对它可以不重点研究改进。

（2）$V>1$ 对象的成本比重小于其功能比重，即功能大于成本，从原理上讲，这是不可能的，但在功能评价中确有这种现象。它可能由以下原因引起。

① 由于现实成本偏低，目标成本定得过高，致使不能满足评价对象实现其应具有的功能的要求，致使对象功能偏低。这种情况应列为改进对象，改善方向是增加成本。

② 对某些功能的重要度系数估计偏高，使功能值过高，或对象目前具有的功能已经超过了其应该具有的水平，即存在过剩功能。这种情况应列为改进对象，改善方向是降低功能水平。

③ 对象在技术、经济等方面具有某些特征，在客观上存在着功能很重要而需要消耗的成本却很少的情况，这种情况一般就不必列为改进对象了；或者用户对功能有更高的要求，要在功能重要度系数分配时加大比重，在这种情况下，需要改进、完善手段，使成本上升，V 值下降。

（3）$V<1$ 表明实现功能的现实成本大于实现功能的目标成本，即实现对象功能的目前成本偏高。这存在两种可能：一种可能是由于目前功能过剩，以致成本过高；另一种可能未功能过剩，但实现功能的条件或方法不佳，以致成本投入大于功能实现的需要，有降低成本的潜力，这应列为 VE 的重点对象，以剔除过剩功能或改善实现功能的方法和条件，而降低成本。

根据国外的经验，当价值系数 $V_i>3$ 或 $V_i<0.5$ 时，可作为价值工程的重点分析对象。

11.5 改进和创新

11.5.1 方案创新

一般的创造活动要经过准备、酝酿、顿悟、验证四个阶段，甚至于要反馈、循环。价值工程方案的创新，是在功能分析和功能评价后，通过创新思维，运用各种创新技术方法，尽可能探索与构思种种可行性设想方案。经过搜集有关信息、详细的试验研究和必要的评价，再确定一个最优方案,最后付诸实施并不断反馈调整,其基本过程可表示为图 11-9。

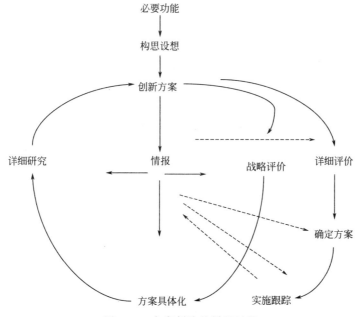

图 11-9 方案创造的循环过程

11.5.1.1 方案创造的方法

在自然科学和社会科学的创造性活动中,使用的创造方法有很多,有人统计其有 100 多种,对不同目的、不同性质的问题应采取的创造方法也有不同。在价值工程中更应如此,要充分发挥人们的想象力和创造力,构思经济技术效果显著的方案,我们常用以下创新方法。

(1)头脑风暴法 1938 年,美国学者阿历克斯·奥斯本首次提出头脑风暴法,其特点是让与会者敞开思想,使各种设想在相互碰撞中激起脑海的创造性风暴,是一种集体开发创造性思维的方法。

组织头脑风暴法关键在于:①确定议题,会前确定一个目标,使与会者明确需要解决的问题,同时不限制可能的解决方案的范围;②会前准备,会前收集一些资料预先给大家参考,以便与会者了解与议题有关的背景材料和外界动态,参与者会前对于要解决的问题一定要有所了解,适当布置有利的会场环境;③确定人选,一般以 8~12 人为宜,也可略有增减;其他方面要明确工作人员分工、规定参与纪律、掌握会议时间等。

头脑风暴法要有充分、非评价性、无偏见的交流,具体在以下几点:①自由畅谈,参与者要放松思想,从不同角度、不同层次、不同方位大胆地展开想象,尽可能提出独创性的想法;②延迟评判,坚持当场不对任何设想做出评判,一切评判要延迟到会议结束后的处理阶段进行;③禁止批评,会议参与者不得对别人的设想提出批评意见,也禁止自我批评或自谦,以免影响自由畅想;④追求数量,参加会议的每个人都要多思考、多提设想,设想的质量留到会后的设想处理阶段解决;⑤改善组合,会议要鼓励与会者思考别人的创意,在别人的基础上发展和提炼出新的创意。

(2)名义群体法 名义群体法在决策制定过程中限制讨论,像传统的委员会会议一样,群体成员必须出席,但是每个成员保持独立思考。具体要经过以下步骤。

① 成员集合成一个群体,但在进行任何讨论之前,每个成员独立地写下他对问题的

看法。

② 经过一段沉默后，每个成员将自己的想法提交给群体。然后一个接一个地向大家说明自己的想法，直到每个人的想法都表述完并记录下来为止。在所有的想法都记录下来之前不进行讨论。

③ 群体现在开始讨论，以便把每种想法都搞清楚，并做出评价。

④ 每个群体成员独立地把各种想法排出次序，最后的决策是综合排序最高的想法。

名义群体法与尖端的计算机技术相结合就是电子会议法。

（3）德尔菲法　德尔菲法是根据专家的经验和判断进行预测，通过邀请精通业务、经验丰富的专家，组成专家小组，人数一般在 10 人以上，随着预测问题的不同而调整专家小组规模。其基本步骤如下。

① 确定问题，通过一系列仔细设计的问卷，要求专家小组成员提供可能的解决方案。

② 每一个专家小组成员匿名、独立地完成第一组问卷。

③ 第一组问卷的结果集中在一起编辑、誊写和复制。

④ 每个成员收到一本问卷结果的复制件。

⑤ 看过结果后，再次请成员提出他们的方案。第一轮的结果常常是激发出新的方案或改变某些人的原有观点。

⑥ 重复第④、⑤步直到取得大体上一致的意见。

此法应严格把握它的三个特点：匿名性、反馈性、收敛性。目前该方法应用十分广泛。

（4）组合法　组合法是一种将两种或多种原理、方法、功能、工艺等事物有机地结合在一起，从而获得具有新原理、新方法、新功能、新工艺或新方案的创新方法。

该方法将两个或多个有关的技术因素，通过巧妙的结合或重组而获得具有统一结构的整体及功能协调的新产品、新材料或新工艺的组合，甚至可不受学科、领域限制的信息的汇合、事物的结合、过程的排列。不管是日常的具体事物方法，还是复杂系统或无形事物的组合均可。

11.5.1.2　功能分析与改进创新

价值工程的工作过程是一个推陈出新的过程。它通过否定现有的实现功能的手段，寻找实现功能的新手段，通过创造和提高达到功能重新实现。从功能分析进入创新就是从发现问题过渡到解决问题。发现问题，为创新准备条件的功能分析三阶段（功能定义、功能整理、功能评价）具有相对的独立性，从其中的任一阶段开始进入不同阶段，改进、创新的结果会有差别。但是，在初次开展这项工作，缺乏经验和专家指导的情况下，为简化步骤，便于施行，也不必拘泥于价值工程的完整程序，同时，有些简单的分析对象也不必做复杂的分析。

具体从功能分析的不同阶段着手改进与创新的问题，可按以下思路展开。

（1）通过功能定义，着手改进创新　功能定义已经概括、抽象出了分析对象的功能，为方案创新提供了条件。从功能定义着手，进行改进创新是针对某一功能的，其对象可以是整个产品，也可以是某些零部件。为便于进行，可采用提问方式，所列的问题要通俗、容易理解。提问的多少和细化程度可根据具体情况确定。最基本的问题包括以下几个。

① 这是什么？

② 功能是什么？

③ 用于何地？

④ 使用要求是什么？

⑤ 有无其他方式?

⑥ 新方式对功能有何影响?

⑦ 哪种方式好?

用提问的方法，明确问题，引起思考，可以使价值工程程序通俗化，易于为人们掌握、应用，对价值工程的推广应用很有意义。

（2）通过功能整理，着手改进创新　经过功能定义和功能整理，对分析对象的个别功能和功能系统有了清楚的了解，这时的改进创新就能以功能系统图为基础进行。

一般功能系统图与零部件实体有对应关系（图 11-5）。出现不能对应时，常有以下三种可能和应对措施。

① 功能系统图画得不正确或零部件功能定义不恰当，此时应重新修正功能定义和功能系统图。

② 原产品的功能不够完全，功能系统图上的功能没有相应的零部件实体来实现。此时应完善手段，达到所需要的功能要求。

③ 存在不必要的功能，也就是零件实体在功能系统图上找不到相应的位置。此时在功能系统图的末位功能上注出对应的零件名称或代号，当功能系统图上找不到某一零件时，就应研究该零件是否属于多余；或分别研究功能与对应的实体，看是否存在重复或过剩功能。功能是重复的，可以去掉，从而可以减少相应的零件。

不必要功能一般能与必要功能分离，从而可保留必要功能，去掉不必要功能。但有些不必要功能难以和必要功能分离。如果去掉了不必要功能，必要功能也不复存在。例如，白炽灯的主要必要功能是发光，而发光却和发热这一不必要功能共存。要解决这一类不必要功能，一般需要根本改变设计原理，创造出全新的产品来。例如，日光灯发热很少，较之白炽灯电能得到了更有效的利用。

（3）按功能评价结果有重点地进行改进创新　功能评价完成后，功能系统分析就有了最后结果，分析结果可以抓住薄弱环节，有目的、有重点地改进创新。

理论上在功能系统图上任何一级改进都可提高价值，但实际中，改进的多少和取得效果却有不同。越接近功能系统图的末端，改进的余地越小，效果越小；越接近功能系统图的零级功能，改进的余地越大，效果越显著。因此，产品设计的改进比加工上的改进效果更显著，产品设计的精益求精，对企业相当重要。

11.5.1.3　方案的具体化

通过创新而构思出来的初步改进方案，大体上是很抽象的启发性设想，需按特性进行分类、归纳、整理、补充完善，经具体化使之形成实质性的替代方案。

（1）方案的具体化的内容　方案的具体化是对那些经过概略粗选得到的比较粗糙的设想方案进行调查和改善。即调查和分析其优缺点，寻求克服缺点的途径，具体充实方案的实施方法、结构形式、组成要素等各方面的内容。在具体化过程中，一方面要继续收集有关资料、情报；另一方面要将这些方案进一步提高及完善。

（2）方案的具体制订　在方案的具体化中，往往可将功能系统图与产品结构系统图联系起来，研究设计结构系统。首先，沿横向箭头方向对每个功能区经概略评价筛选后保留下来的设想方案进行结构设计；然后，对每一种有价值的结构设计提出各种可供选择使用的材料和加工、装配方法；最后，再沿纵向箭头对多种结构、材料及加工、装配方法进行优化组合，从中选择几个较好的组合方案，作为备选的替代方案，供下一步评价、优选之用。

11.5.2 方案评价

方案评价就是评定方案的优劣。衡量优劣的标准当然是价值的高低，而不仅仅是功能或成本的优劣，即应以功能成本比作为最终的评价标准。方案评价的内容包括技术评价、经济评价和社会评价等内容，经过概略评价和详细评价两个步骤。

11.5.2.1 概略评价

概略评价包括技术、经济和社会三个方面的影响因素。不同性质的方案，有不同的概略评价内容。一般可从以下几个方面分析。

（1）技术评价 技术评价方面考虑能否满足使用者的功能要求，满足程度如何，目前或将来是否具备必要的技术条件等。

（2）经济评价 经济评价方面考虑能否降低寿命周期成本，能否增加经济效益，有无足够的财力，有无资金来源等。

（3）社会评价 社会评价方面是否符合国家政策、法令及有关规定，能否最有效地利用资源，有无造成环境污染或破坏生态平衡等弊端，对整个国民经济有无不利影响。

11.5.2.2 详细评价

详细评价是对经过粗选和具体化整理出来的几个替代方案，从技术、经济、社会三个方面进行详细的可行性分析研究以及综合评价，从而确定准备实施的方案。

（1）社会评价 社会评价是从整个社会的持续发展和长远利益来看，全面系统地分析评价方案实施后给社会带来的各种效应，确定各种效应的质与量，以判别方案的优劣。其内容一般可从以下几个方面考虑。

① 政治法律方面。是否遵守了政府及有关部门的方针、政策和规定，是否符合国家的法律、法规、法令，以及符合有关的发展规划。

② 资源环境方面。是否符合资源的优化配置，是否符合自然资源、能源的合理开发和综合利用，是否影响生存环境、有利于防止环境污染、保护生态平衡。

③ 用户利益方面。是否符合用户的宗教信仰、价值观念、风俗习惯，对身体健康、心理状态的影响。

④ 其他方面。是否促进地区就业、优化产业布局、带动地区经济、促进科技进步、发展文化教育、改善道德风尚、加速对外贸易。

（2）经济评价 经济评价包括财务评价和国民经济评价。财务评价主要从盈利能力和清偿能力两个方面分析。盈利能力分析方面若对全部投资，可用动态的和静态的指标，如净现值、内部收益率、投资回收期、总投资收益率等指标；若对资本金，则用净现值、内部收益率和项目资本金净利润率等指标。清偿能力分析常用利息备付率、偿债备付率、资产负债率、流动比率和速动比率等指标。

国民经济评价则主要分析盈利能力，使用经济净现值、经济内部效益率、效益费用比等指标。

（3）技术评价 技术评价是从技术效果方面研究方案产生的影响，评价其利弊。技术评价基本思路包括：收集有关资料，明确技术效果的性质和类型；分析可能产生的直接和间接的影响；然后整理挑选出不允许存在的影响；最后制定出消除非容忍性影响带来的危害的对策。

技术评价的主要内容包括：技术性能、可靠性、安全性、美观性、易生产性，方案实现的可能性，产品的装配、搬运的方便性，各种物资供应情况。

（4）综合评价　综合评价是在技术评价、经济评价和社会评价的基础上，对方案进行综合性的全面评价与审查，确定方案的总体价值水平，并在每个替代方案中选择一个价值高的方案作为改善方案。

① 评价的一般程序

a. 确定评价方案优劣的因素或指标。

b. 根据指标的重要程度排序或确定因素的重要性比分。

c. 分析每个方案对每一指标或因素的满足程度。

d. 根据指标的重要程度和对每一指标或因素的满足程度，评定方案的总体价值。

e. 选择总体审阅价值最大的方案作为最优方案。

② 常用的方法　常用的综合评价方法有定性与定量两类方法。定性方法主要有德尔菲法和优缺点列举法。定量方法主要有以下几种。

a. 加法评分法。加法评分法的思路是先将评价项目按目标实现程度分为若干等级，并明确规定各等级的评分标准；然后根据各方案对各评价项目的实现程度，按标准打分，最后汇总各方案得分总数，根据各方案总分的高低确定其价值大小，选择价值最大的方案为最优方案。

这种方法评价的主要项目有产品性能、产品销路、预计盈利率、年节约净额、现有生产条件适应程度、环境污染等，各项目的权重依具体情况确定。

b. 连乘评分法。连乘评分法与加法评分法类似，将评价项目按目标实现程度分为若干等级，并明确规定各等级的评分标准；然后根据各方案对各评价项目的实现程度，按标准打分；最后通过连乘，以乘积为各方案得分总数，根据各方案总分的高低确定其价值大小，选择价值最大的方案为最优方案。

这种方法设计的主要项目有功能满足程度、相对成本、产品销路、追加投资情况、与国家社会企业规划适应度等。

c. 定量评分法。定量评分法适用于功能复杂的产品。具体做法是先把产品的功能排列起来，用一对一比较，求出功能评分；然后把可供选择的方案排列起来，评定各方案对每一功能的满足程度，得到满足系数。充分满足的为 10 分，其余依情况确定。各功能评分与满足系数之和即为各个方案的总分。总分越高，表明对功能要求的满足程度越高。

若定量评分法与优缺点列举法结合使用，先用定量评分法，再用优缺点列举法，则效果更佳。

11.5.3　方案的审核、编写

（1）方案审核　为确保经过分析评价后的方案可行和达到提高价值目标，必须对方案进行全面的测试、核查。主要审核以下内容。

① 方案能否可靠地实现使用者所要求的功能？实现程度如何？

② 方案的技术可行性如何？根据如何？

③ 方案的寿命周期成本是否最低？根据如何？

④ 方案是否达到目标成本预期值和经济效益的要求？

⑤ 方案实施所需的人力、物力、财力有无保障？能否解决？

⑥ 方案对环境的适应程度？

（2）提案编写　方案经审核后，应将方案及有关技术、经济资料和预期的效益编写成正式提案，向有关部门呈报。

提案的编写应注意如下几个方面。

① 内容要简明扼要。提案内容主要包括：改善对象的名称、现状，改善的原因与效果，改善后达到的各项目标（含功能水平、成本水平、功能满足度）。

② 提案的形式要适当。提案主要可采用价值工程提案表（表 11-8）的形式、提案发表会和提案报告会的形式，如有必要需试验报告、评价资料和必要的设计图纸。

表 11-8　价值工程提案表

价值工程对象名称：							提案编号：		
图号或产品号：		零部件名称：					采用数量（年计划产量）：		
功能（动词）				功能（名词）					
改进要点：									
草图									
现状			改进方案						
预计初期投资额	费用项目	设计费	试制费	试验费	工装模具费	评价费	损失费		合计
	时间								
	金额/元								
成本/元	成本项目	设计费	材料费	加工费	"三废"处理费	能源费	运输费	管理费	外协费	合计
	目前成本								
	改进方案成本								
效益估算	改进方案成本与目前成本的差额： 总计数量： 年节约总额： 初期投资额： 年净节约额：								
价值工程小组名称：				小组成员：					

③ 提案说服力要强。要尊重审阅者，能引起其兴趣和重视，并从审阅者的角度论述提高价值的经济性和可行性，突出强调目标及实现途径预期效益。

提案上报以后，主管部门应对提案组织审查，并由负责人根据审查结果签署是否实施意见，若采纳，则根据具体条件和提案内容，制订实施计划组织实施，并指定专人在实施过程中跟踪检查，记录全过程的有关数据资料，必要时，可再次召集价值工程小组提出新的方案，提案实施后的技术经济效果应进行成果鉴定。

 思考题

1. 价值工程的对象应如何选择？

2. 试述功能系统分析的思路。

3. 对功能评价求得的价值应如何分析？

4. 如何从功能分析的不同阶段着手方案的改进和创新？

附　录

附录1　复利系数表

复利系数表（$i=3\%$）

n	一次支付		等额序列				等差序列		n
	$(F/P,i,n)$	$(P/F,i,n)$	$(F/A,i,n)$	$(A/F,i,n)$	$(P/A,i,n)$	$(A/P,i,n)$	$(P/G,i,n)$	$(A/G,i,n)$	
1	1.030 00	0.970 87	1.000 00	1.000 00	0.970 87	1.030 00	0.000 00	0.000 00	1
2	1.060 90	0.942 60	2.030 00	0.492 61	1.913 47	0.522 61	0.942 60	0.492 61	2
3	1.092 73	0.915 14	3.090 90	0.323 53	2.828 61	0.353 53	2.772 88	0.980 30	3
4	1.125 51	0.888 49	4.183 63	0.239 03	3.717 10	0.269 03	5.438 34	1.463 06	4
5	1.159 27	0.862 61	5.309 14	0.188 35	4.579 71	0.218 35	8.888 78	1.940 90	5
6	1.194 05	0.837 48	6.468 41	0.154 60	5.417 19	0.184 60	13.076 20	2.413 83	6
7	1.229 87	0.813 09	7.662 46	0.130 51	6.230 28	0.160 51	17.954 75	2.881 85	7
8	1.266 77	0.789 41	8.892 34	0.112 46	7.019 69	0.142 46	23.480 61	3.344 96	8
9	1.304 77	0.766 42	10.159 11	0.098 43	7.786 11	0.128 43	29.611 94	3.803 18	9
10	1.343 92	0.744 09	11.463 88	0.087 23	8.530 20	0.117 23	36.308 79	4.256 50	10
11	1.384 23	0.722 42	12.807 80	0.078 08	9.252 62	0.108 08	43.533 00	4.704 94	11
12	1.425 76	0.701 38	14.192 03	0.070 46	9.954 00	0.100 46	51.248 18	5.148 50	12
13	1.468 53	0.680 95	15.617 79	0.064 03	10.634 96	0.094 03	59.419 60	5.587 20	13
14	1.512 59	0.661 12	17.086 32	0.058 53	11.296 07	0.088 53	68.014 13	6.021 04	14
15	1.557 97	0.641 86	18.598 91	0.053 77	11.937 94	0.083 77	77.000 20	6.450 04	15
16	1.604 71	0.623 17	20.156 88	0.049 61	12.561 10	0.079 61	86.347 70	6.874 21	16
17	1.652 85	0.605 02	21.761 59	0.045 95	13.166 12	0.075 95	96.027 96	7.293 57	17
18	1.702 43	0.587 39	23.414 44	0.042 71	13.753 51	0.072 71	106.013 67	7.708 12	18
19	1.753 51	0.570 29	25.116 87	0.039 81	14.323 80	0.069 81	116.278 82	8.117 88	19
20	1.806 11	0.553 68	26.870 37	0.037 22	14.877 47	0.067 22	126.798 66	8.522 86	20
21	1.860 29	0.537 55	28.676 49	0.034 87	15.415 02	0.064 87	137.549 64	8.923 09	21

n	一次支付		等额序列				等差序列		n
	$(F/P,i,n)$	$(P/F,i,n)$	$(F/A,i,n)$	$(A/F,i,n)$	$(P/A,i,n)$	$(A/P,i,n)$	$(P/G,i,n)$	$(A/G,i,n)$	
22	1.916 10	0.521 89	30.536 78	0.032 75	15.936 92	0.062 75	148.509 39	9.318 58	22
23	1.973 59	0.506 69	32.452 88	0.030 81	16.443 61	0.060 81	159.656 61	9.709 34	23
24	2.032 79	0.491 93	34.426 47	0.029 05	16.935 54	0.059 05	170.971 08	10.095 40	24
25	2.093 78	0.477 61	36.459 26	0.027 43	17.413 15	0.057 43	182.433 62	10.476 77	25
26	2.156 59	0.463 69	38.553 04	0.025 94	17.876 84	0.055 94	194.025 98	10.853 48	26
27	2.221 29	0.450 19	40.709 63	0.024 56	18.327 03	0.054 56	205.730 90	11.225 54	27
28	2.287 93	0.437 08	42.930 92	0.023 29	18.764 11	0.532 90	217.531 97	11.592 98	28
29	2.356 57	0.424 35	45.218 85	0.022 11	19.188 45	0.052 11	229.413 67	11.955 82	29
30	2.427 26	0.411 99	47.575 42	0.021 02	19.600 44	0.051 02	241.361 29	12.314 07	30

复利系数表（$i=4\%$）

n	一次支付		等额序列				等差序列		n
	$(F/P,i,n)$	$(P/F,i,n)$	$(F/A,i,n)$	$(A/F,i,n)$	$(P/A,i,n)$	$(A/P,i,n)$	$(P/G,i,n)$	$(A/G,i,n)$	
1	1.040 00	0.961 54	1.000 00	1.000 00	0.961 54	1.040 00	0.000 00	0.000 00	1
2	1.081 60	0.924 56	2.040 00	0.490 20	1.886 09	0.530 20	0.924 56	0.490 20	2
3	1.124 86	0.889 00	3.121 60	0.320 35	2.775 09	0.360 35	2.702 55	0.973 86	3
4	1.169 86	0.854 80	4.246 46	0.235 49	3.629 90	0.275 49	5.266 96	1.451 00	4
5	1.216 65	0.821 93	5.416 32	0.184 63	4.451 82	0.224 63	8.554 67	1.921 61	5
6	1.265 32	0.790 31	6.632 98	0.150 76	5.242 14	0.190 76	12.502 64	2.385 71	6
7	1.315 93	0.759 92	7.898 29	0.126 61	6.002 05	0.166 61	17.065 75	2.843 32	7
8	1.368 57	0.730 69	9.214 23	0.108 53	6.732 74	0.148 53	22.180 58	3.294 43	8
9	1.423 31	0.702 59	10.582 80	0.094 49	7.435 33	0.134 49	27.801 27	3.739 08	9
10	1.480 24	0.675 56	12.006 11	0.083 29	8.110 90	0.123 29	33.881 35	4.177 26	10
11	1.539 45	0.649 58	13.486 35	0.074 15	8.760 48	0.114 15	40.377 16	4.609 01	11
12	1.601 03	0.624 60	15.025 81	0.066 55	9.385 07	0.106 55	47.247 73	5.034 35	12
13	1.665 07	0.600 57	16.626 84	0.060 14	9.985 65	0.100 14	54.454 62	5.453 29	13
14	1.731 68	0.577 48	18.291 91	0.054 67	10.563 12	0.094 67	61.961 79	5.865 86	14
15	1.800 94	0.555 26	20.023 59	0.049 94	11.118 39	0.089 94	69.735 50	6.272 09	15
16	1.872 98	0.533 91	21.824 53	0.045 82	11.652 30	0.085 82	77.744 12	6.672 00	16
17	1.947 90	0.513 37	23.697 51	0.042 20	12.165 67	0.082 20	85.958 09	7.065 63	17
18	2.025 82	0.493 63	25.645 41	0.038 99	12.659 30	0.078 99	94.349 77	7.453 00	18
19	2.106 85	0.474 64	27.671 23	0.036 14	13.133 94	0.076 14	102.893 33	7.834 16	19
20	2.191 12	0.456 39	29.778 08	0.033 58	13.590 33	0.073 58	111.564 49	8.209 12	20
21	2.278 77	0.438 83	31.969 20	0.031 28	14.029 16	0.071 28	120.341 36	8.577 94	21
22	2.369 92	0.421 96	34.247 97	0.029 20	14.451 12	0.069 20	129.202 42	8.940 65	22
23	2.464 72	0.405 73	36.617 89	0.027 31	14.856 84	0.067 31	138.128 40	9.297 29	23

续表

n	一次支付		等额序列				等差序列		n
	$(F/P,i,n)$	$(P/F,i,n)$	$(F/A,i,n)$	$(A/F,i,n)$	$(P/A,i,n)$	$(A/P,i,n)$	$(P/G,i,n)$	$(A/G,i,n)$	
24	2.563 30	0.390 12	39.082 60	0.025 59	15.246 96	0.065 59	147.101 19	9.647 90	24
25	2.665 84	0.375 12	41.645 91	0.024 01	15.622 08	0.064 01	156.104 00	9.992 52	25
26	2.772 47	0.360 69	44.311 74	0.022 57	15.982 77	0.062 57	165.121 23	10.331 20	26
27	2.883 37	0.346 82	47.084 21	0.021 24	16.329 59	0.061 24	174.138 46	10.663 99	27
28	2.998 70	0.333 48	49.967 58	0.020 01	16.663 06	0.060 01	183.142 35	10.990 92	28
29	3.118 65	0.320 65	52.966 29	0.018 88	16.983 71	0.058 88	192.120 59	11.312 05	29
30	3.243 40	0.308 32	56.084 94	0.017 83	17.292 03	0.057 83	201.061 83	11.627 43	30

复利系数表（$i=5\%$）

n	一次支付		等额序列				等差序列		n
	$(F/P,i,n)$	$(P/F,i,n)$	$(F/A,i,n)$	$(A/F,i,n)$	$(P/A,i,n)$	$(A/P,i,n)$	$(P/G,i,n)$	$(A/G,i,n)$	
1	1.050 00	0.952 38	1.000 00	1.000 00	0.952 38	1.050 00	0.000 00	0.000 00	1
2	1.102 50	0.907 03	2.050 00	0.487 80	1.859 41	0.537 80	0.907 03	0.487 80	2
3	1.157 63	0.863 84	3.152 50	0.317 21	2.723 25	0.367 21	2.634 70	0.967 49	3
4	1.215 51	0.822 70	4.310 13	0.232 01	3.545 95	0.282 01	5.102 81	1.439 05	4
5	1.276 28	0.783 53	5.525 63	0.180 97	4.329 48	0.230 97	8.236 92	1.902 52	5
6	1.340 10	0.746 22	6.801 91	0.147 02	5.075 69	0.197 02	11.967 99	2.357 90	6
7	1.407 10	0.710 68	8.142 01	0.122 82	5.786 37	0.172 82	16.232 08	2.805 23	7
8	1.477 46	0.676 84	9.549 11	0.104 72	6.463 21	0.154 72	20.969 96	3.244 51	8
9	1.551 33	0.644 61	11.026 56	0.090 69	7.107 82	0.140 69	26.126 83	3.675 79	9
10	1.628 89	0.613 91	12.577 89	0.079 50	7.721 73	0.129 50	31.652 05	4.099 09	10
11	1.710 34	0.584 68	14.206 79	0.070 39	8.306 41	0.120 39	37.498 84	4.514 44	11
12	1.795 86	0.556 84	15.917 13	0.062 83	8.863 25	0.112 83	43.624 05	4.921 90	12
13	1.885 65	0.530 32	17.712 98	0.056 46	9.393 57	0.106 46	49.987 91	5.321 50	13
14	1.979 93	0.505 07	19.598 63	0.051 02	9.898 64	0.101 02	56.553 79	5.713 29	14
15	2.078 93	0.481 02	21.578 56	0.046 34	10.379 66	0.096 34	63.288 03	6.097 31	15
16	2.182 87	0.458 11	23.657 49	0.042 27	10.837 77	0.092 27	70.159 70	6.473 63	16
17	2.292 02	0.436 30	25.840 37	0.038 70	11.274 07	0.088 70	77.140 45	6.842 29	17
18	2.406 62	0.415 52	28.132 38	0.035 55	11.689 59	0.085 55	84.204 30	7.203 36	18
19	2.526 95	0.395 73	30.539 00	0.032 75	12.085 32	0.082 75	91.327 51	7.556 90	19
20	2.653 30	0.376 89	33.065 95	0.030 24	12.462 21	0.080 24	98.488 41	7.902 97	20
21	2.785 96	0.358 94	35.719 25	0.028 00	12.821 15	0.078 00	105.667 26	8.241 64	21
22	2.925 26	0.341 85	38.505 21	0.025 97	13.163 00	0.075 97	112.846 11	8.572 98	22
23	3.071 52	0.325 57	41.430 48	0.024 14	13.488 57	0.074 14	120.008 68	8.897 06	23
24	3.225 10	0.310 07	44.502 00	0.022 47	13.798 64	0.072 47	127.140 24	9.213 97	24
25	3.386 35	0.295 30	47.727 10	0.020 95	14.093 94	0.070 95	134.227 51	9.523 77	25

n	一次支付		等额序列				等差序列		n
	$(F/P,i,n)$	$(P/F,i,n)$	$(F/A,i,n)$	$(A/F,i,n)$	$(P/A,i,n)$	$(A/P,i,n)$	$(P/G,i,n)$	$(A/G,i,n)$	
26	3.555 67	0.281 24	51.113 45	0.019 56	14.375 19	0.069 56	141.258 52	9.826 55	26
27	3.733 46	0.267 85	54.669 13	0.018 29	14.643 03	0.068 29	148.222 58	10.122 40	27
28	3.920 13	0.255 09	58.402 58	0.017 12	14.898 13	0.067 12	155.110 11	10.411 38	28
29	4.116 14	0.242 95	62.322 71	0.016 05	15.141 07	0.066 05	161.912 61	10.693 60	29
30	4.321 94	0.231 38	66.438 85	0.015 05	15.372 45	0.065 05	168.622 55	10.969 14	30

复利系数表 ($i＝6\%$)

n	一次支付		等额序列				等差序列		n
	$(F/P,i,n)$	$(P/F,i,n)$	$(F/A,i,n)$	$(A/F,i,n)$	$(P/A,i,n)$	$(A/P,i,n)$	$(P/G,i,n)$	$(A/G,i,n)$	
1	1.060 00	0.943 40	1.000 00	1.000 00	0.943 40	1.060 00	0.000 00	0.000 00	1
2	1.123 60	0.890 00	2.060 00	0.485 44	1.833 39	0.545 44	0.890 00	0.485 44	2
3	1.191 02	0.839 62	3.183 60	0.314 11	2.673 01	0.374 11	2.569 24	0.961 18	3
4	1.262 48	0.792 09	4.374 62	0.228 59	3.465 11	0.288 59	4.945 52	1.427 23	4
5	1.338 23	0.747 26	5.637 09	0.177 40	4.212 36	0.237 40	7.934 55	1.883 63	5
6	1.418 52	0.704 96	6.975 32	0.143 36	4.917 32	0.203 36	11.459 35	2.330 40	6
7	1.503 63	0.665 06	8.393 84	0.119 14	5.582 38	0.179 14	15.449 69	2.767 58	7
8	1.593 85	0.627 41	9.897 47	0.101 04	6.209 79	0.161 04	19.841 58	3.195 21	8
9	1.689 48	0.591 90	11.491 32	0.087 02	6.801 69	0.147 02	24.576 77	3.613 33	9
10	1.790 85	0.558 39	13.180 79	0.075 87	7.360 09	0.135 87	29.602 32	4.022 01	10
11	1.898 30	0.526 79	14.971 64	0.066 79	7.886 87	0.126 79	34.870 20	4.421 29	11
12	2.012 20	0.496 97	16.869 94	0.059 28	8.383 84	0.119 28	40.336 86	4.811 26	12
13	2.132 93	0.468 84	18.882 14	0.052 96	8.852 68	0.112 96	45.962 39	5.191 98	13
14	2.260 90	0.442 30	21.015 07	0.047 58	9.294 98	0.107 58	51.712 84	5.563 52	14
15	2.396 56	0.417 27	23.275 97	0.042 96	9.712 25	0.102 96	57.554 55	5.925 98	15
16	2.540 35	0.393 65	25.672 53	0.038 95	10.105 90	0.098 95	63.459 25	6.279 43	16
17	2.692 77	0.371 36	28.212 88	0.035 44	10.477 26	0.095 44	69.401 08	6.623 97	17
18	2.854 34	0.350 34	30.905 65	0.032 36	10.827 60	0.092 36	75.356 92	6.959 70	18
19	3.025 60	0.330 51	33.759 99	0.029 62	11.158 12	0.089 62	81.306 15	7.286 73	19
20	3.207 14	0.311 80	36.785 59	0.027 18	11.469 92	0.087 18	87.230 44	7.605 15	20
21	3.399 56	0.294 16	39.992 73	0.025 00	11.764 08	0.085 00	93.113 55	7.915 08	21
22	3.603 54	0.277 51	43.392 29	0.023 05	12.041 58	0.083 05	98.941 16	8.216 62	22
23	3.819 75	0.261 80	46.995 83	0.021 28	12.303 38	0.081 28	104.700 70	8.509 91	23
24	4.048 93	0.246 98	50.815 58	0.019 68	12.550 36	0.079 68	110.381 21	8.795 06	24
25	4.291 87	0.233 00	54.864 51	0.018 23	12.783 36	0.078 23	115.973 17	9.072 20	25
26	4.549 38	0.219 81	59.156 38	0.016 90	13.003 17	0.076 90	121.468 42	9.341 45	26
27	4.822 35	0.207 37	63.705 77	0.015 70	13.210 53	0.075 70	126.859 99	9.602 94	27
28	5.111 69	0.195 63	68.528 11	0.014 59	13.406 16	0.074 59	132.142 00	9.856 81	28
29	5.418 39	0.184 56	73.639 80	0.013 58	13.590 72	0.073 58	137.309 59	10.103 19	29
30	5.743 49	0.174 11	79.058 19	0.012 65	13.764 83	0.072 65	142.358 79	10.342 21	30

复利系数表 （$i=7\%$）

n	一次支付		等额序列				等差序列		n
	$(F/P,i,n)$	$(P/F,i,n)$	$(F/A,i,n)$	$(A/F,i,n)$	$(P/A,i,n)$	$(A/P,i,n)$	$(P/G,i,n)$	$(A/G,i,n)$	
1	1.070 00	0.934 58	1.000 00	1.000 00	0.934 58	1.070 00	0.000 00	0.000 00	1
2	1.144 90	0.873 44	2.070 00	0.483 09	1.808 02	0.553 09	0.873 44	0.483 09	2
3	1.225 04	0.816 30	3.214 90	0.311 05	2.624 32	0.381 05	2.506 03	0.954 93	3
4	1.310 80	0.762 90	4.439 94	0.225 23	3.387 21	0.295 23	4.794 72	1.415 54	4
5	1.402 55	0.712 99	5.750 74	0.173 89	4.100 20	0.243 89	7.646 66	1.864 95	5
6	1.500 73	0.666 34	7.153 29	0.139 80	4.766 54	0.209 80	10.978 38	2.303 22	6
7	1.605 78	0.622 75	8.654 02	0.115 55	5.389 29	0.185 55	14.714 87	2.730 39	7
8	1.718 19	0.582 01	10.259 80	0.097 47	5.971 30	0.167 47	18.788 94	3.146 54	8
9	1.838 46	0.543 93	11.977 99	0.083 49	6.515 23	0.153 49	23.140 41	3.551 74	9
10	1.967 15	0.508 35	13.816 45	0.072 38	7.023 58	0.142 38	27.715 55	3.946 07	10
11	2.104 85	0.475 09	15.783 60	0.063 36	7.498 67	0.133 36	32.466 48	4.329 63	11
12	2.252 19	0.444 01	17.888 45	0.055 90	7.942 69	0.125 90	37.350 61	4.702 52	12
13	2.409 85	0.414 96	20.140 64	0.049 65	8.357 65	0.119 65	42.330 18	5.064 84	13
14	2.578 53	0.387 82	22.550 49	0.044 34	8.745 47	0.114 34	47.371 81	5.416 73	14
15	2.759 03	0.362 45	25.129 02	0.039 79	9.107 91	0.109 79	52.446 05	5.758 29	15
16	2.952 16	0.338 73	27.888 05	0.035 86	9.446 65	0.105 86	57.527 07	6.089 68	16
17	3.158 82	0.316 57	30.840 22	0.032 43	9.763 22	0.102 43	62.592 26	6.411 02	17
18	3.379 93	0.295 86	33.999 03	0.029 41	10.059 09	0.099 41	67.621 95	6.722 47	18
19	3.616 53	0.276 51	37.378 96	0.026 75	10.335 60	0.096 75	72.599 10	7.024 18	19
20	3.869 68	0.258 42	40.995 49	0.024 39	10.594 01	0.094 39	77.509 06	7.316 31	20
21	4.140 56	0.241 51	44.865 18	0.022 29	10.835 53	0.092 29	82.339 32	7.599 01	21
22	4.430 40	0.225 71	49.005 74	0.020 41	11.061 24	0.090 41	87.079 30	7.872 47	22
23	4.740 53	0.210 95	53.436 14	0.018 71	11.272 19	0.088 71	91.720 13	8.136 85	23
24	5.072 37	0.197 15	58.176 67	0.017 19	11.469 33	0.087 19	96.254 50	8.392 34	24
25	5.427 43	0.184 25	63.249 04	0.015 81	11.653 58	0.085 81	100.676 48	8.639 10	25
26	5.807 35	0.172 20	68.676 47	0.014 56	11.825 78	0.084 56	104.981 37	8.877 33	26
27	6.213 87	0.160 93	74.483 82	0.013 43	11.986 71	0.083 43	109.165 56	9.107 22	27
28	6.648 84	0.150 40	80.697 69	0.012 39	12.137 11	0.082 39	113.226 42	9.328 94	28
29	7.114 26	0.140 56	87.346 53	0.011 45	12.277 67	0.081 45	117.162 18	9.542 70	29
30	7.612 26	0.131 37	94.460 79	0.010 59	12.409 04	0.080 59	120.971 82	9.748 68	30

复利系数表（$i=8\%$）

n	一次支付		等额序列				等差序列		n
	$(F/P,i,n)$	$(P/F,i,n)$	$(F/A,i,n)$	$(A/F,i,n)$	$(P/A,i,n)$	$(A/P,i,n)$	$(P/G,i,n)$	$(A/G,i,n)$	
1	1.080 00	0.925 93	1.000 00	1.000 00	0.925 93	1.080 00	0.000 00	0.000 00	1
2	1.166 40	0.857 34	2.080 00	0.480 77	1.783 26	0.560 77	0.857 34	0.480 77	2
3	1.259 71	0.793 83	3.246 40	0.308 03	2.577 10	0.388 03	2.445 00	0.948 74	3
4	1.360 49	0.735 03	4.506 11	0.221 92	3.312 13	0.301 92	4.650 09	1.403 96	4
5	1.469 33	0.680 58	5.866 60	0.170 46	3.992 71	0.250 46	7.372 43	1.846 47	5
6	1.586 87	0.630 17	7.335 93	0.136 32	4.622 88	0.216 32	10.523 27	2.276 35	6
7	1.713 82	0.583 49	8.922 80	0.112 07	5.206 37	0.192 07	14.024 22	2.693 66	7
8	1.850 93	0.540 27	10.636 63	0.094 01	5.746 64	0.174 01	17.806 10	3.098 52	8
9	1.999 00	0.500 25	12.487 56	0.080 08	6.246 89	0.160 08	21.808 09	3.491 03	9
10	2.158 92	0.463 19	14.486 56	0.069 03	6.710 08	0.149 03	25.976 83	3.871 31	10
11	2.331 64	0.428 88	16.645 49	0.060 08	7.138 96	0.140 08	30.265 66	4.239 50	11
12	2.518 17	0.397 71	18.977 13	0.052 70	7.536 08	0.132 70	34.633 91	4.595 75	12
13	2.719 62	0.367 70	21.495 30	0.046 52	7.903 78	0.126 52	39.046 29	4.940 21	13
14	2.937 19	0.340 46	24.214 92	0.041 30	8.244 24	0.121 30	43.472 28	5.273 05	14
15	3.172 17	0.315 24	27.152 11	0.036 83	8.559 48	0.116 83	47.885 66	5.594 46	15
16	3.425 94	0.291 89	30.324 28	0.032 98	8.851 37	0.112 98	52.264 02	5.904 63	16
17	3.700 02	0.270 27	33.750 23	0.029 63	9.121 64	0.109 63	56.588 32	6.203 75	17
18	3.996 02	0.250 25	37.450 24	0.026 70	9.371 89	0.106 70	60.842 56	6.492 03	18
19	4.315 70	0.231 71	41.446 26	0.024 13	9.603 60	0.104 13	65.013 37	6.769 69	19
20	4.660 96	0.214 55	45.761 96	0.021 85	9.818 15	0.101 85	69.089 79	7.036 95	20
21	5.033 83	0.198 66	50.422 92	0.019 83	10.016 80	0.099 83	73.062 91	7.294 03	21
22	5.436 54	0.183 94	55.456 76	0.018 03	10.200 74	0.098 03	76.925 66	7.541 18	22
23	5.871 46	0.170 32	60.893 30	0.016 42	10.371 06	0.096 42	80.672 59	7.778 63	23
24	6.341 18	0.157 70	66.764 76	0.014 98	10.528 76	0.094 98	84.299 68	8.006 61	24
25	6.848 48	0.146 02	73.105 94	0.013 68	10.674 78	0.093 68	87.804 11	8.225 38	25
26	7.396 35	0.135 20	79.954 42	0.012 51	10.809 98	0.092 51	91.184 15	8.435 18	26
27	7.988 06	0.125 19	87.350 77	0.011 45	10.935 16	0.091 45	94.439 01	8.636 27	27
28	8.627 11	0.115 91	95.338 83	0.010 49	11.051 08	0.090 49	97.568 68	8.828 88	28
29	9.317 27	0.107 33	103.965 94	0.009 62	11.158 41	0.089 62	100.573 85	9.013 28	29
30	10.062 66	0.099 38	113.283 21	0.008 83	11.257 78	0.088 83	103.455 79	9.189 71	30

复利系数表 （$i = 10\%$）

n	一次支付		等额序列				等差序列		n
	$(F/P,i,n)$	$(P/F,i,n)$	$(F/A,i,n)$	$(A/F,i,n)$	$(P/A,i,n)$	$(A/P,i,n)$	$(P/G,i,n)$	$(A/G,i,n)$	
1	1. 100 00	0. 909 09	1. 000 00	1. 000 00	0. 909 09	1. 100 00	0. 000 00	0. 000 00	1
2	1. 210 00	0. 826 45	2. 100 00	0. 476 19	1. 735 54	0. 576 19	0. 826 45	0. 476 19	2
3	1. 331 00	0. 751 31	3. 310 00	0. 302 11	2. 486 85	0. 402 11	2. 329 08	0. 936 56	3
4	1. 464 10	0. 683 01	4. 641 00	0. 215 47	3. 169 87	0. 315 47	4. 378 12	1. 381 17	4
5	1. 610 51	0. 620 92	6. 105 10	0. 163 80	3. 790 79	0. 263 80	6. 861 80	1. 810 13	5
6	1. 771 56	0. 564 47	7. 715 61	0. 129 61	4. 355 26	0. 229 61	9. 684 17	2. 223 56	6
7	1. 948 72	0. 513 16	9. 487 17	0. 105 41	4. 868 42	0. 205 41	12. 763 12	2. 621 62	7
8	2. 143 59	0. 466 51	11. 435 89	0. 087 44	5. 334 93	0. 187 44	16. 028 67	3. 004 48	8
9	2. 357 95	0. 424 10	13. 579 48	0. 073 64	5. 759 02	0. 173 64	19. 421 45	3. 372 35	9
10	2. 593 74	0. 385 54	15. 937 42	0. 062 75	6. 144 57	0. 162 75	22. 891 34	3. 725 46	10
11	2. 853 12	0. 350 49	18. 531 17	0. 053 96	6. 495 06	0. 153 96	26. 396 28	4. 064 05	11
12	3. 138 43	0. 318 63	21. 384 28	0. 046 76	6. 813 69	0. 146 76	29. 901 22	4. 388 40	12
13	3. 452 27	0. 289 66	24. 522 71	0. 040 78	7. 103 36	0. 140 78	33. 377 19	4. 698 79	13
14	3. 797 50	0. 263 33	27. 974 98	0. 035 75	7. 366 69	0. 135 75	36. 800 50	4. 995 53	14
15	4. 177 25	0. 239 39	31. 772 48	0. 031 47	7. 606 08	0. 131 47	40. 151 99	5. 278 93	15
16	4. 594 97	0. 217 63	35. 949 73	0. 027 82	7. 823 71	0. 127 82	43. 416 42	5. 549 34	16
17	5. 054 47	0. 197 84	40. 544 70	0. 024 66	8. 021 55	0. 124 66	46. 581 94	5. 807 10	17
18	5. 559 92	0. 179 86	45. 599 17	0. 021 93	8. 201 41	0. 121 93	49. 639 54	6. 052 56	18
19	6. 115 91	0. 163 51	51. 159 09	0. 019 55	8. 364 92	0. 119 55	52. 582 68	6. 286 10	19
20	6. 727 50	0. 148 64	57. 275 00	0. 017 46	8. 513 56	0. 117 46	55. 406 91	6. 508 08	20
21	7. 400 25	0. 135 13	64. 002 50	0. 015 62	8. 648 69	0. 115 62	58. 109 52	6. 718 88	21
22	8. 140 27	0. 122 85	71. 402 75	0. 014 01	8. 771 54	0. 114 01	60. 689 29	6. 918 89	22
23	8. 954 30	0. 111 68	79. 543 02	0. 012 57	8. 883 22	0. 112 57	63. 146 21	7. 108 48	23
24	9. 849 73	0. 101 53	88. 497 33	0. 011 30	8. 984 74	0. 111 30	65. 481 30	7. 288 05	24
25	10. 834 71	0. 092 30	98. 347 06	0. 010 17	9. 077 04	0. 110 17	67. 696 40	7. 457 98	25
26	11. 918 18	0. 083 91	109. 181 77	0. 009 16	9. 160 95	0. 109 16	69. 794 04	7. 618 65	26
27	13. 109 99	0. 076 28	121. 099 94	0. 008 26	9. 237 22	0. 108 26	71. 777 26	7. 770 44	27
28	14. 420 99	0. 069 34	134. 209 94	0. 007 45	9. 306 57	0. 107 45	73. 649 53	7. 913 72	28
29	15. 863 09	0. 063 04	148. 630 93	0. 006 73	9. 369 61	0. 106 73	75. 414 63	8. 048 86	29
30	17. 449 40	0. 057 31	164. 494 02	0. 006 08	9. 426 91	0. 106 08	77. 076 58	8. 176 23	30

复利系数表 （i＝12%）

n	一次支付		等额序列				等差序列		n
	$(F/P,i,n)$	$(P/F,i,n)$	$(F/A,i,n)$	$(A/F,i,n)$	$(P/A,i,n)$	$(A/P,i,n)$	$(P/G,i,n)$	$(A/G,i,n)$	
1	1.120 00	0.892 86	1.000 00	1.000 00	0.892 86	1.120 00	0.000 00	0.000 00	1
2	1.254 40	0.797 19	2.120 00	0.471 70	1.690 05	0.591 70	0.797 19	0.471 70	2
3	1.404 93	0.711 78	3.374 40	0.296 35	2.401 83	0.416 35	2.220 75	0.924 61	3
4	1.573 52	0.635 52	4.779 33	0.209 23	3.037 35	0.329 23	4.127 31	1.358 85	4
5	1.762 34	0.567 43	6.352 85	0.157 41	3.604 78	0.277 41	6.397 02	1.774 59	5
6	1.973 82	0.506 63	8.115 19	0.123 23	4.111 41	0.243 23	8.930 17	2.172 05	6
7	2.210 68	0.452 35	10.089 01	0.099 12	4.563 76	0.219 12	11.644 27	2.551 47	7
8	2.475 96	0.403 88	12.299 69	0.081 30	4.967 64	0.201 30	14.471 45	2.913 14	8
9	2.773 08	0.360 61	14.775 66	0.067 68	5.328 25	0.187 68	17.356 33	3.257 42	9
10	3.105 85	0.321 97	17.548 74	0.056 98	5.650 22	0.176 98	20.254 09	3.584 65	10
11	3.478 55	0.287 48	20.654 58	0.048 42	5.937 70	0.168 42	23.128 85	3.895 25	11
12	3.895 98	0.256 68	24.133 13	0.041 44	6.194 37	0.161 44	25.952 28	4.189 65	12
13	4.363 49	0.229 17	28.029 11	0.035 68	6.423 35	0.155 68	28.702 37	4.468 30	13
14	4.887 11	0.204 62	32.392 60	0.030 87	6.628 17	0.150 87	31.362 42	4.731 69	14
15	5.473 57	0.182 70	37.279 71	0.026 82	6.810 86	0.146 82	33.920 17	4.980 30	15
16	6.130 39	0.163 12	42.753 28	0.023 39	6.973 99	0.143 39	36.367 00	5.214 66	16
17	6.866 04	0.145 64	48.883 67	0.020 46	7.119 63	0.140 46	38.697 31	5.435 30	17
18	7.689 97	0.130 04	55.749 71	0.017 94	7.249 67	0.137 94	40.907 98	5.642 74	18
19	8.612 76	0.116 11	63.439 68	0.015 76	7.365 78	0.135 76	42.997 90	5.837 52	19
20	9.646 29	0.103 67	72.052 44	0.013 88	7.469 44	0.133 88	44.967 57	6.020 20	20
21	10.803 85	0.092 56	81.698 74	0.012 24	7.562 00	0.132 24	46.818 76	6.191 32	21
22	12.100 31	0.082 64	92.502 58	0.010 81	7.644 65	0.130 81	48.554 25	6.351 41	22
23	13.552 35	0.073 79	104.602 89	0.009 56	7.718 43	0.129 56	50.177 59	6.501 01	23
24	15.178 63	0.065 88	118.155 24	0.008 46	7.784 32	0.128 46	51.692 88	6.640 64	24
25	17.000 06	0.058 82	133.333 87	0.007 50	7.843 14	0.127 50	53.104 64	6.770 84	25
26	19.040 07	0.052 52	150.333 93	0.006 65	7.895 66	0.126 65	54.417 66	6.892 10	26
27	21.324 88	0.046 89	169.374 01	0.005 90	7.942 55	0.125 90	55.636 89	7.004 91	27
28	23.883 87	0.041 87	190.698 89	0.005 24	7.984 42	0.125 24	56.767 36	7.109 76	28
29	26.749 93	0.037 38	214.582 75	0.004 66	8.021 81	0.124 66	57.814 09	7.207 12	29
30	29.959 92	0.033 38	241.332 68	0.004 14	8.055 18	0.124 14	58.782 05	7.297 42	30

复利系数表（$i=15\%$）

n	一次支付		等额序列				等差序列		n
	$(F/P,i,n)$	$(P/F,i,n)$	$(F/A,i,n)$	$(A/F,i,n)$	$(P/A,i,n)$	$(A/P,i,n)$	$(P/G,i,n)$	$(A/G,i,n)$	
1	1.150 00	0.869 57	1.000 00	1.000 00	0.869 57	1.150 00	0.000 00	0.000 00	1
2	1.322 50	0.756 14	2.150 00	0.465 12	1.625 71	0.615 12	0.756 14	0.465 12	2
3	1.520 88	0.657 52	3.472 50	0.287 98	2.283 23	0.437 98	2.071 18	0.907 13	3
4	1.749 01	0.571 75	4.993 38	0.200 27	2.854 98	0.350 27	3.786 44	1.326 26	4
5	2.011 36	0.497 18	6.742 38	0.148 32	3.352 16	0.298 32	5.775 14	1.722 81	5
6	2.313 06	0.432 33	8.753 74	0.114 24	3.784 48	0.264 24	7.936 78	2.097 19	6
7	2.660 02	0.375 94	11.066 80	0.090 36	4.160 42	0.240 36	10.192 40	2.449 85	7
8	3.059 02	0.326 90	13.726 82	0.072 85	4.487 32	0.222 85	12.480 72	2.781 33	8
9	3.517 88	0.284 26	16.785 84	0.059 57	4.771 58	0.209 57	14.754 81	3.092 23	9
10	4.045 56	0.247 18	20.303 72	0.049 25	5.018 77	0.199 25	16.979 48	3.383 20	10
11	4.652 39	0.214 94	24.349 28	0.041 07	5.233 71	0.191 07	19.128 91	3.654 94	11
12	5.350 25	0.186 91	29.001 67	0.034 48	5.420 62	0.184 48	21.184 89	3.908 20	12
13	6.152 79	0.162 53	34.351 92	0.029 11	5.583 15	0.179 11	23.135 22	4.143 76	13
14	7.075 71	0.141 33	40.504 71	0.024 69	5.724 48	0.174 69	24.972 50	4.362 41	14
15	8.137 06	0.122 89	47.580 41	0.021 02	5.847 37	0.171 02	26.693 02	4.564 96	15
16	9.357 62	0.106 86	55.717 47	0.017 95	5.954 23	0.167 95	28.295 99	4.752 25	16
17	10.761 26	0.092 93	65.075 09	0.015 37	6.047 16	0.165 37	29.782 80	4.925 09	17
18	12.375 45	0.080 81	75.836 36	0.013 19	6.127 97	0.163 19	31.156 49	5.084 31	18
19	14.231 77	0.070 27	88.211 81	0.011 34	6.198 23	0.161 34	32.421 27	5.230 73	19
20	16.366 54	0.061 10	102.443 58	0.009 76	6.259 33	0.159 76	33.582 17	5.365 14	20
21	18.821 52	0.053 13	118.810 12	0.008 42	6.312 46	0.158 42	36.644 79	5.488 32	21
22	21.644 75	0.046 20	137.631 64	0.007 27	6.358 66	0.157 27	35.615 00	5.601 02	22
23	24.891 46	0.040 17	159.276 38	0.006 28	6.398 84	0.156 28	36.498 84	5.703 98	23
24	28.625 18	0.034 93	184.167 84	0.005 43	6.433 77	0.155 43	37.302 32	5.797 89	24
25	32.918 95	0.030 38	212.793 02	0.004 70	6.464 15	0.154 70	38.031 39	5.883 43	25
26	37.856 80	0.026 42	245.711 97	0.004 07	6.490 56	0.154 07	38.691 77	5.961 23	26
27	43.535 31	0.022 97	283.568 77	0.003 53	6.513 53	0.153 53	39.288 99	6.013 90	27
28	50.065 61	0.019 97	327.104 08	0.003 06	6.533 51	0.153 06	39.828 28	6.096 00	28
29	57.575 45	0.017 37	377.169 69	0.002 65	6.550 88	0.152 65	40.314 60	6.154 08	29
30	66.211 77	0.015 10	434.745 15	0.002 30	6.565 98	0.152 30	40.752 59	6.206 63	30

复利系数表（$i=20\%$）

n	一次支付		等额序列				等差序列		n
	$(F/P,i,n)$	$(P/F,i,n)$	$(F/A,i,n)$	$(A/F,i,n)$	$(P/A,i,n)$	$(A/P,i,n)$	$(P/G,i,n)$	$(A/G,i,n)$	
1	1.200 00	0.833 33	1.000 00	1.000 00	0.833 33	1.200 00	0.000 00	0.000 00	1
2	1.440 00	0.694 44	2.200 00	0.454 55	1.527 78	0.654 55	0.694 44	0.454 55	2
3	1.728 00	0.578 70	3.640 00	0.274 73	2.106 48	0.474 73	1.851 85	0.879 12	3
4	2.073 60	0.482 25	5.368 00	0.186 29	2.588 73	0.386 29	3.298 61	1.274 22	4
5	2.488 32	0.401 88	7.441 60	0.134 38	2.990 61	0.334 38	4.906 12	1.640 51	5
6	2.985 98	0.334 90	9.929 92	0.100 71	3.325 51	0.300 71	6.580 61	1.978 83	6
7	3.583 18	0.279 08	12.915 90	0.077 42	3.604 59	0.277 42	8.255 10	2.290 16	7
8	4.299 82	0.232 57	16.499 08	0.060 61	3.837 16	0.260 61	9.883 08	2.575 62	8
9	5.159 78	0.193 81	20.798 90	0.048 08	4.030 97	0.248 08	11.433 53	2.836 42	9
10	6.191 74	0.161 51	25.958 68	0.038 52	4.192 47	0.238 52	12.887 08	3.073 86	10
11	7.430 08	0.134 59	32.150 42	0.031 10	4.327 06	0.231 10	14.232 96	3.289 29	11
12	8.916 10	0.112 16	39.580 50	0.025 26	4.439 22	0.225 26	15.466 68	3.484 10	12
13	10.699 32	0.093 46	48.496 60	0.020 62	4.532 68	0.220 62	16.588 25	3.659 70	13
14	12.839 18	0.077 89	59.195 92	0.016 89	4.610 57	0.216 89	17.600 78	3.817 49	14
15	15.407 02	0.064 91	72.035 11	0.013 88	4.675 47	0.213 88	18.509 45	3.958 84	15
16	18.488 43	0.054 09	87.442 13	0.011 44	4.729 56	0.211 44	19.320 77	4.085 11	16
17	22.186 11	0.045 07	105.930 56	0.009 44	4.774 63	0.209 44	20.041 94	4.197 59	17
18	26.623 33	0.037 56	128.116 67	0.007 81	4.812 19	0.207 81	20.680 48	4.297 52	18
19	31.948 00	0.031 30	154.740 00	0.006 46	4.843 50	0.206 46	21.243 90	4.386 07	19
20	38.337 60	0.026 08	186.688 00	0.005 36	4.869 58	0.205 36	21.739 49	4.464 35	20
21	46.005 12	0.021 74	225.025 60	0.004 44	4.891 32	0.204 44	22.174 23	4.533 39	21
22	55.206 14	0.018 11	271.030 72	0.003 69	4.909 43	0.203 69	22.554 62	1.594 14	22
23	66.247 37	0.015 09	326.236 86	0.003 07	4.924 53	0.203 07	22.886 71	4.647 50	23
24	79.496 85	0.012 58	392.484 24	0.002 55	4.937 10	0.202 55	23.176 03	4.694 26	24
25	95.396 22	0.010 48	471.981 08	0.002 12	4.947 59	0.202 12	23.427 61	4.735 16	25
26	114.475 46	0.008 74	567.377 30	0.001 76	4.956 32	0.201 76	23.646 00	4.770 88	26
27	137.370 55	0.007 28	681.852 76	0.001 47	4.963 60	0.201 47	23.835 27	4.802 01	27
28	164.844 66	0.006 07	819.223 31	0.001 22	4.969 67	0.201 22	23.999 06	4.829 11	28
29	197.813 59	0.005 06	984.067 97	0.001 02	4.974 72	0.201 02	24.140 61	4.852 65	29
30	237.376 31	0.004 21	1 181.881 5	0.000 85	4.978 94	0.200 85	24.262 77	4.873 08	30

复利系数表（$i=25\%$）

n	一次支付		等额序列				等差序列		n
	$(F/P,i,n)$	$(P/F,i,n)$	$(F/A,i,n)$	$(A/F,i,n)$	$(P/A,i,n)$	$(A/P,i,n)$	$(P/G,i,n)$	$(A/G,i,n)$	
1	1. 250 00	0. 800 00	1. 000 00	1. 000 00	0. 800 00	1. 250 00	0. 000 00	0. 000 00	1
2	1. 562 50	0. 640 00	2. 250 00	0. 444 44	1. 440 00	0. 694 44	0. 640 00	0. 444 44	2
3	1. 953 13	0. 512 00	3. 812 50	0. 262 30	1. 952 00	0. 512 30	1. 664 00	0. 852 46	3
4	2. 441 41	0. 409 60	5. 765 63	0. 173 44	2. 361 60	0. 423 44	2. 892 80	1. 224 93	4
5	3. 051 76	0. 327 68	8. 207 03	0. 121 85	2. 689 28	0. 371 85	4. 203 52	1. 563 07	5
6	3. 814 70	0. 262 14	11. 258 79	0. 088 82	2. 951 42	0. 338 82	5. 514 24	1. 868 33	6
7	4. 768 37	0. 209 72	15. 073 49	0. 066 34	3. 161 14	0. 316 34	6. 772 53	2. 142 43	7
8	5. 960 46	0. 167 77	19. 841 86	0. 050 40	3. 328 91	0. 300 40	7. 946 94	2. 387 25	8
9	7. 450 58	0. 134 22	25. 802 32	0. 038 76	3. 463 13	0. 288 76	9. 020 68	2. 604 78	9
10	9. 313 23	0. 107 37	33. 252 90	0. 030 07	3. 570 50	0. 280 07	9. 987 05	2. 797 10	10
11	11. 641 53	0. 085 90	42. 566 61	0. 023 49	3. 656 40	0. 273 49	10. 846 04	2. 966 31	11
12	14. 551 92	0. 068 72	54. 207 66	0. 018 45	3. 725 12	0. 268 45	11. 601 95	3. 114 52	12
13	18. 189 89	0. 054 98	68. 759 58	0. 014 54	3. 780 10	0. 264 54	12. 261 66	3. 243 74	13
14	22. 737 37	0. 043 98	86. 949 47	0. 011 50	3. 824 08	0. 261 50	12. 833 41	3. 355 95	14
15	28. 421 71	0. 035 18	109. 686 84	0. 009 12	3. 859 26	0. 259 12	13. 325 99	3. 452 99	15
16	35. 527 14	0. 028 15	138. 108 55	0. 007 24	3. 887 41	0. 257 24	13. 748 20	3. 536 60	16
17	44. 408 92	0. 022 52	173. 635 68	0. 005 76	3. 909 93	0. 255 76	14. 108 49	3. 608 38	17
18	55. 511 15	0. 018 01	218. 044 60	0. 004 59	3. 927 94	0. 254 59	14. 414 73	3. 669 79	18
19	69. 388 94	0. 014 41	273. 555 76	0. 003 66	3. 942 35	0. 253 66	14. 674 14	3. 722 18	19
20	86. 736 17	0. 011 53	342. 944 70	0. 002 92	3. 953 88	0. 252 92	14. 893 20	3. 766 73	20
21	108. 420 22	0. 009 22	429. 680 77	0. 002 33	3. 963 11	0. 252 33	15. 077 66	3. 804 51	21
22	135. 525 27	0. 007 38	538. 101 09	0. 001 86	3. 970 49	0. 251 86	15. 232 62	3. 836 46	22
23	169. 406 59	0. 005 90	673. 626 36	0. 001 48	3. 976 39	0. 251 48	15. 362 48	3. 863 43	23
24	211. 758 24	0. 004 72	843. 032 95	0. 001 19	3. 981 11	0. 251 19	15. 471 09	3. 886 13	24
25	264. 697 80	0. 003 78	1 054. 791 2	0. 000 95	3. 984 89	0. 250 95	15. 561 76	3. 905 19	25
26	330. 872 25	0. 003 02	1 319. 489 0	0. 000 76	3. 987 91	0. 250 76	15. 637 32	3. 921 18	26
27	413. 590 31	0. 002 42	1 650. 361 2	0. 000 61	3. 990 33	0. 250 61	15. 700 19	3. 934 56	27
28	516. 987 88	0. 001 93	2 063. 951 5	0. 000 48	3. 992 26	0. 250 48	15. 742 41	3. 945 74	28
29	646. 234 85	0. 001 55	2 580. 939 4	0. 000 39	3. 993 81	0. 250 39	15. 795 74	3. 955 06	29
30	807. 793 57	0. 001 24	3 227. 174 3	0. 000 31	3. 995 05	0. 250 31	15. 831 64	3. 962 82	30

复利系数表（i＝30%）

n	一次支付		等额序列				等差序列		n
	$(F/P,i,n)$	$(P/F,i,n)$	$(F/A,i,n)$	$(A/F,i,n)$	$(P/A,i,n)$	$(A/P,i,n)$	$(P/G,i,n)$	$(A/G,i,n)$	
1	1.300 00	0.769 23	1.000 00	1.000 00	0.769 23	1.300 00	0.000 00	0.000 00	1
2	1.690 00	0.591 72	2.300 00	0.434 78	1.360 95	0.734 78	0.591 72	0.434 78	2
3	2.197 00	0.455 17	3.990 00	0.250 63	1.816 11	0.550 63	1.502 05	0.827 07	3
4	2.856 10	0.350 13	6.187 00	0.161 63	2.166 24	0.461 63	2.552 43	1.178 28	4
5	3.712 93	0.269 33	9.043 10	0.110 58	2.435 57	0.410 58	3.629 75	1.490 31	5
6	4.826 81	0.207 18	12.756 03	0.078 39	2.642 75	0.378 39	4.665 63	1.765 45	6
7	6.274 85	0.159 37	17.582 84	0.056 87	2.802 11	0.356 87	5.621 83	2.006 28	7
8	8.157 31	0.122 59	23.857 69	0.041 92	2.924 70	0.341 92	6.479 95	2.215 59	8
9	10.604 50	0.094 30	32.015 00	0.031 24	3.019 00	0.331 24	7.234 35	2.396 27	9
10	13.785 85	0.072 54	42.619 50	0.023 46	3.091 54	0.323 46	7.887 19	2.551 22	10
11	17.921 60	0.055 80	56.405 35	0.017 73	3.147 34	0.317 73	8.445 18	2.683 28	11
12	23.298 09	0.042 92	74.326 95	0.013 45	3.190 26	0.313 45	8.917 23	2.795 17	12
13	30.287 51	0.033 02	97.625 04	0.010 24	3.223 28	0.310 24	9.313 52	2.889 46	13
14	39.373 76	0.025 40	127.912 55	0.007 82	3.248 67	0.307 82	9.643 69	2.968 50	14
15	51.185 89	0.019 54	167.286 31	0.005 98	3.268 21	0.305 98	9.917 21	3.034 44	15
16	66.541 66	0.015 03	218.472 20	0.004 58	3.283 24	0.304 58	10.142 63	3.089 21	16
17	86.504 16	0.011 56	285.013 86	0.003 51	3.294 80	0.303 51	10.327 59	3.134 51	17
18	112.455 41	0.008 89	371.518 02	0.002 69	3.303 69	0.302 69	10.478 76	3.171 83	18
19	146.192 03	0.006 84	483.973 43	0.002 07	3.310 53	0.302 07	10.601 89	3.202 47	19
20	190.049 64	0.005 26	630.165 46	0.001 59	3.315 79	0.301 59	10.701 86	3.227 54	20
21	247.064 53	0.004 05	820.215 10	0.001 22	3.319 84	0.301 22	10.782 81	3.247 99	21
22	321.183 89	0.003 11	1 067.279 6	0.000 94	3.322 96	0.300 94	10.848 19	3.264 62	22
23	417.539 05	0.002 39	1 388.463 5	0.000 72	3.325 35	0.300 72	10.900 88	3.278 12	23
24	542.800 77	0.001 84	1 806.002 6	0.000 55	3.327 19	0.300 55	10.943 26	3.289 04	24
25	705.641 00	0.001 42	2 348.803 3	0.000 43	3.328 61	0.300 43	10.977 27	3.297 85	25
26	917.333 30	0.001 09	3 054.444 3	0.000 33	3.329 70	0.300 33	11.004 52	3.304 96	26
27	1 192.533 3	0.000 84	3 971.777 6	0.000 25	3.330 54	0.300 25	11.026 32	3.310 67	27
28	1 550.293 3	0.000 65	5 164.310 9	0.000 19	3.331 18	0.300 19	11.043 74	3.315 26	28
29	2 015.381 3	0.000 50	6 714.604 2	0.000 15	3.331 68	0.300 15	11.057 63	3.318 94	29
30	2 619.995 6	0.000 38	8 729.985 5	0.000 11	3.332 06	0.300 11	11.068 70	3.321 88	30

复利系数表 （$i=35\%$）

n	一次支付		等额序列				等差序列		n
	$(F/P,i,n)$	$(P/F,i,n)$	$(F/A,i,n)$	$(A/F,i,n)$	$(P/A,i,n)$	$(A/P,i,n)$	$(P/G,i,n)$	$(A/G,i,n)$	
1	1. 350 00	0. 740 74	1. 000 00	1. 000 00	0. 740 74	1. 350 00	0. 000 00	0. 000 00	1
2	1. 822 50	0. 548 70	2. 350 00	0. 425 53	1. 289 44	0. 775 53	0. 548 70	0. 425 53	2
3	2. 460 38	0. 406 44	4. 172 50	0. 239 66	1. 695 88	0. 589 66	1. 361 58	0. 802 88	3
4	3. 321 51	0. 301 07	6. 632 88	0. 150 76	1. 996 95	0. 500 76	2. 264 79	1. 134 12	4
5	4. 484 03	0. 223 01	9. 954 38	0. 100 46	2. 219 96	0. 450 46	3. 156 84	1. 422 02	5
6	6. 053 45	0. 165 20	14. 438 41	0. 069 26	2. 385 16	0. 419 26	3. 982 82	1. 669 83	6
7	8. 172 15	0. 122 37	20. 491 86	0. 048 80	2. 507 52	0. 398 80	4. 717 02	1. 881 15	7
8	11. 032 40	0. 090 64	28. 664 01	0. 034 89	2. 598 17	0. 384 89	5. 351 51	2. 059 73	8
9	14. 893 75	0. 067 14	39. 696 41	0. 025 19	2. 665 31	0. 375 19	5. 888 65	2. 209 37	9
10	20. 106 56	0. 049 74	54. 590 16	0. 018 32	2. 715 04	0. 368 32	6. 336 26	2. 333 76	10
11	27. 143 85	0. 036 84	74. 696 72	0. 013 39	2. 751 88	0. 363 39	6. 704 67	2. 436 39	11
12	36. 044 20	0. 027 29	101. 840 57	0. 009 82	2. 779 17	0. 359 82	7. 004 86	2. 520 48	12
13	49. 469 67	0. 020 21	138. 484 76	0. 007 22	2. 799 39	0. 357 22	7. 247 43	2. 588 93	13
14	66. 784 05	0. 014 97	187. 954 43	0. 005 32	2. 814 36	0. 355 32	7. 422 09	2. 644 33	14
15	90. 158 47	0. 011 09	254. 738 48	0. 003 93	2. 825 45	0. 353 93	7. 597 37	2. 688 90	15
16	121. 713 93	0. 008 22	344. 896 95	0. 002 90	2. 833 67	0. 352 90	7. 720 61	2. 724 60	16
17	164. 313 81	0. 006 09	466. 610 88	0. 002 14	2. 839 75	0. 352 14	7. 817 98	2. 753 05	17
18	221. 823 64	0. 004 51	630. 924 69	0. 001 58	2. 844 26	0. 351 58	7. 894 62	2. 775 63	18
19	299. 461 92	0. 003 34	852. 748 34	0. 001 17	2. 847 60	0. 351 17	7. 954 73	2. 793 48	19
20	404. 273 59	0. 002 47	1 152. 210 3	0. 000 87	2. 850 08	0. 350 87	8. 001 73	2. 807 55	20
21	545. 769 35	0. 001 83	1 556. 483 8	0. 000 64	2. 851 91	0. 350 64	8. 038 37	2. 818 59	21
22	736. 788 62	0. 001 36	2 102. 253 2	0. 000 48	2. 853 27	0. 350 48	8. 066 87	2. 827 24	22
23	994. 664 63	0. 001 01	2 839. 041 8	0. 000 35	2. 854 27	0. 350 35	8. 088 99	2. 834 00	23
24	1 342. 797 3	0. 000 74	3 833. 706 4	0. 000 26	2. 855 02	0. 350 26	8. 106 12	2. 839 26	24
25	1 812. 776 3	0. 000 55	5 176. 503 7	0. 000 19	2. 855 57	0. 350 19	8. 119 36	2. 843 34	25
26	2 447. 248 0	0. 000 41	6 989. 280 0	0. 000 14	2. 855 98	0. 350 14	8. 129 57	2. 846 51	26
27	3 303. 784 8	0. 000 30	9 436. 528 0	0. 000 11	2. 856 28	0. 350 11	8. 137 44	2. 848 97	27
28	4 460. 109 5	0. 000 22	12 740. 313	0. 000 08	2. 856 50	0. 350 08	8. 143 50	2. 850 86	28
29	6 021. 147 8	0. 000 17	21 200. 422	0. 000 06	2. 856 67	0. 350 06	8. 148 15	2. 852 33	29
30	8 128. 549 5	0. 000 12	23 221. 570	0. 000 04	2. 856 79	0. 350 04	8. 151 72	2. 853 45	30

复利系数表（$i=40\%$）

n	一次支付		等额序列				等差序列		n
	$(F/P,i,n)$	$(P/F,i,n)$	$(F/A,i,n)$	$(A/F,i,n)$	$(P/A,i,n)$	$(A/P,i,n)$	$(P/G,i,n)$	$(A/G,i,n)$	
1	1.400 00	0.714 29	1.000 00	1.000 00	0.714 29	1.400 00	0.000 00	0.000 00	1
2	1.960 00	0.510 20	2.400 00	0.416 67	1.224 49	0.816 67	0.510 20	0.416 67	2
3	2.744 00	0.364 43	4.360 00	0.229 36	1.588 92	0.629 36	1.239 07	0.779 82	3
4	3.841 60	0.260 31	7.104 00	0.140 77	1.849 23	0.540 77	2.019 99	1.092 34	4
5	5.378 24	0.185 93	10.945 60	0.091 36	2.035 16	0.491 36	2.763 73	1.357 99	5
6	7.529 54	0.132 81	16.323 84	0.061 26	2.167 97	0.461 26	3.427 78	1.581 10	6
7	10.541 35	0.094 86	23.853 38	0.041 92	2.262 84	0.411 92	3.996 97	1.766 35	7
8	14.757 89	0.067 76	34.394 73	0.029 07	2.330 60	0.429 07	4.471 29	1.918 52	8
9	20.661 05	0.048 40	49.152 62	0.020 34	2.379 00	0.420 34	4.858 49	2.042 24	9
10	28.925 47	0.034 57	69.813 66	0.014 32	2.413 57	0.414 32	5.169 64	2.141 90	10
11	40.495 65	0.024 69	98.739 13	0.010 13	2.438 26	0.410 13	5.416 58	2.221 49	11
12	56.693 91	0.017 64	139.234 78	0.007 18	2.455 90	0.407 18	5.610 60	2.284 54	12
13	79.371 48	0.012 60	195.928 69	0.005 10	2.468 50	0.405 10	5.761 79	2.334 12	13
14	111.120 07	0.009 00	275.300 17	0.003 63	2.477 50	0.403 63	5.878 78	2.372 87	14
15	155.568 10	0.006 43	386.420 24	0.002 59	2.483 93	0.402 59	5.968 77	2.402 96	15
16	217.795 33	0.004 59	541.988 33	0.001 85	2.488 52	0.401 85	6.037 64	2.426 20	16
17	304.913 47	0.003 28	759.783 67	0.001 32	2.491 80	0.401 32	6.090 12	2.444 06	17
18	426.878 85	0.002 34	1 064.697 1	0.000 94	2.494 14	0.400 94	6.129 94	2.457 73	18
19	597.630 40	0.001 67	1 491.576 0	0.000 67	2.495 82	0.400 67	6.160 06	2.468 15	19
20	836.682 55	0.001 20	2 089.206 4	0.000 48	2.497 01	0.400 48	6.182 77	2.476 07	20
21	1 171.355 6	0.000 85	2 925.888 9	0.000 34	2.497 87	0.400 34	6.199 84	2.482 06	21
22	1 639.897 8	0.000 61	4 097.244 5	0.000 24	2.498 48	0.400 24	6.212 65	2.486 58	22
23	2 295.856 9	0.000 44	5 737.142 3	0.000 17	2.498 91	0.400 17	6.222 23	2.489 98	23
24	3 214.199 7	0.000 31	8 032.999 3	0.000 12	2.499 22	0.400 12	6.229 39	2.492 53	24
25	4 499.876 9	0.000 22	11 247.199	0.000 09	2.499 44	0.400 09	6.234 72	2.494 44	25
26	6 299.831 4	0.000 16	15 747.079	0.000 06	2.499 60	0.400 06	6.238 69	2.495 87	26
27	8 819.764 0	0.000 11	22 016.910	0.000 05	2.499 72	0.400 05	6.241 64	2.496 94	27
28	12 347.670	0.000 08	30 866.674	0.000 03	2.499 80	0.400 03	6.243 82	2.497 73	28
29	17 286.737	0.000 06	43 214.343	0.000 02	2.499 86	0.400 02	6.245 44	2.498 32	29
30	24 201.432	0.000 04	60 501.081	0.000 02	2.499 90	0.400 02	6.246 64	2.498 76	30

附录 2　等比序列复利现值系数表

等比序列复利现值系数表（$i=5\%$）

n	$h=4\%$	$h=6\%$	$h=8\%$	$h=10\%$	$h=15\%$	$h=20\%$	$h=25\%$
1	0.952 381	0.952 381	0.952 381	0.952 381	0.952 381	0.952 381	0.952 381
2	1.895 692	1.913 832	1.931 973	1.950 113	1.995 465	2.040 816	2.086 168
3	2.830 018	2.884 440	2.939 553	2.995 357	3.137 890	3.284 742	3.435 914
4	3.755 447	3.864 292	3.975 921	4.090 374	4.389 118	4.706 372	5.042 755
5	4.672 062	4.853 476	5.041 900	5.237 535	5.759 510	6.331 092	6.955 660
6	5.579 947	5.852 080	6.138 335	6.439 322	7.260 416	8.187 915	9.232 929
7	6.479 185	6.860 195	7.266 097	7.698 337	8.904 265	10.309 998	11.943 963
8	7.369 860	7.877 911	8.426 081	9.017 306	10.704 671	12.735 236	15.171 385
9	8.252 052	8.905 320	9.619 207	10.399 082	12.676 544	15.506 936	19.013 553
10	9.125 842	9.942 514	10.846 422	11.846 657	14.836 215	18.674 594	23.587 564
11	9.991 310	10.989 585	12.108 701	13.363 165	17.201 569	22.294 774	29.032 814
12	10.848 535	12.046 629	13.407 045	14.951 887	19.792 195	26.432 122	35.515 255
13	11.697 597	13.113 740	14.742 484	16.610 203	22.629 546	31.160 521	43.232 446
14	12.538 572	14.191 013	16.116 079	18.359 894	25.737 122	36.564 405	52.419 578
15	13.371 538	15.278 547	17.528 919	20.186 556	29.140 658	42.740 272	63.356 641
16	14.196 571	16.376 438	18.982 127	22.100 201	32.868 339	49.798 406	76.376 954
17	15.013 747	17.484 785	20.476 854	24.104 973	36.951 038	57.864 845	91.877 326
18	15.823 139	18.603 687	22.014 288	26.205 210	41.422 566	67.083 633	110.330 150
19	16.624 824	19.733 246	23.595 649	28.405 458	46.319 953	77.619 390	132.297 797
20	17.418 873	20.873 563	25.222 191	30.710 480	51.683 758	89.660 255	158.449 758

等比序列复利现值系数表（$i=8\%$）

n	$h=4\%$	$h=6\%$	$h=8\%$	$h=10\%$	$h=15\%$	$h=20\%$	$h=25\%$
1	0.925 926	0.925 926	0.925 926	0.925 926	0.925 926	0.925 926	0.925 926
2	1.817 558	1.834 705	1.851 852	1.868 999	1.911 866	1.954 733	1.997 599
3	2.676 167	2.726 655	2.777 778	2.829 536	2.961 709	3.097 851	3.237 962
4	3.502 976	3.602 087	3.703 704	3.807 860	4.079 597	4.367 983	4.673 568
5	4.299 162	4.461 308	4.629 630	4.804 302	5.269 942	5.779 240	6.335 148
6	5.065 860	5.304 617	5.555 556	5.819 197	6.537 438	7.347 304	8.258 273
7	5.804 161	6.132 309	6.481 481	6.852 886	7.887 086	9.089 597	10.484 112
8	6.515 118	6.944 674	7.407 407	7.905 717	9.324 212	11.025 478	13.060 315
9	7.199 743	7.741 995	8.333 333	8.978 045	10.854 485	13.176 457	16.042 031
10	7.859 012	8.524 550	9.259 259	10.070 231	12.483 943	15.566 433	19.493 091

n	h=4%	h=6%	h=8%	h=10%	h=15%	h=20%	h=25%
11	8.493 864	9.292 614	10.185 185	11.182 643	14.219 013	18.221 963	23.487 374
12	9.105 202	10.046 455	11.111 111	12.315 654	16.066 542	21.172 551	28.110 387
13	9.693 898	10.786 335	12.037 037	13.469 648	18.033 818	24.450 983	33.461 096
14	10.260 791	11.512 514	12.962 963	14.645 012	20.128 602	28.093 685	39.654 046
15	10.806 687	12.225 245	13.888 889	15.842 142	22.359 160	32.141 131	46.821 813
16	11.332 366	12.924 778	14.814 815	17.061 441	24.734 290	36.638 294	55.117 839
17	11.838 574	13.611 356	15.740 741	18.303 319	27.263 365	41.635 141	64.719 721
18	12.326 035	14.285 220	16.666 667	19.568 195	29.956 361	47.187 194	75.833 010
19	12.795 441	14.946 605	17.592 593	20.856 495	32.823 903	53.356 142	88.695 613
20	13.247 461	15.595 742	18.518 519	22.168 653	35.877 304	60.210 528	103.582 886

等比序列复利现值系数表 （i＝10%）

n	h=4%	h=6%	h=8%	h=10%	h=15%	h=20%	h=25%
1	0.909 091	0.909 091	0.909 091	0.909 091	0.909 091	0.909 091	0.909 091
2	1.768 595	1.785 124	1.801 653	1.818 182	1.859 504	1.900 826	1.942 149
3	2.581 217	2.629 301	2.677 986	2.727 273	2.853 118	2.982 720	3.116 078
4	3.349 514	3.442 781	3.538 387	3.636 364	3.891 896	4.162 967	4.450 089
5	4.075 905	4.226 680	4.383 143	4.545 455	4.977 891	5.450 509	5.966 010
6	4.762 673	4.982 074	5.212 541	5.454 545	6.113 250	6.855 101	7.688 648
7	5.411 982	5.709 998	6.026 858	6.363 636	7.300 216	8.387 383	9.646 191
8	6.025 874	6.411 453	6.826 370	7.272 727	8.541 135	10.058 963	11.870 671
9	6.606 281	7.087 400	7.611 345	8.181 818	9.838 459	11.882 506	14.398 490
10	7.155 029	7.738 767	8.382 048	9.090 909	11.194 753	13.871 824	17.271 011
11	7.673 846	8.366 448	9.138 738	10.000 000	12.612 696	16.041 990	20.535 240
12	8.164 363	8.971 305	9.881 670	10.909 091	14.095 091	18.409 444	24.244 591
13	8.628 125	9.554 166	10.611 094	11.818 182	15.644 868	20.992 120	28.459 762
14	9.066 591	10.115 833	11.327 256	12.727 273	17.265 089	23.809 586	33.249 730
15	9.481 141	10.657 076	12.030 397	13.636 364	18.958 957	26.883 185	38.692 875
16	9.873 079	11.178 636	12.720 753	14.545 455	20.729 819	30.236 201	44.878 267
17	10.243 638	11.681 231	13.398 558	15.454 545	22.581 174	33.894 038	51.907 122
18	10.593 985	12.165 550	14.064 038	16.363 636	24.516 682	37.884 405	59.894 457
19	10.925 222	12.632 258	14.717 420	17.272 727	26.540 168	42.237 533	68.970 973
20	11.238 392	13.081 994	15.358 921	18.181 818	28.655 630	46.986 399	79.285 197

等比序列复利现值系数表（$i=15\%$）

n	$h=4\%$	$h=6\%$	$h=8\%$	$h=10\%$	$h=15\%$	$h=20\%$	$h=25\%$
1	0.869 565	0.869 565	0.869 565	0.869 565	0.869 565	0.909 091	0.909 091
2	1.655 955	1.671 078	1.686 200	1.701 323	1.739 130	1.900 826	1.942 149
3	2.367 124	2.409 863	2.453 127	2.496 918	2.608 696	2.982 720	3.116 078
4	3.010 269	3.090 830	3.173 372	3.257 921	3.478 261	4.162 967	4.450 089
5	3.591 895	3.718 504	3.849 775	3.985 838	4.347 826	5.450 509	5.966 010
6	4.117 888	4.297 056	4.485 006	4.682 106	5.217 391	6.855 101	7.688 648
7	4.593 568	4.830 330	5.081 571	5.348 101	6.086 957	8.387 383	9.646 191
8	5.023 749	5.321 869	5.641 823	5.985 140	6.956 522	10.058 963	11.870 671
9	5.412 781	5.774 940	6.167 973	6.594 482	7.826 087	11.882 506	14.398 490
10	5.764 602	6.192 554	6.662 097	7.177 331	8.695 652	13.871 824	17.271 011
11	6.082 771	6.577 484	7.126 143	7.734 838	9.565 217	16.041 990	20.535 240
12	6.370 506	6.932 290	7.561 943	8.268 106	10.434 783	18.409 444	24.244 591
13	6.630 718	7.259 328	7.971 216	8.778 188	11.304 348	20.992 120	28.459 762
14	6.866 041	7.560 772	8.355 577	9.266 093	12.173 913	23.809 586	33.249 730
15	7.078 854	7.838 625	8.716 542	9.732 785	13.043 478	26.883 185	38.692 875
16	7.271 312	8.094 732	9.055 535	10.179 185	13.913 043	30.236 201	44.878 267
17	7.445 360	8.330 797	9.373 893	10.606 177	14.782 609	33.894 038	51.907 122
18	7.602 761	8.548 387	9.672 874	11.014 604	15.652 174	37.884 405	59.894 457
19	7.745 105	8.748 948	9.953 655	11.405 274	16.521 739	42.237 533	68.970 973
20	7.873 834	8.933 813	10.217 346	11.778 958	17.391 304	46.986 399	79.285 197

等比序列复利现值系数表（$i=20\%$）

n	$h=4\%$	$h=6\%$	$h=8\%$	$h=10\%$	$h=15\%$	$h=20\%$	$h=25\%$
1	0.833 333	0.833 333	0.833 333	0.833 333	0.833 333	0.833 333	0.833 333
2	1.555 556	1.569 444	1.583 333	1.597 222	1.631 944	1.666 667	1.701 389
3	2.181 481	2.219 676	2.258 333	2.297 454	2.397 280	2.500 000	2.605 613
4	2.723 951	2.794 047	2.865 833	2.939 333	3.130 727	3.333 333	3.547 514
5	3.194 091	3.301 408	3.412 583	3.527 722	3.833 613	4.166 667	4.528 660
6	3.601 545	3.749 577	3.904 658	4.067 078	4.507 213	5.000 000	5.550 688
7	3.954 672	4.145 460	4.347 526	4.561 488	5.152 745	5.833 333	6.615 300
8	4.260 716	4.495 156	4.746 107	5.014 698	5.771 381	6.666 667	7.724 271
9	4.525 954	4.804 055	5.104 829	5.430 139	6.364 240	7.500 000	8.879 449
10	4.755 827	5.076 915	5.427 680	5.810 961	6.932 397	8.333 333	10.082 759
11	4.955 050	5.317 942	5.718 245	6.160 048	7.476 880	9.166 667	11.336 207
12	5.127 710	5.530 848	5.979 754	6.480 044	7.998 677	10.000 000	12.641 883
13	5.277 349	5.718 916	6.215 112	6.773 373	8.498 732	10.833 333	14.001 961
14	5.407 035	5.885 043	6.426 934	7.042 259	8.977 952	11.666 667	15.418 709

n	$h=4\%$	$h=6\%$	$h=8\%$	$h=10\%$	$h=15\%$	$h=20\%$	$h=25\%$
15	5.519 431	6.031 788	6.617 574	7.288 737	9.437 204	12.500 000	16.894 489
16	5.616 840	6.161 412	6.789 150	7.514 676	9.877 320	13.333 333	18.431 759
17	5.701 261	6.275 914	6.943 568	7.721 786	10.299 098	14.166 667	20.033 083
18	5.774 426	6.377 058	7.082 545	7.911 637	10.703 303	15.000 000	21.701 128
19	5.837 836	6.466 401	7.207 624	8.085 668	11.090 665	15.833 333	23.438 675
20	5.892 791	6.545 321	7.320 195	8.245 195	11.461 887	16.666 667	25.248 620

等比序列复利现值系数表（$i=25\%$）

n	$h=4\%$	$h=6\%$	$h=8\%$	$h=10\%$	$h=15\%$	$h=20\%$	$h=25\%$
1	0.800 000	0.800 000	0.800 000	0.800 000	0.800 000	0.800 000	0.800 000
2	1.465 600	1.478 400	1.491 200	1.504 000	1.536 000	1.568 000	1.600 000
3	2.019 379	2.053 683	2.088 397	2.123 520	2.213 120	2.305 280	2.400 000
4	2.480 123	2.541 523	2.604 375	2.668 698	2.836 070	3.013 069	3.200 000
5	2.863 463	2.955 212	3.050 180	3.148 454	3.409 185	3.692 546	4.000 000
6	3.182 401	3.306 020	3.435 355	3.570 639	3.936 450	4.344 844	4.800 000
7	3.447 758	3.603 505	3.768 147	3.942 163	4.421 534	4.971 050	5.600 000
8	3.668 534	3.855 772	4.055 679	4.269 103	4.867 811	5.572 208	6.400 000
9	3.852 221	4.069 695	4.304 107	4.556 811	5.278 386	6.149 320	7.200 000
10	4.005 048	4.251 101	4.518 748	4.809 993	5.656 115	6.703 347	8.000 000
11	4.132 200	4.404 934	4.704 198	5.032 794	6.003 626	7.235 213	8.800 000
12	4.237 990	4.535 384	4.864 427	5.228 859	6.323 336	7.745 805	9.600 000
13	4.326 008	4.646 005	5.002 865	5.401 396	6.617 469	8.235 973	10.400 000
14	4.399 238	4.739 813	5.122 476	5.553 228	6.888 072	8.706 534	11.200 000
15	4.460 166	4.819 361	5.225 819	5.686 841	7.137 026	9.158 272	12.000 000
16	4.510 858	4.886 818	5.315 108	5.804 420	7.366 064	9.591 942	12.800 000
17	4.553 034	4.944 022	5.392 253	5.907 890	7.576 779	10.008 264	13.600 000
18	4.588 124	4.992 531	5.458 907	5.998 943	7.770 636	10.407 933	14.400 000
19	4.617 320	5.033 666	5.516 495	6.079 070	7.948 986	10.791 616	15.200 000
20	4.641 610	20.873 563	25.222 191	6.149 581	8.113 067	11.159 951	16.000 000

◆ 参考文献 ◆

[1] 王晟.环境工程经济分析［M］.上海：同济大学出版社，2014.

[2] 付小勇.工程技术经济［M］.北京：中国环境科学出版社，2008.

[3] 游达明.技术经济与项目经济评价［M］.北京：清华大学出版社，2015.

[4] 赵彬.工程技术经济［M］.北京：高等教育出版社，2009.

[5] USDI, USDC, NMFS. Klamath Dam Removal Overview, Report for the Secretary of the Interior: an assess-ment of science and technical information［R］. US Department of the Interior, US Department of Commerce, National Marine Fisheries Service, 2012.

[6] Newnan D G, lavelle J P, Eschenbach T G. Engineering Economic Analysis［M］.9thed. New York: Oxford University Press, 2009.

[7] 国家税务总局.关于印发资源综合利用产品和劳务增值税优惠目录的通知［S］（财税〔2015〕78号）.2015.

[8] 蒋先玲.项目融资［M］.北京：中国金融出版社，2004.

[9] 李春好，曲久龙，等.项目融资［M］.北京：科学出版社，2004.

[10] 王鹤松.项目融资财务分析［M］.北京：中国金融出版社，2004.

[11] 全国注册咨询工程师（投资）资格考试参考教材编写委员会.项目决策分析与评价［M］.北京：中国计划出版社，2011.

[12] 马维珍.工程计价与计量［M］.北京：清华大学出版社，北京交通大学出版社，2005.

[13] 黄有亮，等.工程经济学［M］.南京：东南大学出版社，2002.

[14] 王永康，赵玉华，朱永恒.水工程经济［M］.北京：机械工业出版社，2006.

[15] 刘晓君.工程经济学［M］.北京：中国建筑工业出版社，2003.

[16] 建设部，国家发展和改革委员会.建设项目经济评价方法与参数［M］.北京：中国计划出版社，2006.

[17] 李南.工程经济学［M］.北京：科学出版社，2004.

[18] 刘玉明.工程经济学［M］.北京：清华大学出版社，北京交通大学出版社，2006.

[19] 黄渝祥，邢爱芳.工程经济学［M］.上海：同济大学出版社，2005.

[20] 武春友，张米尔.技术经济学［M］.大连：大连理工大学出版社，2004.

[21] 刘思锋，党耀国.预测方法与技术［M］.北京：高等教育出版社，2005.

[22] 国家税务总局.关于污水处理费不征收营业税的批复（国税函〔2004〕1366号）［S］.2004.

[23] 环境保护部.环境工程技术规范——工程设计文件要求（征求意见稿）［S］.2011.

[24] 农业部规划设计研究院.东营市柏拉蒙良种奶牛有限公司大型沼气工程可行性研究报告［R］.2004.

[25] 住房和城乡建设部标准定额研究所.市政公用设施建设项目经济评价方法与参数［S］.北京：中国计划出版社，2008.

[26] 王雪青.工程估价［M］.北京：中国建筑工业出版社，2011.

[27] 建设部.关于印发《市政工程投资估算指标》（第十册垃圾处理工程）的通知（建标函〔2008〕158号）［S］.2008.

[28] 建设部.市政工程投资估算指标：第四册排水工程［S］.北京：中国计划出版社，2008.

[29] 丰洪斌.水务BOT投资项目风险分析［D］.厦门：厦门大学硕士学位论文，2005.

[30] 国家税务总局.关于从事污水、垃圾处理业务的外商投资企业认定为生产性企业问题的批复（国税函〔2003〕388号）［S］.2003.

[31] 国家税务总局.关于资源综合利用企业所得税优惠管理问题的通知（国税函〔2009〕185号）［S］.2009.